职业教育现代农业装备应用技术专业新形态教材

种植施肥机械构造与维修

主　编　李洪昌
副主编　高　芳　沈有柏　赵梦龙
参　编　韩永江　张　涛　周立雄

北京理工大学出版社
BEIJING INSTITUTE OF TECHNOLOGY PRESS

内 容 提 要

本书主要讲述播种施肥机械的结构组成、工作原理、使用调整方法等方面的知识，主要内容包括播种机械、育秧和移栽机械、施肥机械。全书以通用的典型机械为主，兼顾其他，主要介绍了这些机械的结构、原理、性能等方面的基础知识，以及使用、维护、安装、调整和故障排除等职业技能。为满足农机技术领域人才培养的需要，本书注重职业能力培养，简化理论分析，体现了职业能力教育的特点。

本书可作为高等院校现代农业装备应用技术及相关专业的教材，也可供有关技术人员和农机工作者参考。

版权专有　侵权必究

图书在版编目（CIP）数据

种植施肥机械构造与维修 / 李洪昌主编 . -- 北京：北京理工大学出版社，2022.11（2023.2 重印）
ISBN 978-7-5763-1898-2

Ⅰ. ①种⋯　Ⅱ. ①李⋯　Ⅲ. ①种植机具—构造②种植机具—维修③施肥机具—构造④施肥机具—维修　Ⅳ.
① S223.07　② S224.220.7

中国版本图书馆 CIP 数据核字（2022）第 230316 号

出版发行 / 北京理工大学出版社有限责任公司	
社　　址 / 北京市海淀区中关村南大街 5 号	
邮　　编 / 100081	
电　　话 /（010）68914775（总编室）	
（010）82562903（教材售后服务热线）	
（010）68944723（其他图书服务热线）	
网　　址 / http://www.bitpress.com.cn	
经　　销 / 全国各地新华书店	
印　　刷 / 河北鑫彩博图印刷有限公司	
开　　本 / 787 毫米 ×1092 毫米　1/16	责任编辑 / 王梦春
印　　张 / 14	文案编辑 / 闫小惠
字　　数 / 373 千字	责任校对 / 周瑞红
版　　次 / 2022 年 11 月第 1 版　2023 年 2 月第 2 次印刷	责任印制 / 王美丽
定　　价 / 42.00 元	

图书出现印装质量问题，请拨打售后服务热线，本社负责调换

FOREWORD 前言

播种作业是农业生产过程的关键环节，必须根据农业技术要求做到适时、适量且满足农艺环境条件，使作物获得良好的生长发育基础。施肥是调节土壤构成、改善植物生育和营养条件的重要措施，同样需要采取科学的手段，保质保量且满足作物生长需要。机械化播种施肥较人工均匀准确，深浅一致，而且效率高、速度快，同时为田间管理作业创造良好的条件，是实现农业现代化的重要技术手段之一。为培养现代农业装备应用技术专业技术技能人才的需要，我们编写了本书。

本书系统阐述了典型种植施肥机械的结构、原理、性能等方面的基础知识及其使用、维护、安装、调整和故障排除等职业技能。全书分为播种机械、育秧和移栽机械、施肥机械3个项目，共24个任务。在内容上主要选取目前农业上常用的典型机械装备，全书图文并茂，力求做到知识点简单明了、通俗易懂，使学生能够更好地获取知识、习得相关技能，能够将所学运用到农业实践之中。

本书由常州机电职业技术学院李洪昌担任主编，常州机电职业技术学院高芳、江苏省农业机械技术推广站沈有柏和江苏农林职业技术学院赵梦龙担任副主编。其中项目一任务一、二、三和项目二任务十四由李洪昌编写，项目二任务四～任务十由高芳编写，项目二任务十一、十二、十三由久保田农业机械（苏州）有限公司韩永江编写，项目一任务四、项目二任务十五由常州机电职业技术学院张涛编写，项目一任务五由赵梦龙编写，项目一任务六和项目二任务一、二、三由沈有柏编写，项目三由常州东风农机集团有限公司周立雄编写。

本书在编写过程中得到了众多农业机械生产企业、经销单位和农机管理推广部门的大力支持和配合，这些单位提供了相关资料，在此致以诚挚的谢意！

种植施肥机械类型繁多，本书难以一一列举。由于时间仓促，加之编者水平有限，书中难免存在疏漏和不当之处，敬请广大读者批评指正。同时，也欢迎使用本书的师生和读者提出宝贵意见，以便再版修订。

编　者

目录 CONTENTS

项目一 播种机械 ········· 1
- 任务一 播种机械概述 ········· 1
- 任务二 谷物条播机 ········· 7
- 任务三 机械式点(穴)播机 ········· 22
- 任务四 气吸精量播种机 ········· 35
- 任务五 水稻精量穴直播机 ········· 42
- 任务六 马铃薯播种机 ········· 51

项目二 育秧和移栽机械 ········· 65
- 任务一 水稻插秧技术概况 ········· 65
- 任务二 育秧技术 ········· 72
- 任务三 工厂化育秧设备 ········· 82
- 任务四 高速插秧机变速箱 ········· 87
- 任务五 高速插秧机悬架系统 ········· 100
- 任务六 高速插秧机传送箱 ········· 107
- 任务七 高速插秧机插秧箱 ········· 119
- 任务八 高速插秧机旋转箱 ········· 125
- 任务九 高速插秧机插植臂 ········· 131
- 任务十 高速插秧机栽秧台 ········· 136
- 任务十一 高速插秧机液压装置 ········· 142
- 任务十二 高速插秧机电气装置 ········· 156
- 任务十三 高速插秧机的作业方法、调整与保养 ········· 165
- 任务十四 自动驾驶插秧机结构组成与操作方法 ········· 175

任务十五　移栽机 ·· 187

项目三　施肥机械 ·· 194
　　任务一　固体化肥施肥机械 ·· 194
　　任务二　厩肥施肥机械 ··· 205
　　任务三　液肥施肥机械 ··· 210

附　　录 ··· 217
参考文献 ··· 218

项目一　播种机械

项目描述

播种是农作物栽培技术的重要环节之一，必须适时并符合农业技术要求，使作物苗齐苗壮，并获得良好的生长条件，为增产建立可靠的基础。机械播种可加快播种速度并提高播种质量，是我国农田作业机械化中发展较快的项目之一。播种机的作用是以一定的播量或株穴距，将种子均匀地插入一定深度的种沟（同时也可以施种肥），然后覆盖一定量的细湿土，并经适当镇压，为种子的发芽提供良好条件。

项目目标

1. 掌握典型播种机械的构造及工作原理。
2. 掌握典型播种机械正确的使用及调整方法。
3. 能够对典型播种机械进行技术状态检查和常见故障的诊断与排除。

任务一　播种机械概述

任务要求

知识点：
1. 了解种子特性和种子处理方法。
2. 掌握机械播种作业的农艺要求。

技能点：
1. 能根据作物种植要求选择正确的播种方法。
2. 能正确描述播种机的性能指标。

任务导入

播种是农业生产过程中六大环节之一，播种机械化是农业机械化过程中最复杂，也是最艰巨的工作。我国地域辽阔，作物生产的环境、条件、种植方式等多种多样，南方和北方有着明显的差异。北方表现为旱地作业，以向土壤中播入规定量的种子为主要种植手段，所用机具为播种机械，这样可充分利用土壤中的水分和温度使之出苗、生长，适时播种成为关键。而南方则表现为水田作业，种植方式主要是幼苗移栽，所用机械为栽植机械或插秧机械。但是，近几年有些作物的种植方式发生了逆转，如玉米、棉花出现了工厂化育苗然后进行移栽，且已证明在干旱缺水地区大有取代播种机的趋势。而世代以栽植为主要种植手段的水稻、地瓜等作物，由于种植技术的革新，现在出现了直播（水稻须进行种子催芽处理，地瓜须进行防腐处理），可大大简化生产过程，缩短作业周期和降低生产成本。播种机械所面对的播种方式、作物种类、品种变化繁多，这就需要播种机械有较强的适应性和能满足不同种植要求的工作性能。

知识准备

一、种子特性和种子处理

种子的物理机械特性是设计播种机，特别是设计排种部件和种箱的基本依据。在播种机的试验、调整及使用中，也会用到种子的有关特性。

1. 种子特性

与播种机有关的种子特性主要有以下几点：

（1）种子的几何尺寸和形状，一般以长、宽、厚三个尺寸来表示，如图 1-1-1 所示。它是决定排种器结构的主要参数，特别是与精密排种部件的型孔尺寸密切相关。各种作物籽粒的形体差别很大，如豌豆、油菜等为球体，瓜类、芝麻为扁平体，麦类为椭圆体，棉花籽为绒球体。

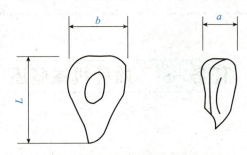

图 1-1-1 种子的几何尺寸和形状

（2）体积密度，即单位容积内种子的质量。利用体积密度可以根据播量计算种箱容积和排种杯的容积。

（3）千粒重，即在规定含水率下 1 000 粒种子的质量。千粒重是设计和使用中确定播量和单位面积粒数的重要依据。

（4）种子的摩擦特性，可用种子的自然休止角 φ 表示。种子的自然休止角决定种箱结构形式和排种器中种子的喂入情况。

（5）流动性，以种子可以自由流动的最小孔口截面积及其流速表示。能通过的孔口越小、能达到的流速越高，则种子的流动性越好。种子的流动性与其尺寸、形状和表面状态等因素有关。

（6）种子的悬浮速度，通过试验测定，处于垂直向上气流中的种子所受的气流作用力和重力相平衡时，种子呈"悬浮"状态，这时相应的气流速度即种子的悬浮速度。种子的悬浮速度与气力式排种器的设计密切相关。

常用种子的物理机械特性见表 1-1-1。

表 1-1-1　常用种子的物理机械特性

种子名称	种子尺寸/mm			自然休止角 φ/(°)	千粒重/g	体积密度/(kg·L^{-1})
	长	宽	厚			
小麦	4～8	1.8～4	1.6～4	23～38	26～29	0.7～0.85
大麦	6.6～14.4	2～4.2	1.4～3.6	28～45	36～39	0.58～0.79
水稻	4～10	2～4.2	1.2～2.7	37～45	18～30	0.44～0.55
玉米	4.3～15.2	4.0～13.3	1.8～7.6	30～40	220～380	0.67～0.82
高粱	3.9～5.3	2.8～4.4	1.9～3.2	21.5～30.5	24.8～28	0.69～0.76
粟类	2.16～2.44	1.5～1.71	1.28～1.41	20～25	1.9～3.6	0.68～0.73
大豆	6.3～8.2	5.1～7.0	4.2～6.9	20～24	130～187	0.7～0.73
大花生	5.7～18.1	5.1～10.9	4.2～10.8	25～30	300～701	0.5～0.6
萝卜	2.8～3.5	2.1～2.8	1.3～2.4	20.5～27.6	3.68～9.65	0.6～2.1

2. 种子处理

为使种子适于精密播种，防止虫食鼠食，减少病害的发生，并有利于提高排种均匀性，常在播种前对种子进行必要的处理，使种子的表面和颗粒体具有一致的尺寸和形状。如形状不规则的小粒种子常用丸粒化处理，即用惰性物质将每粒种子包起来，使种子单体变大并呈球状。丸粒化种子经分级后尺寸均一，外形一致，使它们更易被精密排种器单粒选取，包被材料必须有足够强度，经得住处理和运输，并应疏松多孔以保证种子的呼吸。

棉花播种前须对棉籽进行预处理。因为未处理的棉籽带有棉绒而黏结成团，且不能自由流动。常用机械(脱短绒机)或化学方法(浓硫酸脱绒)除掉棉籽上的绒毛，既便于机械播种，又可使种子吸水快、出苗早，并能消除附在绒毛上的病菌；此外，目前还经常对其进行包衣处理，即对种子外表覆以药剂，使种子增加抗病性，减少鼠虫的啮食。

二、机械播种作业的农艺要求

播种作业要考虑到播种期、播种量、种子在田间的分布状态、播种深度和播后覆盖压实程度等农业技术要求。

(1)适时播种。作物的播种期影响种子出苗、苗期分蘖、发育生长等。不同的作物有不同的适播期，即使同一作物，不同的地区，适播期也相差很大。因此，必须根据作物的种类和当地条件，确定适宜播种期。

(2)适量播种。适量播种是指播种量应符合要求，且要求排量稳定，下种均匀，保证植株分布的均匀程度。穴播时，每穴种子粒数的偏差应不超过规定，精密播种要求每穴一粒种子，株距精密。

(3)合理的播种深度。种子应播种在湿土上，播种深度均匀一致。播种深度是保证作物发芽生长的主要因素之一。播种得太深，种子发芽时所需的空气不足，幼芽不易出土；如果太浅，会造成水分不足而影响种子发芽。要求开沟深度稳定，覆土均匀，保证播种深度符合要求。

(4)播后镇压。播后覆土压实可增加土壤紧实程度，使下层水分上升，使种子紧密接触土壤，有利于种子发芽出苗。适度压实在干旱地区及多风地区是保证全苗的有效措施。

(5)种子损伤率要小。

(6)播行直，行距一致，地头整齐，不重播、不漏播。

(7)发展联合播种，播种的同时能完成施肥、喷药、施洒除草剂等作业。

三、常见的播种方法

常见的播种方法有撒播、条播、穴播(点播)和精播等,如图1-1-2所示。

(1)撒播。撒播是将种子按要求的播量均匀撒布于地表。生产效率高,但种子分布不均匀,且不能完全被土覆盖,出苗率低,主要用于牧草、某些蔬菜的种植。

(2)条播。条播是将种子按规定的行距、播深、播量成行进行播种。这种方法便于后期的中耕除草、施肥、喷药等田间管理作业,主要用于谷物等的播种。

(3)穴播(点播)。穴播(点播)是将种子按规定的行距、株距、播深定点播入穴中,每穴有几粒种子,可保证苗株在田间分布均匀,提高出苗能力。穴播(点播)主要用于棉花、豆类等作物的播种。

(4)精播。精播是将种子按精确的粒数、播深、间距播入土中,保证每穴种子粒数相等。精播可节省种子用量,减少田间间苗工作,但对种子的前期处理、出苗率、苗期管理要求较高。

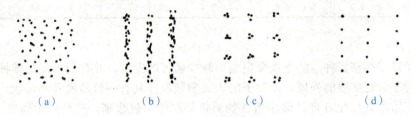

图1-1-2 常见的播种方法
(a)撒播;(b)条播;(c)穴播(点播);(d)精播

(5)铺膜播种。铺膜播种是在种床上铺布塑料薄膜,在铺膜前或铺膜后播种,幼苗长在膜外的播种方法。先播种后铺膜,需在幼苗出土后人工破膜放苗;先铺膜后播种,需利用播种装置在膜上先打孔再下种。目前,这种播种方法已应用在花生、棉花、蔬菜及干旱、半干旱地区的谷物种植上。通过铺膜,可提高并保持地温;通过选择不同颜色的薄膜,还可满足不同作物的要求;可减少水分蒸发,改善湿度条件;改善植株光照,提高光合作用效率;改善土壤物理性状和肥力,抑制杂草生长。

(6)免耕播种。免耕播种是在前茬作物收获后,土地不进行耕翻或很少进行耕翻,原有作物的茎秆、残茬覆盖在地面,在下茬作物播种时,用免耕播种机直接在茬地上进行局部的松土后播种。通过免耕播种可减少机具投资费用和土壤耕作次数,降低生产成本,减少能耗,减少对土壤的压实和破坏,减轻风蚀、水蚀,可保持地墒。为有效消灭杂草、害虫,播种前后须喷洒除草剂和农药。此播种方法为国家示范推广项目——旱作农业中的一项内容,目前在干旱、半干旱地区有一定范围的应用。

(7)灌水(铺膜)播种。这是在种床上铺膜并在种沟内灌水的一种播种方法。该方法主要解决干旱、半干旱地区春季播种缺水的问题,目前在东北、华北、西北地区有一定的推广应用。

四、播种机的分类

播种机的分类方法很多,按播种方法的不同可分为撒播机、条播机、穴(点)播机、精密播种机;按照动力不同可分为人力播种机、畜力播种机和机力播种机,其中机力播种机按拖拉机的挂结方式不同又可分为牵引式播种机、悬挂式播种机和半悬挂式播种机;按播种作物的种类可分为谷物播种机、中耕作物播种机、棉花播种机、蔬菜播种机等;按综合利用程度可分为专用播种机、通用播种机和通用机架播种机等;按排种原理,可分为强制式播种机、气力式播种机和离心式播种机三种。

五、播种机的性能要求和性能指标

播种应根据当地的作物栽培制度、农艺要求进行作业。播种时要求播量满足农艺要求且可调；种子在田间分布均匀合理，保证播深、株距、行距一致且可调；种子播种在湿土层中且用湿土覆盖；施肥时要求肥料施于种子下方或侧下方，降低种子损伤率。

播种机的性能指标是评价其工作质量的标准，常用以下的性能指标来评价：

(1)总排量稳定性。总排量稳定性是指播种机在规定的工作条件下排种量的稳定程度，即在播种机允许的工作环境内(如允许在±10°的坡地播种，允许机速在一定范围内变化，允许种箱内种子量变化等)，总排量要保持稳定不变。田间可用不同行程或不同地段间的整机总排量的变异系数或相对误差来表示。

(2)各行排量一致性。各行排量一致性是指一台播种机上各个排种器在相同条件下排种量的一致程度。要求各行的排量一致，通常以播种机一定行程内各行排量的变异系数或各行排量的相对误差来表示。

(3)排种均匀性。排种均匀性是指从排种器排种口排出种子的均匀程度。

(4)播种均匀性。播种均匀性是指种子在种沟内分布的均匀程度。

(5)播深稳定性。播深稳定性是指种子上面覆土层厚度的稳定程度。要求规定播深±1 cm 为合格。

(6)种子破碎率。种子破碎率是指排种器排出种子中受机械损伤的种子量占总排出种子量的百分比。

(7)穴粒数合格率。穴粒数合格率是指穴播(点播)时合格穴数(每次规定种子粒数±1粒或±2粒为合格)占取样总穴数的百分比。

(8)粒距合格率。单粒精密播种通常以测得粒距的合格率来表示。设 t 为粒距样本(不小于 250 mm)的平均值，则 $0.5t <$ 粒距 $\leq 1.5t$ 为合格；粒距 $< 0.5t$ 为重播；粒距 $> 1.5t$ 为漏播。合格粒距数占取样总粒距数的百分比为粒距合格率。

六、播种机械化的发展

1. 播种机械化的现状

我国主要作物播种方式以条播、穴播为主，部分地区使用精密播，较多使用与小四轮拖拉机配套的播种机。随着农业产业化步伐加快，大中型拖拉机配套的谷物播种机、精密播种机、耕播联合作业机的数量正逐步增加。2020年我国各类主要播种机销量市场占比中，免耕播种机占比约为 33.0%，穴播机占比约为 21.0%，条播机占比约为 14.0%，精量铺膜播种机占比约为 10.0%，旋耕播种机、根茎作物播种机、小粒种子播种机和其他精密播种机等其他类型机占比约为 22.0%。

近年来，随着农业经济的高速发展，我国主要农作物种植面积也逐年提升，发展状况良好。根据国家统计局数据显示，2016—2020年我国玉米和小麦的种植面积处于稳步上升态势，2020年玉米和小麦的播种面积分别约为 4 418 万 hm^2 和 2 467 万 hm^2，较 2019 年同比增长 178 万 hm^2 和 19 万 hm^2。同时，我国播种机行业也处于稳步发展的状况。根据各省、区公布的农机补贴机具受益人公示数据，2020年播种机销售 16.4 万余台。其中，免耕播种机保有量由 2015 年的 93.0 万台增加至 2020 年的 106.9 万台；精量播种机由 2015 年的 395.2 万台增加至 2020 年的 413.4 万台。2020年我国小麦生产综合机械化率在 97% 左右，耕、种、收机械化率分别达 99.67%、90.88%、95.87%，玉米耕、种、收及综合机械化率分别达到 98.27%、89.52%、

78.67％、89.76％。据农业农村部农业机械化管理司的统计数据，我国棉花耕、种、收综合机械化率2018年就已达到76.88％，2019年则达到81.18％。其中，2019年棉花机耕机械化率达到99.34％，机种机械化率达到88.04％，机收机械化率达到50.13％。

2. 播种机械发展趋势

(1)高新技术将不断应用于播种机械。随着现代科学技术的发展，液压技术、光电传感器、计算机控制技术、卫星遥感技术等已广泛用于机电产品上，在农业机械如耕整、种植收获、加工等机具上也越来越多地被采用，对提高农机具作业质量、更好地发挥机具效率、改善操作性能以及减轻劳动强度等方面起到了良好作用。

(2)大型播种机应用量越来越多。随着土地流转的加快、耕种面积的增大，大型播种机应用量越来越多，能满足规模化生产作业需要，大大提高了播种质量和作业效率。8行、9行大型播种机械一次进地即可完成开沟施肥、单粒播种、覆土镇压等项联合作业。

(3)大力发展集节水、精良播种和药剂灭草等于一体的联合作业机。以播种为主的联合作业主要是指：播种与播前耕、整地联合作业；播种与施肥、除草和杀虫等联合作业；播种与播后镇压、起垄等联合作业；播种与铺膜联合作业。联合作业机能够减少拖拉机进地次数，减轻拖拉机轮胎对土壤结构的破坏；有利于保护和改善土壤结构，保护环境，能够实现增产，充分发挥拖拉机功率，提高劳动生产率，降低农产品生产成本。

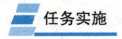

任务实施

播种的农业技术要求

为了使作物在田间获得充分的光照、热量、水分、空气和土壤营养物质，以达到高产稳产，播种前，根据作物的品种、地温、墒情，因地制宜地确定播种期；根据种子的发芽率和历年生产实践总结出来的最佳播种量，确定实际播种量，且实际播种量不得超过或少于规定播种量的5％；根据作物的品种、地温、墒情、土质等确定播种深度；根据当地自然条件、作物的种植农艺要求，确定播种时播种的行距、株距、均匀度等；根据种子的特性和播种要求，确定合适的播种方式和适用的播种机。播种的农业技术要求有以下几点：

(1)保证作物的播种量，种子应按照合理密植的要求均匀的播入土壤中，并适当地镇压。

(2)种子在田间的分布要均匀合理，播种均匀一致，这样作物出苗才会整齐，一致成熟。

(3)保证作物的行距、株距要求，作业时应使播种的均匀性不受地势起伏、种箱内种子存量多少和作物品种等因素的影响。

(4)保证低种子损伤率，种子经过各个工作部件不招致损伤而影响发芽出苗。

(5)应符合不同作物和不同地区的播种方法，不漏播、不重播，并为田间管理机械化创造条件。

(6)开沟、覆土深度应达到要求，均匀一致。一般谷物播深要求2～7 cm。

除了播种时要满足不同作物播种的农业技术要求，播种机的使用还应满足以下要求：

(1)劳动生产率高，能适应高速作业。

(2)能迅速可靠地调节播量，并在各种播量下都有较好的播种稳定性和均匀性。

(3)通用性好，能播多种作物。

(4)按不同作物的要求可以调节播种深度，工作时播深应稳定不变。

(5)行距调节范围应符合农业技术要求，调节方便、可靠。

(6)种箱应巩固、轻巧,能很好地防潮、防雨,清理残存种子迅速方便。
(7)工作阻力小,操作、调节、润滑、更换磨损零件和添加种子等方便。
典型作物的农业技术要求见表 1-1-2。

表 1-1-2　典型作物的农业技术要求

项目	播量/(斤/亩①)	播深/cm	苗幅宽/cm	行距/cm	穴距/cm	播种方式
小麦	8～40	2～8	2～12	12～19		条播
玉米	3～10	4～8		60～70	24～45	条播或精密播种
大豆	6～18	3～6	8～12	60～70		条播或精密播种
谷子	0.5～2	2～4	2～4	15～30		条播或穴播(点播)
高粱	2～5	3～7		27～70	29～27	条播或精密播种

任务二　谷物条播机

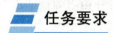

任务要求

知识点:
1. 掌握谷物条播机的结构及工作原理。
2. 掌握谷物条播机的故障诊断分析与排除方法。

技能点:
1. 会正确使用谷物条播机。
2. 能正确安装谷物条播机,并能进行技术状态检查。
3. 能及时排除谷物条播机出现的故障。

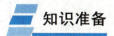

任务导入

有一农户在使用谷物条播机播种小麦时,发现某一行的播种量和其他行的播种量不一致,经过查找原因,发现是该行的排种器排种轮有效工作长度比其他排种器排种轮短。针对这一问题应该如何调整呢?本次任务为学习谷物条播机的结构、工作原理和常见故障的诊断分析与排除。

知识准备

一、谷物条播机的结构及工作原理

目前,国内外大量生产的谷物条播机都是以条播麦类作物为主,兼施种肥,主要完成开沟、

---

① 1 亩≈666.67 m²。

排种、覆土三项主要工序，其播行较窄，苗期行间不进行中耕。谷物条播机一般由种(肥)箱、排种(肥)器、输种(肥)管、开沟器、覆土器、镇压轮、划行器、传动机构、开沟器升降调节机构、机架和地轮等部分组成，如图1-2-1所示。其中，开沟器、排种(肥)器为决定播种效果的主要工作部件。

工作时，播种机随拖拉机行走，开沟器在地上首先开出种沟，经行走轮、传动机构带动排种(肥)器轴旋转，种箱内的种子或肥箱内的化肥被均匀连续排出，通过输种(肥)管落入种沟内，最后由覆土器盖种覆土。干旱地区为使种子与土壤紧密接触保证发芽，播种机还带有镇压轮，在播种的同时进行镇压。

图 1-2-1　谷物条播机结构示意
1—种子；2—排种(肥)器；3—传动机构；4—机架；5—地轮；6—开沟器；7—覆土器；8—输种(肥)管；9—提升拉杆；10—排肥器；11—肥料；12—种(肥)箱

二、谷物条播机的主要工作部件

1. 排种器

排种器是播种机的核心部件，是决定播种机质量的关键因素，其功用是将种箱内的种子按播种要求定量、均匀地排出，并经输种管、开沟器落入种沟内。排种器的工艺实质是通过排种器对种子的作用，将种子由群体化为个体，化为均匀的种子流或连续的单粒种子。排种器的性能好坏直接影响播种

内槽轮式排种器

外槽轮式排种器

外槽轮式排种器动画

质量，所以，排种器要求排种均匀，尽量减少地面不平、行进速度变化、工作阻力变化等外界因素对排种均匀性的影响；要求播量稳定、通用性好，能适应多种种子的播种且播量调节范围大；能适应高速作业的要求；工作可靠并能方便调节；尽量减少排种过程对种子的损伤；结构简单。

谷物条播机的类型可分为外槽轮式、内槽轮式、滚齿轮式、纹盘式、摆杆式、离心式及气力式等。表1-2-1列出了几种谷物条播机排种器的类型及工作原理和特点。

表 1-2-1　谷物条播机排种器的类型及工作原理和特点

类型	简图	工作原理和特点
外槽轮式排种器	1—外槽轮；2—排种盒	工作时外槽轮旋转，种子靠自重充满排种盒及槽轮凹槽，槽轮凹槽将种子带出实现排种。从槽轮下面被带出的方法称为下排法；改变槽轮转动方向，使种子从槽轮上面带出排种盒的方法称为上排法。 槽轮每转排量基本稳定，其排量与工作长度成正比，故通过改变槽轮工作长度来调节播量。一般只需2～3种速比即可满足不同作物的播量要求。其结构简单，容易制造，国内外已标准化。对大、小粒种子有较好的适应性，广泛用于谷物条播机，也可用于颗粒化肥、固体杀虫剂、除莠剂的排施

续表

类型	简图	工作原理和特点
内槽轮式排种器	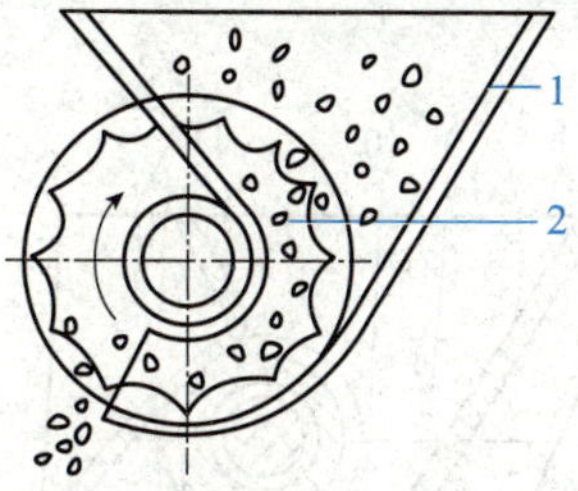 1—内槽轮；2—种箱	凹槽在槽轮内圆上，槽轮分为左、右两部分，可排不同的种子。工作时槽轮旋转，种子靠内槽和摩擦力被槽轮内环向上拖带一定高度，然后在自重作用下跌落下来，由槽轮外侧开口处排出。 主要靠内槽和摩擦力拾起种子，靠重力实现连续排种，其排种均匀性比外槽轮好，但易受振动等外界因素影响，适于播麦类、谷子、高粱、牧草等小粒种子。排种量主要靠改变转速来调节，传动机构较复杂
滚齿轮式排种器	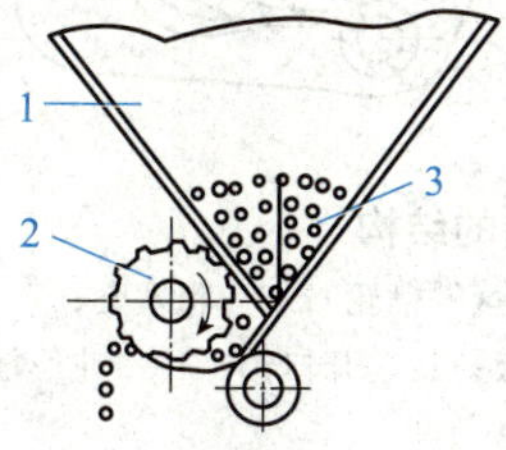 1—种箱；2—滚齿轮；3—种子	这是一种固定工作长度的滚齿轮式排种器，滚齿轮位于种箱下面排种口的外侧。滚齿轮轮齿拨动种子，从排种舌外端排出。 主要靠轮齿对种子的正压力和摩擦力来排种，工作长度固定，靠改变转速来调节播量，因而需要有几十个速比的变速机构。更换不同的滚齿轮可播种大、中、小粒种子，也可用于排施化肥
纹盘式排种器	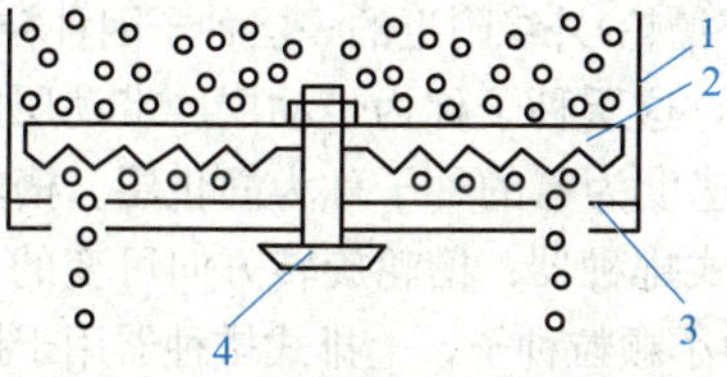 1—摆杆；2—副摆杆；3—种箱；4—导针	在排种纹盘和播量调节板或底座之间保持一定的间隙，间隙中充满种子。工作时弧纹形纹盘旋转，带动种子向外做圆周运动，到达排种口的种子靠自重下落排出。 既可作为单独的条播排种器，也可与水平圆盘排种器组成通用排种器，适用于中、小粒种子的条播，对流动性较好的种子排种均匀性较好
摆杆式排种器	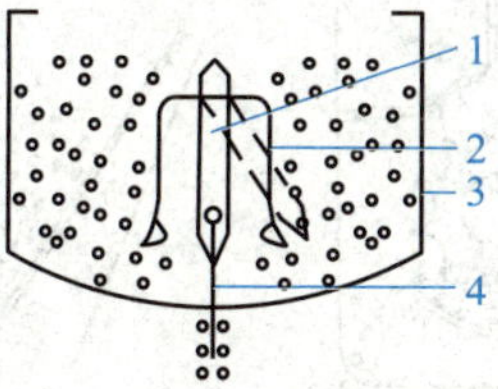 1—摆杆；2—副摆杆；3—种箱；4—导针	工作时曲柄连杆机构带动摆杆往复摆动，来回搅动种子，导针在排种口做上下往复运动，可清除种子堵塞和架空问题，保证排种的连续性。 根据耧的原理改进而成，结构简单，容易制造。对小麦、谷子、高粱、玉米等种子的适应性较好，排种均匀性较好。但播量调节较困难，排种口大小对播量影响较大
离心式排种器	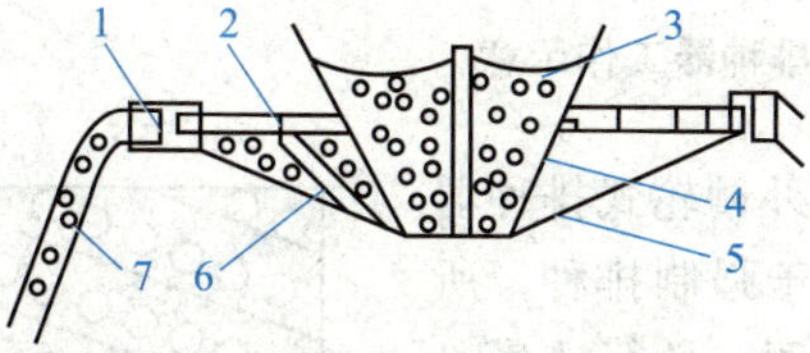 1—分配头；2—叶片；3—种箱；4—排种锥筒；5—外锥筒；6—进种口；7—输种管	属于集中式排种器，工作时排种锥筒带动种子高速旋转，在离心力的作用下，种子被甩出排种口实现排种。 一个排种器可排十多行，通用性好，大、小粒种子都能播，也可用于种子、化肥混播，播量的调节主要靠改变进种口的大小，也可改变排种锥筒的转速来调节

由于外槽轮式排种器在谷物条播机中应用最广泛，因此下面重点讲解外槽轮式排种器。

(1) 外槽轮式排种器的结构和工作原理。外槽轮式排种器的结构如图 1-2-2 所示。其主要由排种盒、排种轴、排种轮(外槽轮)、阻塞套、排种舌、花形挡圈等组成。排种盒装在种箱的下面，种子通过箱底开口流入排种盒。排种轴带动排种轮(外槽轮)转动，排种轮(外槽轮)和花形挡圈随轴一起转动，阻塞套和花形挡圈可防止种子从槽轮两侧流出。排种轮(外槽轮)转动时用圆周上均匀分布的半圆形凹槽，强制将排种盒内的种子从排种口排出，同时将接近排种轮(外槽轮)外缘的种子带出。

为增大排种范围和不损伤种子，在排种盒下部铰装有排种舌。其位置可根据种子大小的需要进行调节。

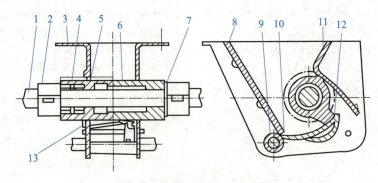

图 1-2-2　外槽轮式排种器的结构

1—排种轴；2—卡箍；3—排种盒；4—轴销；5—排种轮(外槽轮)；6—阻塞套；7—垫圈；
8—前挡板；9—排种舌轴；10—排种舌；11—后挡板；12—开口销；13—花形挡圈

外槽轮式排种器的工作过程为排种轴带动排种轮(外槽轮)旋转，种子靠自重充满排种盒槽轮凹槽，槽轮凹槽强制将种子从排种口排出，同时接近排种轮(外槽轮)外缘附近的一层种子因种粒之间的摩擦和槽轮槽缘凸尖的间断冲击而被带动，以较低的速度排出，这层种子称为带动层。带动层内的种子运动速度低于槽轮的圆周速度，越靠外其运动速度越小，速度为零的种子称为静止层。槽轮转向不变而依靠改变排种间隙来适应种子尺寸的排种器称为下排式排种器；槽轮旋转方向可变的排种器称为上排式排种器，如图 1-2-3 所示。下排式排种器用于播中小颗粒种子，上排式排种器用于播大粒种子。

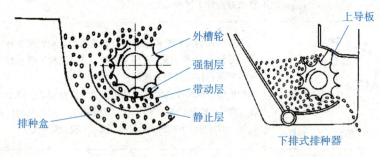

图 1-2-3　外槽轮式排种器工作示意

(2)外槽轮式排种器的性能特点及适用范围。外槽轮式排种器的结构简单、制造容易，国内外均已标准化。由于强制排种，所以排种量稳定，并且调整机构结构简单，操作方便。各行播量一致性好，但由于齿槽强制作用使排种有脉动性，所以，种子行内分布均匀性较差。为了减轻外槽轮式排种器排种的脉动性，有的播种机将排种舌出口边缘制成斜线，使槽轮同一凹槽排出的种子，先后陆续落入输种管。也有的播种机采用斜槽式外槽轮(也称螺旋式外槽轮)，使相邻凹槽的排种衔接不断，排种均匀性有所改善，如图 1-2-4 所示。

外槽轮式排种器能播各种粒型的光滑种子，如麦类、高粱、豆类、玉米、谷子和油菜等，具有较好的通用性。

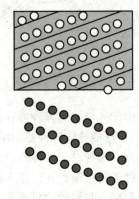

图 1-2-4　斜槽式外槽轮

(3)外槽轮式排种器的主要参数。外槽轮式排种器的主要参数有槽轮直径、槽轮工作长度、齿槽数、齿槽断面形状、槽轮转速、槽轮与排种盒的相对位置等,这些参数影响着外槽轮式排种器的工作性能。

①槽轮直径。槽轮直径越大,则每转一转的排种量越大,排种能力越强,如果播量一定,增大直径则必须相应减小槽轮工作长度或降低转速,这样会影响排种均匀性;直径过小,则须相应增大槽轮转速,使种子损伤率增加。播麦类槽轮直径一般为40~51 mm。目前应用最多的小槽轮排种器槽轮直径为40 mm,这样对小粒种子可适当提高转速,增加脉冲频率,减小脉冲振幅,因而排种均匀性略好于大直径。播大粒种子如玉米、棉籽等可适当加大直径,有的可达到110 mm。播油菜、谷子等小粒种子时,槽轮直径为24~28 mm。

②槽轮工作长度。槽轮实际工作长度应保证种子能正常流动,试验发现,槽轮工作长度不应小于种子长度的1.5~2倍,否则排种器内种子流动不畅,局部架空,影响排种均匀性。播麦类时,可取30~42 mm。适应高速作业需大排种盘,其长度最大为47 mm。

③齿槽数。齿槽数过多,则对排种均匀性有一定改善,但容易损伤种子,过少又会减少带动层的厚度,影响排种均匀性。常用的外槽轮齿槽数为10~18。

④齿槽断面形状。弓形槽断面便于充填和排出种子。播大粒种子时,为增加凹槽容积常采用圆弧梯形槽,小粒种子则采用直角槽,可适当增加凹槽数,减小凹槽断面尺寸。槽深h不应小于种子厚度之半(现有的槽轮都大于此数的2~3倍)。槽宽b通常大于种子最大长度的2倍,如图1-2-5所示。

⑤槽轮转速。槽轮转速过高易损伤种子,过低又对排种均匀性不利。为提高播量的稳定性,槽轮适宜的转速为9~60 r/min。

⑥槽轮与排种盒的相对位置。为适应大小粒种子,下排式排种器的排种舌可绕铰链D点调整。排种口E点的位置应确保种子在静止状态时不自流,要求防漏角α(自E点作槽轮外缘的切线,切线与水平线的夹角称为防漏角)小于种子的自然休止角。

为便于种子自流充满排种盒,排种盒前壁A的倾角β也应大于种子的自然休止角。前壁不宜遮挡槽轮过多(如B处),否则影响充种,如图1-2-6所示。

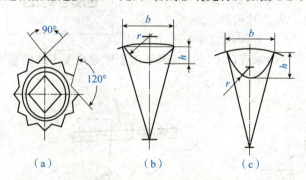

图1-2-5 凹槽断面形状
(a)直角槽;(b)弓形槽;(c)圆弧梯形槽

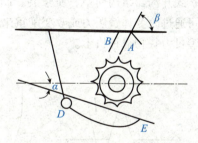

图1-2-6 槽轮与排种盒的相对位置

(4)外槽轮式排种器的主要调整。外槽轮式排种器的主要调整包括种子适应性调整、排种量调整、各排种器排量一致性调整。

①种子适应性调整。外槽轮式排种器有下排式和上排式两种形式(图1-2-3)。国产谷物条播机大多采用下排式,下排式排种器种子只能从槽轮的下方排出,为了适应大小不同的种子,排种盒侧壁上有3个凹槽,可将排种舌固定在3个不同高度的位置,以调整排种间隙。最上面的位置排种间隙最小,用来播种谷子、菜籽等小粒种子;中间位置用来播种小麦、高粱等中粒种

子；最下面的位置排种间隙最大，用来播种玉米、大豆等大粒种子。

②排种量调整。外槽轮式排种器的排种量可通过调整排种槽轮的转速和槽轮的有效工作长度来实现。转动的槽轮和不转动的阻塞套可以在排种盒内随排种轴左右移动，轴向移动排种轴，即可改变槽轮的有效工作长度。转速的调整可通过改变传动机构的速比来实现。外槽轮式排种器主要靠改变槽轮工作长度来调节播种量，一般只需2~3种速比即可满足各种作物对播种量的要求。通常槽轮采用低转速，大传动比时播种质量较好。

③各排种器排量一致性调整。当播种机各排种器排量不一致时，可以对单个排种器的工作长度进行调整。调整方法很简单，只要松开排种器两侧的卡箍，即可移动槽轮和阻塞套，调到所需位置再将卡箍固紧。

2. 开沟器

开沟器主要用来在种床上按一定的农业技术要求开出一定深度和宽度的种沟，并引导种子（或肥料）落入其中并覆盖湿土。开沟器的工作质量直接影响播种质量，所以要求开沟直、深浅一致并且开沟深度可根据实际需要调节，开出的种沟要求幅宽适宜、沟底平整、有一定的自行覆土作用，并且保证干湿土层不乱，以利于湿土先与种子接触，保证种子发芽。开沟器应入土性能好，不动土、不缠草，而且开沟阻力小。

各种作物的播种要求不同，各地区气候、土壤条件的差异，决定开沟器有不同的形式。开沟器按其入土角的不同可分为锐角式和钝角式两大类（图1-2-7）。锐角式开沟器的开沟工作面与地面的夹角（即入土角）α＜90°，主要有锄铲式、翼铲式、船形铲式、芯铧式等；钝角式开沟器的开沟工作面与地面的夹角（即入土角）α＞90°，主要有单圆盘式、双圆盘式、滑刀式、组合式等。

(1) 锄铲式开沟器。锄铲式开沟器主要由开沟器体、开沟铲、拉杆、压缩弹簧座和导种板等组成，如图1-2-8所示。其工作过程为开沟铲首先将部分土壤升起，使底层土壤翻到上层，对前端及两边土壤有挤压作用，开沟后形成土丘和沟痕。其特点为下层湿土翻至上层，不利于保墒且干湿土相混，所以不宜在干旱地区使用。在土块大、残茬和杂草多的田地作业易缠草、壅土和堵塞，播深也不稳定，所以对播前整地要求较高。

锄铲式开沟器

但锄铲式开沟器结构简单、质量轻、制造容易、开沟阻力小、入土能力强，可通过改变弹簧压力或改变配重来调节开沟深度，所以，其多采用于作业速度不高的畜力或小型机力谷物播种机上。

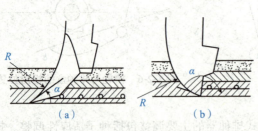

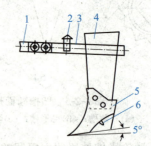

图1-2-7 开沟器入土角
(a) 锐角式；(b) 钝角式

图1-2-8 锄铲式开沟器
1—机架；2—压缩弹簧座；3—拉杆；
4—开沟器体；5—开沟铲；6—导种板

(2) 芯铧式开沟器。芯铧式开沟器（图1-2-9）主要由芯铧、侧板和立柱组成。其工作过程为土壤被芯铧的水平刃切开后逐渐沿曲面上升并向两侧推移，再由两侧板继续分开，将残茬、表层土块、杂草等向两侧抛出。其特点为所形成的沟底较宽(12～20 cm)且平整,有利于种子均匀分布,并可防止干、湿土层相混杂。对播前整地要求不高,可在垄留茬地上开沟,有利于清除垄上残茬和杂草,所以芯铧式开沟器是中国特有的适于垄作的开沟器。芯铧以锐角入土,并具有对称的工作曲面,因此,入土性能好。其缺点为工作阻力较大,有壅土、翻土和抛土现象,自覆土能力差,不适宜高速作业。

芯铧式开沟器

(3)双圆盘式开沟器。双圆盘式开沟器(图 1-2-10)主要由一对平面圆盘、开沟器体、圆盘轴和导种板组成。其工作过程为靠自重及附加弹簧压力入土,两圆盘滚动前进,将土切开并推向两侧形成种沟,输种管将种子导入种沟,然后靠回土及沟壁塌下的土壤覆土。其特点为结构复杂、质量大、入土性能差、造价高。但由于开沟阻力小,不挂草,不易堵塞,对整地质量要求不高,并且圆盘周边刃口滚动工作,可切断草根和残茬,因此在整地条件较差和土壤湿度较大时也能正常工作,而且工作性能稳定,适用于较高速作业。开沟时不乱土层,且能用湿土覆盖种子,机引播种机上多采用双圆盘式的结构,是一种适应性较好的通用型开沟器。

双圆盘式开沟器

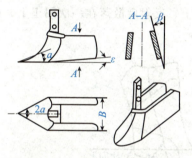

图 1-2-9 芯铧式开沟器

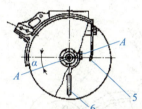

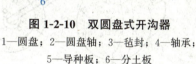

图 1-2-10 双圆盘式开沟器

1—圆盘;2—圆盘轴;3—毡封;4—轴承;
5—导种板;6—分土板

(4)单圆盘式开沟器。单圆盘式开沟器(图 1-2-11)的工作部件是一个球面圆盘,圆盘偏角为 $3°\sim8°$,圆盘凸面一侧有输种管。工作时,由于单圆盘倾斜向前滚动,一面锐边切开土壤,一面又使土壤沿凹面上升,并被抛向一侧,部分土壤沿圆盘下落到种沟覆盖种子。与双圆盘式开沟器相比,其质量较轻,入土能力强,结构也较简单,适应性好,但播幅较窄,沟底不平,由于其具有翻土作用使开沟时上下干湿土层略有搅混,有干土覆盖种子现象,在干燥地区对种子吸收水分发芽不利,因而只适于在水浇地和墒情较好的条件下使用。

(5)滑刀式开沟器。滑刀式开沟器(图 1-2-12)主要由滑刀、侧板、开沟器体、拉杆、推土板、底托(压实沟底,使种子得到较多水分)、限深板、限深板调节齿座等组成。其工作过程为靠自重和弹簧压力以钝角切入土中,利用两个侧板推挤而成沟,种子由两侧板中间落入沟底,湿土则从侧板后下角缺口部分落入沟内,将种子覆盖。其特点为开沟时不乱土层,保证种子和湿土紧密接触;开沟较窄且投种高度低,保证投种位置的准确性;开沟深度稳定,常用于播种质量要求较高的玉米、棉花点播机和其他中耕作物播种机上。但滑刀式开沟器入土性能、覆土能力较差,须配有专门的覆土和填压部件来盖严、压实种子,适于整地良好的土壤。

滑刀式开沟器

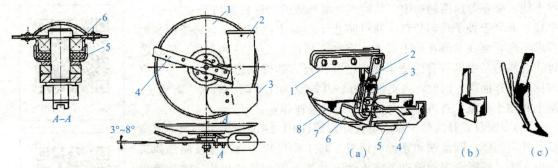

图 1-2-11　单圆盘式开沟器
1—圆盘；2—导种管；3—分土板；
4—拉杆；5—防尘圈；6—滚珠轴承

图 1-2-12　滑刀式开沟器
(a)滑刀式开沟器；(b)刮干土器；(c)夏播开沟器
1—拉杆；2—开沟器体；3—调节齿座；4—侧板；
5—底托；6—推土板；7—限深板；8—滑刀

(6)组合式开沟器。组合式开沟器常在播种施肥机上使用，利用组合式开沟器可以实现正位深施。组合式开沟器有双圆盘式和锄铲式等，如图 1-2-13 所示。导肥管和导种管单独设置，导肥管在前，导种管位于后方。工作原理基本相同，开沟入土后开出种肥沟，肥料通过前部导肥管落入沟底，被一次回土覆盖；种子通过导种管落在散种板上，反射后散落在一次回土上，由二次回土覆盖。

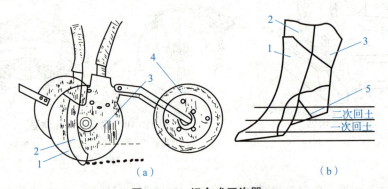

图 1-2-13　组合式开沟器
(a)双圆盘式；(b)锄铲式
1—开沟器；2—导肥管；3—导种管；4—镇压轮；5—散种板

3. 种箱

种箱用来盛放欲播的种子，装在机架上，位于排种器的上方，种箱大多采用薄钢板制成，也有的用玻璃纤维压制而成。对种箱要求有足够的容量，尽量减少加种次数，而且坚固耐用，质量轻，有一定刚性。为保证种子顺利流入排种器而不残留在种箱内，箱壁的倾斜角应大于种子的自然休止角(一般为 60°～70°)，设计时应注意要便于加种、卸种和清种。箱盖关闭严密，防止雨水浸入。播种机上的种箱可设一个，但中耕作物播种机由于所播作物的行距较大，大多数是每行设一个种箱，安装在开沟器上面，组成一个播种单组，通过四连杆仿形机构与机架连接。工作时，种箱内应至少留 10% 的余量，否则会因种箱内种子太少影响播种质量。

种箱的容量由播种行距、株距、播种量、播种距离决定，可由下式确定：

$$V=\frac{1.1LBN_{max}}{1\,000r}$$

式中 V——每个种箱的容量(L);

L——种箱每装满一次所能播种的距离(m),要求最少能播一个往返行程;

B——播种宽度(m);

N_{max}——最大播种量(kg/hm²);

r——种子容重(kg/L)。

4. 输种管

输种管的作用是将排种器排出的种子引导到开沟器开出的种沟内。它安装在排种器与开沟器之间。要求输种管截面积大,对种子运动的干扰小,保证种子落地的精确性;有足够的伸缩性并能向各个方向弯曲,以适应开沟器升降、仿形和行距调整的需要。常用的输种管(图1-2-14)有漏斗式、卷片式和波纹管等。

漏斗式是由一些金属漏斗用链条连接而成,质量重,结构复杂,但伸缩性好,工作时各漏斗之间可相对摆动,肥料不易堵塞,主要用作化肥输肥管;卷片式用弹簧钢带卷制而成,结构简单,质量轻,伸缩弯曲性好,但过度拉伸后难以恢复,产生大的间隙易漏种;波纹管在两层橡胶或两层塑料之间夹有螺旋性弹簧钢丝,其弹性伸缩性和弯曲性较好,工作可靠,但价格高,常被用在国外播种机上。

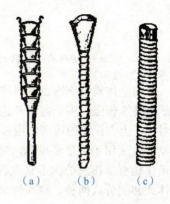

图 1-2-14 常用的输种管
(a)漏斗式;(b)卷片式;(c)波纹管

5. 覆土器

由于开沟器自身的覆土作用不够完善,所以开沟器后面常带有覆土器。覆土器的主要作用是在种子落入沟底后,以适量细湿土覆盖,并达到规定的覆土深度。对覆土器的要求是覆盖严密且深度一致,不改变种子在种沟内的位量,且不拖堆、不缠草。谷物系播机上常用的覆土器有链环式、拖杆式、弹齿式和爪盘式,如图1-2-15所示。其中,链环式、拖杆式结构简单,我国生产的谷物条播机上多采用这两种覆土器。

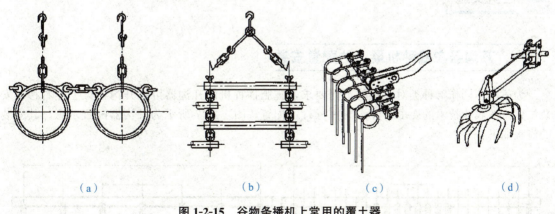

图 1-2-15 谷物条播机上常用的覆土器
(a)链环式;(b)拖杆式;(c)弹齿式;(d)爪盘式

6. 镇压轮

镇压轮用来压密土壤,使种子与湿土充分接触,提高发芽率。镇压轮有平面整体式、凸面整体式、凹面整体式、凹面剖分式、V形双轮式等多种类型(图1-2-16)。

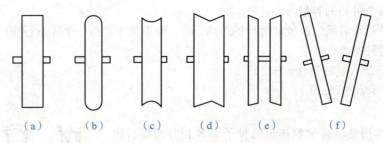

图 1-2-16 镇压轮的类型

(a)平面整体式；(b)凸面整体式；(c)，(d)凹面整体式；(e)凹面剖分式；(f)V形双轮式

平面整体式镇压轮也称圆柱形镇压轮，其结构简单，镇压面较宽，压力分布均匀，对土壤的压实性能较强，用于宽幅开沟器（如芯铧式开沟器）。凸面整体式镇压轮也称凸鼓形镇压轮，其对种子上方土壤的压密作用强，使种子与土壤充分密接，适用于谷子、玉米等出土能力强的作物，也适用于干旱多风地区使用，镇压后种子紧靠湿土，防止透风，利于保墒。凸面整体式镇压轮要求压成的沟不宜太深，否则易造成积水板结。凹面镇压轮也称凹腰形镇压轮，有整体式和剖分式两种，镇压性能比较好。凹面镇压轮从两侧将土壤和种子压紧，但在种子上部的土层比较松，有利于种子发芽出苗生长，适用于棉花、豆类及出土较困难的双子叶作物，也适用于潮湿地区土壤使用。V形双轮式镇压轮呈倒八字配置，每行用一对，作用与圆锥分离轮相似，并有一定的覆土作用。V形双轮式镇压轮与窄幅开沟器（如双圆盘式开沟器）相配合使用。橡胶镇压轮有实心和空心之分，根据内胎的大小，近年来一种零压胎轮的空心橡胶轮发展比较快。这种镇压轮设有一个内胎的胎轮，它的腔壁上有一孔，使胶胎内空气与大气相通（故称之为零压橡胶镇压轮），受压变形后靠自身弹性恢复原来形状。橡胶镇压轮具有弹性好、粘土少、易脱土、滑移少，压后地表不易产生鳞片状裂缝等特点，是一种性能较好的镇压轮，但造价较高。

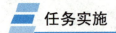

任务实施

一、开沟器在播种机梁上的配置安装

为适应不同作物种类对行距的不同要求，施肥播种机的开沟器可在开沟器梁上左右移动安装位置。按农业技术的要求对开沟器进行行距配置，图 1-2-17 所示为开沟器配置示意。其安装的流程如下：

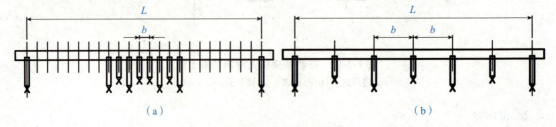

图 1-2-17 开沟器配置示意

(a)开沟器为双数；(b)开沟器为单数

(1)按下列公式计算播种机梁上可安装开沟器的有效数目：

$$n = \frac{L}{b+1}$$

式中　n——横梁上可安装的开沟器数量(个，注：只取整数)；
　　　L——开沟器梁的有效长度(cm)，即开沟器梁的安装长度减去一个开沟器拉杆的安装宽度；
　　　b——农业技术所要求的行距(cm)。

(2)按行距逐次从梁的中间向梁的两侧对称配列安装，以保证两侧工作阻力一致，行走稳定。如开沟器为单数，则从梁的中线开始安装第一个开沟器；若开沟器为双数，则从梁的中线两侧各半个行距开始安装开沟器。

(3)安装时，窄行播种机相邻开沟器应将前后列相互错开(前列拉杆短，后列拉杆长)，以保证开沟器间不易堵塞。开沟器为双数时，中间两行应装前列开沟器，然后按后至前的顺序向两侧安装。在需要使用的开沟器数等于或小于原整机配备开沟器数的一半时(播种宽行作物时)，可全部采用后列开沟器。

(4)暂时不用的开沟器、输种(肥)管应予拆除，不用的排种(肥)器应用盖板盖住或切断动力。

(5)开沟器升降叉和拉杆移到安装位置后，应将固定螺栓拧紧，并起落数次，检查其安装是否紧固、行距是否准确，若不符合要求，应予校正。

二、播种机使用前的检查

为了确保播种机能正常工作，在工作前应对各部分进行详细检查和保养，其内容包括：

(1)检查各部分紧固情况和变形损坏情况，变形件应予以校正，损坏件应修复或更换。
(2)对各润滑点要进行润滑，加足润滑油。
(3)检查机架和开沟器有无变形和弯曲，机架应成矩形，对边平行度偏差不大于 5 mm，对角线偏差不大于 10 mm，开沟器梁弯曲度不得超过 10 mm。可用拉线方法检查。
(4)地轮应成正圆形，其轴向和径向摆差应不大于 10 mm，轴向间隙不超过 15 mm，可将地轮支起并转动测定。
(5)检查传动机构的链条紧度是否适当，各链轮是否处于同一平面。
(6)检查输种(肥)管是否齐全和有无变形或损坏。
(7)检查各开沟器距离是否相等，偏差不大于 5 mm。
(8)检查各排种(肥)器的工作长度是否相等，其偏差不大于 3 mm，排种舌与排种轮之间的间隙应一致。

三、播种量的调整

外槽轮式播种机的排种量主要取决于槽轮的工作长度(槽轮在排种盒内的长度)和转速。一般是先按播种量选好传动比，然后调整槽轮的工作长度以达到播量的要求。工作长度越长或槽轮转速越高，排种量越大。为了保证排种的均匀性、稳定性和低破碎率，应尽量采用较小的传动比和较大的槽轮工作长度。

1. 各行排种量一致性的检查与调整

播种机一般都可以一次进行多行的播种，要求每行的排种量一致，不能有多有少，因此，对新投入使用的播种机，在进地播种前要检查它们的排种量是否相同。检查方法：将播种机支起垫平，选好适宜的传动比和槽轮工作长度，在种箱内装入 8~10 cm 深的种子，转动地轮使排种器充满种子，清除排出的种子，装上接种袋，以接近播种机作业时的行驶速度转动地轮 10~20 圈，称量每个排种器的实际排种量，称量精度为 0~5 g，计算排种器排种量的平均值，比较各排种器实际排种量与平均值的差，不得超过 2‰~3‰，若超过要求，即各排种器的排种量差异较大时，则应分别调整单个排种槽轮的工作长度，然后再做检验，直到符合要求。调整后将槽轮两端的定位卡箍拧紧。

2. 总排种量检查与调整

(1)静态试验。播种前要进行总排种量试验，以保证排种量符合单位面积播量的要求。进行排种量试验时，应将播种机水平支离地面，放下开沟器，在种箱内加入种子至种箱容量的 1/4 以上；转动几圈地轮，使排种器内充满种子，然后在各输种管下放置接种器，以接近实际工作的转速（一般为 20~30 r/min）均匀地转动地轮 10~20 圈后，称量所有容器内的种子。全部排种器的排种量应符合下式的要求，偏差不得超过 2‰。

$$G = \pi D(1+\delta) BnQ/10$$

式中　G——全部排种器的排种量总和(g)；
　　　D——地轮直径(m)；
　　　B——播种机工作幅宽(m)；
　　　n——试验时地轮转动圈数；
　　　Q——单位面积要求的播种量(kg/hm^2)；
　　　δ——地轮滑移系数(按 0.05~0.1 计算)。

若实际承接的排种量与计算结果不一致，呈过大或过小，且偏差超过 2‰时，可通过调整手柄轴向移动排种轴，同时改变各槽轮的工作长度，以便减小或增大排种量，然后再进行试验，直到符合要求。

(2)田间试播。由于播种机排种量调试与田间实际作业时的条件不完全相符，所以，调试后还应进行田间试播，对播种量进行校核。

校核方法如下：

首先，确定试播地段的长度(可选 20~30 m)，并按下式计算该长度范围内的应播种子量：

$$q = BLQ/10\,000$$

式中　q——试播地段长度内应播种子量(kg)；
　　　Q——单位面积要求的播种量(kg/hm^2)；
　　　B——播种机工作幅宽(m)；
　　　L——试播地段长度(m)。

其次，在种箱内装入 10 cm 左右深的种子，将表面刮平，用铅笔在种箱侧壁上作出标记，再加入按上式计算出的应播种子量，刮平后进行试播；播完预定长度后停机，将种箱内的种子刮平，检查种子表面是否与所作标记相符，若不符，应调整排种轴轴向位置，即改变槽轮工作长度，然后对播种量再次试验，直到相符，并把播种量调整手柄固定。

外槽轮式排肥器排肥量的调整与上述调整类似。

四、播种机的行走路线

播种机作业时的行走路线有梭形播法、套播法、向心播法和离心播法，如图 1-2-18 所示。

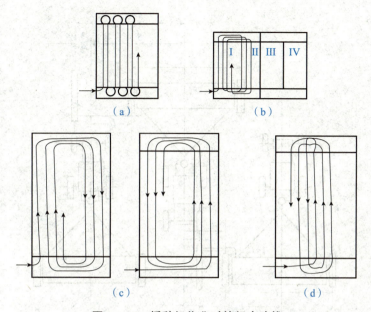

图 1-2-18 播种机作业时的行走路线
(a)梭形播法；(b)套播法；(c)向心播法；(d)离心播法

(1)梭形播法。机组沿一侧进地，依次往返穿梭到地块另一侧，最后播地头。这种播法较简单，不易漏播，实际播种中多采用此法，其缺点是地头转弯的时间较长。

(2)套播法。播种前将大地块分成双数等宽的播种小区，小区宽度应为播种机工作幅宽的整数倍，然后跨小区进行播种，此法机组不用转小弯，容易操作。

(3)向心播法，又称回形播法。机组从地块一侧进入，由外向内一圈一圈绕行，到地块中间播完。机组可以采用顺时针绕行或逆时针绕行。

(4)离心播法。机组从地块中间开始由内向外绕行，可以采用顺时针绕行或逆时针绕行。向心播法和离心播法地头空行少，但播前需将地块分成宽度为机组工作幅宽整数倍的小区。

五、划印器臂长的调整

划印器臂长与播种机行走方法及驾驶员所选对应目标有关，采用梭形播法时，划印器臂长可用下式计算（图 1-2-19）：

$$L_{右} = B - l/2$$
$$L_{左} = B + l/2$$

式中 $L_{右}$——右划印器臂长（右划印器至播种机中心线距离）；

$L_{左}$——左划印器臂长（左划印器至播种机中心线距离）；

l——拖拉机前轮距；

B——播种机工作幅宽。

在实践中，也可不计算而直接用绳子测定划印器臂长，如图 1-2-20 所示。首先，确定对应目标，并以此为标志，在平行于前进方向画一条延长线与播种机主梁在地面上的投影线相交于点 A，再找出播种机最外侧开沟器向外半个行距处 $D_{左}$、$D_{右}$，然后取绳，分别以 $D_{左}$、$D_{右}$ 为圆心，以 $D_{左}A$、$D_{右}A$ 为半径画半圆与投影线交点 $C_{左}$、$C_{右}$，则点 $C_{左}$、$C_{右}$ 即为左右划印器圆盘的画线位置。

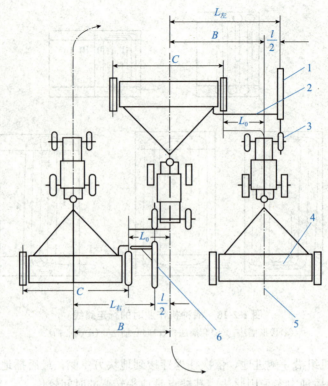

图 1-2-19　划印器臂长计算
1—划印器圆盘；2—左划印器支臂；3—拖拉机左前轮；4—播种机；5—播种机中心；
6—右划印器支臂

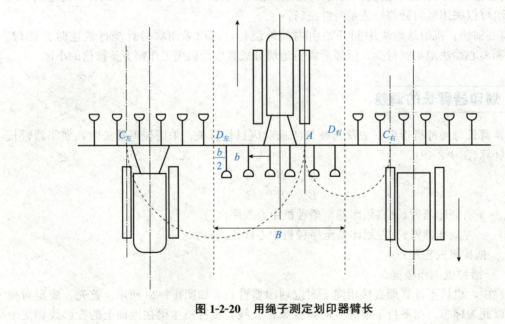

图 1-2-20　用绳子测定划印器臂长

六、播种机使用应注意的事项

为了确保播种机正常工作及其作业质量,在使用播种机时应注意以下事项:
(1)操作人员应能正确掌握播种机的操作、保养、调整、维修等技能。
(2)对播种的地块,应整平耙碎,使其符合播种要求。
(3)所播的种子应经过清选、药剂处理和发芽率试验,以确保苗齐、苗壮。
(4)按播种机的使用要求,检查调整各部位,使播种机达到运转自如、符合规定的要求。
(5)根据播种地块,选好行走路线,一般采用梭形播法或向心播法。
(6)播第一趟时,应选择好开播地点(一般在地块的一边)。操作人员要在自己的视线范围内找好标志,力求开直,以便进行机械中耕。
(7)在播种作业中,操作人员要经常观察排种装置和开沟器等部件的工作情况,如有异常现象,应迅速停止播种,进行检查调整,排除故障。
(8)地头转弯时,应使开沟器离开地面,此时不排种。
(9)无论播种机在工作时还是非工作状态下都不许倒退,以防开沟器堵塞和损坏。
(10)严禁在播种作业时进行调整、修理、润滑等项工作。
(11)播完一种作物后,要认真清理种箱,以防种子混杂。
(12)播拌药物种子时,工作人员应戴口罩和手套等防护用具。播后,对剩余种子要妥善处理,以防人畜中毒。

七、播种机的保养与保管

1. 保养

播种机的保养,应按机器使用说明书中的规定,及时、严格、认真地进行。
(1)作业期间按时对各润滑点注油,保证充分润滑,对丢失和损坏的零件应及时补充、更换和修复,经常检查各固定螺栓紧固情况,松动时要及时紧固。
(2)每天工作前进行班次保养,检查排种(肥)部件、开沟器、排种(肥)器、覆土镇压器等是否完整,工作是否符合要求;检查起落机构、传动机构动作是否灵便;正角;检查各紧固螺栓是否有松动;进行各部件润滑。
(3)每天工作结束后,应将各部件泥土清理干净,尤其是肥箱内残存肥料要清扫干净,以免化肥腐蚀零件。

2. 保管

(1)彻底清除泥土和尘垢,清除输种(肥)管内的种子和肥料。
(2)掉漆处重新涂漆。
(3)开沟器须分解,用柴油清洗后重新装配并注油。
(4)放松弹簧,卸下输种(肥)管放室内保管,橡胶输种(肥)管卸下后,管内填一根木棒或干沙等,避免挤压、折叠变形。
(5)润滑各传动部分。卸下链条,清洗后涂油入库保管。
(6)播种机应放库房或棚内保管,若在露天存放时,应有遮盖物。存放时,应将机架支撑牢靠,开沟器、覆土器应用木板垫起,不与土地直接接触,橡胶轮应避免长期受压和日晒。

八、播种机的常见故障及其排除方法

播种机的常见故障及其排除方法见表1-2-2。

表1-2-2 播种机的常见故障及其排除方法

故障现象	故障原因	排除方法
漏播	①排种器、输种管堵塞； ②输种管损坏漏种； ③槽轮损坏； ④地轮镇压轮打滑或传动不可靠； ⑤输种管出口粘上黄油或泥土，种子粘在管内壁	①清除种子中的杂物，清除输种管管口黄油、泥土； ②修复更换； ③更换槽轮； ④检查排除； ⑤开沟器黄油不可打得太多，清除输种管上的黄油、泥土
不排种	①链条断开； ②弹簧压力不足，离合器不结合； ③轴头连接处轴销丢失或剪断	①检查各处有无阻卡； ②更换损坏零件； ③更换轴销
不排肥	①大锥齿轮上开口销剪断； ②肥箱内肥料架空； ③进肥或排肥口堵塞	检查排除
开沟器堵塞拖堆	①圆盘转动不灵活； ②圆盘晃动、张口； ③导种板与圆盘间隙过小； ④土质黏； ⑤润滑不良； ⑥工作中后退	①增加内外锥体间垫片； ②减少内外锥体间垫片，锁紧螺母调整； ③清除泥土，注油润滑； ④清除泥土； ⑤注油润滑； ⑥清除泥土
开沟器升不起来或升起后又落下	①滚轮磨损严重； ②卡铁弹簧过松； ③双口轮与轴连接键丢失； ④月牙卡铁回转不灵	更换缺损零件

任务三　机械式点(穴)播机

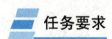

任务要求

知识点：
1. 掌握机械式点(穴)播机的结构及工作原理。
2. 掌握机械式点(穴)播机的故障诊断分析与排除方法。

技能点：

1. 会正确使用机械式点(穴)播机。
2. 能正确安装机械式点(穴)播机，并进行技术状态检查。
3. 能及时排除机械式点(穴)播机出现的故障。

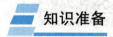任务导入

有一用户在使用2BYSF-3勺轮式玉米精量播种机播种玉米时，发现各行深浅不一，经检查，是播种开沟器深度不一致导致的。这是什么原因引起的呢？如何进行调整？本次任务我们就来学习机械式点(穴)播机的结构、工作原理与常见故障维修。

知识准备

一、机械式点(穴)播机的结构及工作原理

机械式点(穴)播机是指按一定行距和穴距，将种子成穴播种的种植机械。每穴可播1粒或数粒种子，分别称单粒精播或多粒穴播，主要用于玉米、棉花、甜菜、向日葵、豆类等中耕作物，又称中耕作物播种机。每个播种机单体可完成开沟、排种、覆土、镇压等整个作业过程。

穴播机主要由机架、种箱、排种器、开沟器、覆土镇压装置等组成，图1-3-1所示为2BZ-6型悬挂式播种机。机架由主横梁、行走轮、悬挂架构成，而种箱、排种器、开沟器、覆土器、镇压器等则构成播种单体。播种单体通过四杆仿形机构与主梁连接，可随地面起伏而上下仿形。单体数与播行数相等，每一单体上的排种器由行走轮或该单体的镇压轮驱动。

工作时，由行走轮通过传动链条带动排种轮旋转，排种器将种箱内的种子成穴或单粒排出，通过输种管落入开沟器所开的种槽内，然后由覆土器覆土，最后镇压装置将种子覆盖压实。穴播机的主要工作部件是靠成穴器来实现种子的单粒或成穴摆放的。

多功能穴播种机运动分析

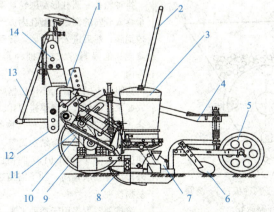

图1-3-1　2BZ-6型悬挂式播种机

1—主横梁；2—扶手；3—种子筒及排种器；4—踏板；5—镇压轮；6—覆土板；7—成穴轮；8—开沟器；9—行走轮；10—传动链；11—四杆仿形机构；12—下悬挂架；13—划行器架；14—上悬挂架

二、机械式点(穴)播排种器

点(穴)播排种器主要用于中耕作物的穴播或单粒精密点播。穴播是将几粒种子成簇地按规定排出,单粒精密点播则按要求排出单粒种子。机械式点(穴)播排种器根据其排种装置的结构和工作原理可分为型孔盘式(水平、垂直、倾斜)、窝眼轮式、型孔带式、指夹式等。

点(穴)播排种器的工作过程一般包括充种、清种、护种和投种。首先用型孔或气力将种子从种箱中分离出来,并填入型孔,这个过程称为充种。型孔通过种子群时可能有多余的种子进入型孔,为保证穴粒数,需清除多余的种子。清种后每个型孔携带规定的种子粒数,为保证种子在排出排种口前不掉落,在输送过程中需对种子进行保护。当种子到投种口时应及时将种子投出,以免影响株距或穴距的精确,设有专门的投种装置。采用型孔原理的机械式排种器应用较多,表 1-3-1 是常见的点(穴)播排种器。

水平圆盘式排种器

内充型孔式排种器

表 1-3-1 常见的点(穴)播排种器

类型	简图	工作原理及特点
水平圆盘式	1—推种器;2—刮种器;3—排种盘	排种盘有两种:周边带槽孔的圆盘和带圆孔的圆盘,其工作原理相同。排种器工作时,种箱内的种子靠自重填充到旋转着的排种盘槽孔或型孔中,并随排种盘转到刮种器部位时,被刮种舌刮掉多余的种子。保留在孔内的种子转到排出口时,种子在自重和推种器作用下落入种沟内。 排种盘上的型孔由种子形状、尺寸和每穴要求粒数确定,并按一定的间距排列。排种的株(穴)距与排种盘转速和孔数有关。播种机上都配有多种槽孔尺寸的排种盘,可根据所播作物、种子尺寸、播量和株(穴)距来选用。 该排种器主要用于精密播种玉米、高粱、大豆等种子的播种机上。作业速度一般不大于 6 km/h,否则排种质量显著下降
窝眼轮式	1—护种板;2—刮种板;3—窝眼;4—窝眼轮	排种轮是一圆柱形窝眼轮,垂直配置。种箱内的种子靠自重落入旋转的窝眼轮型孔内。当经过刮种器时,多余的种子被刮除,然后进入护种区,转到下方一定位置时,种子靠自重或其他强制方式(如推种器)使种子离开型孔,落入种沟内。 窝眼轮上的型孔大小可根据所播作物种子形状、大小、每穴要求粒数设计,有单排型孔、双排型孔,也可以设计成组合式排种轮,以满足多种作物的点播、穴播或条播,因此,通用性较好。它具有结构简单、投种高度低的优点。在作业速度不大于 6 km/h 时,排种性能较好,但是,型孔对种子外形尺寸要求较高,种子需清选分级,而且在排种过程中,易损伤种子。 该排种器大多用于播种玉米、大豆、高粱、丸粒化甜菜等中耕作物播种机,组合式排种轮还可条播谷子

续表

类型	简图	工作原理及特点
倾斜勺式	1—种箱；2—排种勺轮；3—导种叶轮；4—种子	倾斜安置的排种盘上均匀分布 15～30 个小勺。排种盘旋转时，排种小勺通过充种区，勺内舀上种子 1～2 粒。随着排种小勺向上旋转到上方过程中，多余种子靠自重滑落下来，自行清种，使勺内仅留一粒种子。当排种小勺转到上方，勺内种子靠自重作用下，通过隔板开口落入与排种勺盘同步旋转的导种叶轮上相应的槽内，种子随叶轮转到下方，通过底座排出口落入种沟内。 该排种器是不需要专门清种装置的机械式排种器。只有排种勺盘的倾斜角为 30°～45°时，才能克服种子沿勺盘下滑时产生的摩擦阻力，而使多余种子在自身重力下滑落。通过更换排种勺盘可精播玉米、豆类、甜菜、棉花、花生、向日葵等作物。株距可通过改变传动比调节，从 8～25.5 cm 分为 15 级。 倾斜勺式排种器结构较简单，不易伤种，对种子形状、尺寸要求不高。在作业速度不大于 8 km/h 时，排种性能尚可
内充型孔式	1—种箱；2—护种板；3—充种区；4—排种盘	种子从种箱流入排种器充种室，靠自重充填入型孔内。当充种型孔向上转的过程中型孔口多余种子自动掉落，型孔内的单粒种子在护种板支撑下，一直随同转到下方排出口处，在种子自重作用下，从型孔内落下，并进入种沟内。 与传统的型孔轮相比，其型孔的种子充填性能大大改善。因内充型孔轮的充种区在下方内部，种子充填入型孔时，除种子自重作用外，排种盘旋转时，使种子产生的离心力与种子进入型孔的方向一致，有助于种子充填入型孔内。因此，内充型孔轮排种器的作业速度可达 7 km/h，其排种性能良好。 型孔尺寸根据种子形状、大小设计。可以单粒播种和穴播玉米、甜菜和豆类等多种作物
垂直转勺式	1—种箱；2—开勺滑道；3—排种勺匙；4—侧盘；5—输种管垂直转勺式图	种子从种箱流入排种器存种区，30 个勺匙均布在排种盘上，随排种盘运转，并由底座上的轨道控制着勺匙的翻转。在经过下部存种区时，勺匙捞起种子，当转到上方时，由于轨道突然上升和转弯，使勺匙翻转，勺匙内种子下落到斜板上，滑入种沟内。 更换不同型号的勺匙(其形状为不同直径的圆形、椭圆形、橄榄形)可以播种蔬菜、豆类、甜菜、玉米等作物。勺匙的容积与种子大小决定了每勺匙内种子数，可单粒点播、穴播和条播。 该排种器在运转中不损伤种子，无清种装置。调节传动比可改变株距或每米粒数。作业速度较低，最大速度不能超过 4～5 km/h

续表

型式	简图	工作原理及特点
型孔带式	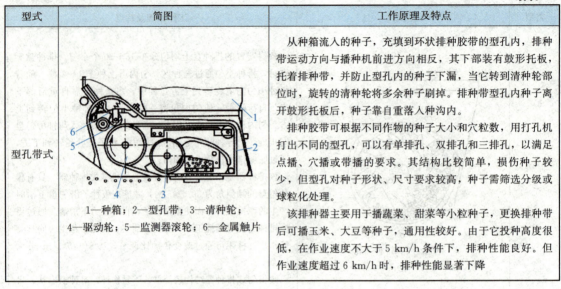 1—种箱；2—型孔带；3—清种轮； 4—驱动轮；5—监测器滚轮；6—金属触片	从种箱流入的种子，充填到环状排种胶带的型孔内，排种带运动方向与播种机前进方向相反，其下部装有鼓形托板，托着排种带，并防止型孔内的种子下漏，当它转到清种轮部位时，旋转的清种轮将多余种子刷掉。排种带型孔内种子离开鼓形托板后，种子靠自重落入沟内。 排种胶带可根据不同作物的种子大小和穴粒数，用打孔机打出不同的型孔，可以有单排孔、双排孔和三排孔，以满足点播、穴播或带播的要求。其结构比较简单，损伤种子较少，但型孔对种子形状、尺寸要求较高，种子需筛选分级或球粒化处理。 该排种器主要用于播蔬菜、甜菜等小粒种子，更换排种带后可播玉米、大豆等种子，通用性较好。由于它投种高度很低，在作业速度不大于 5 km/h 条件下，排种性能良好。但作业速度超过 6 km/h 时，排种性能显著下降

1. 水平圆盘式排种器

水平圆盘式排种器是一种较早使用的播中耕作物的排种器，它以更换排种盘来实现穴播或单粒点播多种中耕作物。水平圆盘式排种器（图 1-3-2）主要由种箱、托架、排种器底座、排种盘、刮种器及推种器（投种器）等组成。

型孔带式排种器

（1）排种盘。排种盘按型孔形状分为槽孔盘和圆孔盘，其中槽孔盘应用较多；按型孔内设计种粒数分为单粒盘和穴播盘。排种盘大多由灰铸铁制成，也有的用工程塑料压制而成。

① 排种盘型孔。排种盘型孔的形状和尺寸主要取决于种子形状、尺寸、穴粒数和种子充填方式。单粒播槽孔盘的充填方式有平置式和侧卧式两种，由于侧卧式型孔中进入双粒的概率少，单粒准确性高，因而现今大多采用侧卧式。

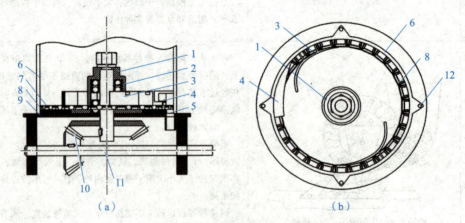

图 1-3-2 水平圆盘式排种器
（a）正视图；（b）俯视图

1—轴套；2—排种立轴；3—导流板；4—刮种板；5—漏种孔；6—种箱；7—动排种盘；8—定排种盘；
9—底座；10—锥齿轮；11—横轴；12—螺栓

由于我国玉米品种繁多，外形尺寸很复杂，籽粒大小相差悬殊，千粒重范围很大，必须对种子进行分级，然后按其每级种子的形状尺寸来设计排种盘型孔。

排种盘的型孔参数要根据种子尺寸和每穴粒数确定，一般每穴为3粒种子。以扁平形玉米种子为例，种子在型孔内的排列位置有3粒平躺、3粒竖立、2粒平躺1粒竖立、2粒竖立1粒平躺等多种形式，而以2粒平躺1粒竖立的排列出现较多。因此，型孔尺寸都以此为设计依据。

为了增加种子进入型孔的概率，提高充填性能，在型孔形状上设有倒角，其前角和侧面倾角使种子易于送入型孔，并能侧卧于孔内；后角利于刮种，将多余的种子推出；为便于型孔内种子迅速投种，型孔底部尺寸比上部大1~2 mm。

排种盘结构如图1-3-3所示。

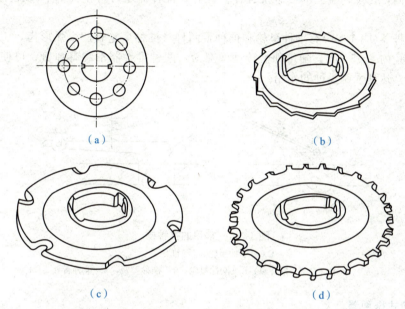

图 1-3-3　排种盘结构
(a)孔盘；(b)，(c)，(d)槽盘

②排种盘转速和线速度。排种盘工作时，种子靠自重充填入型孔，当排种盘转速过高，即型孔处的线速度过高时，型孔充填性能降低，易造成空穴。同时，型孔通过推种轮的时间也越短，来不及投种也会造成漏播。通过大量的试验表明，随着排种盘线速度的增加，型孔的充填性能下降。因此，排种盘的极限线速度为0.3~0.35 m/s。如果没有增设其他用以提高充填性能的辅助机构，排种盘线速度超过此值，型孔的充填性能将大大降低。

缩小排种盘直径或增加型孔数，均能降低排种盘线速度，因而能改善种子充填性能。但增加型孔数会缩小型孔间的间隔，间隔太小，将影响每穴之间的种子分离准确性。排种盘直径一般为200 mm左右，穴播盘型孔数为13，单粒盘型孔数为26。

(2)刮种器。刮种器的结构如图1-3-4所示。其作用是刮去排种盘型孔处多余的种子，保证播种的精确度，并要求不损伤种子。

刮种舌宽度应比型孔宽度大1~2 mm，刮种舌底部的工作面与排种圆盘之间的夹角$\alpha=35°\sim45°$，α角过大或等于90°，则种子突出部分与刮种舌接触时，有可能被剪切破碎。刮种舌底面与排种盘面的间隙，可用调整螺钉调整，一般间隙为0.3~0.5 mm较合适。

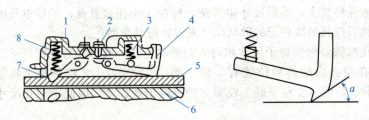

图 1-3-4 刮种器的结构

1—刮种器壳体；2—调节螺钉；3—刮种弹簧；4—刮种舌；5—排种盘；6—排种器底座；7—推种舌；8—推种弹簧

(3)推种器(投种器)。当排种盘型孔和隔板投种口相重合时，为了使型孔内的种子迅速离开型孔落入种沟内，在排种盘上部装有推种器。此外，推种器还可防止种子卡塞在型孔内，以免造成周期性空穴。

常用的推种器(图 1-3-5)有推种星轮和推种舌两种。推种星轮有四个弧形齿，工作时弧形齿进入排种盘型孔内 4~5 mm，随排种盘转动面对滚。两种推种器都装有弹簧，可使它们给种子一定的推击力，达到强制投种的作用。

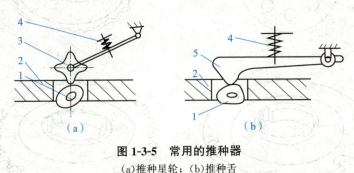

图 1-3-5 常用的推种器

(a)推种星轮；(b)推种舌

1—种子；2—排种盘；3—推种星轮；4—推种弹簧；5—推种舌

2. 窝眼轮式排种器

窝眼轮式排种器又称垂直型孔轮式排种器，主要由种箱、排种器体、窝眼轮、刮种器和护种板等组成，如图 1-3-6 所示。其中，组合式窝眼轮排种器的窝眼轮有几排型孔，中间的窝眼用于播玉米，两边的窝眼用于播大豆、高粱和谷子，由插板控制使用。

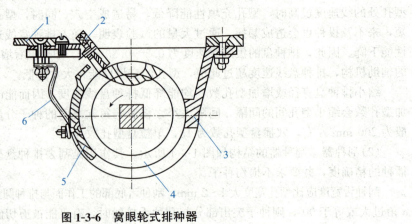

图 1-3-6 窝眼轮式排种器

1—种箱；2—刮种器；3—壳体；4—窝眼轮；5—护种板；6—簧片

(1) 窝眼轮。窝眼轮的结构如图 1-3-7 所示。

①型孔。型孔形状有圆柱形、锥柱形和半球形。为了便于种子充填和刮种时减少损伤种子，型孔带有前槽、尾槽或倒角。型孔直径和深度应与种子尺寸大小相适应。单粒点播的型孔直径 d 和型孔深度 h 要根据种子的最大尺寸 l_{max} 而定，其尺寸为

$$d = l_{max} + (0.5 \sim 1)$$
$$h = l_{max} - (0.5 \sim 1)$$

穴播时，型孔要根据每穴粒数而定，如每穴粒数为 3±1 时，种子以 2 粒平放 1 粒竖立的排列最多。因此，型孔尺寸为

$$d \geqslant l + b$$
$$3b \geqslant h \geqslant l$$

式中　l——种子平均长度(mm)；
　　　b——种子平均宽度(mm)。

②窝眼轮直径。窝眼轮直径不宜太小，因其曲率大，不利于种子充填入型孔而造成漏播。窝眼轮直径一般为 80～200 mm。

窝眼轮上型孔数越多，则窝眼轮线速度就越低，有利于改善型孔充填性能，但型孔数又受窝眼轮直径和型孔间相隔距离的限制。可以增加轮子宽度，采用双排或多排均匀交错型孔，用以提高排种频率，适应高速作业的要求。

③窝眼轮转速与线速度。可参照水平圆盘式排种盘的转速与线速度的计算式。

④种子充填圆弧。窝眼轮上型孔与种子有效接触的圆弧行程为充填圆弧，它所对应的圆心角称为充填角，沿这段圆弧线运行所需的时间称为充填时间，如图 1-3-8 所示。

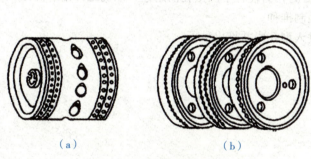

图 1-3-7　窝眼轮的结构
(a) 组合式窝眼轮；(b) 单粒窝眼轮

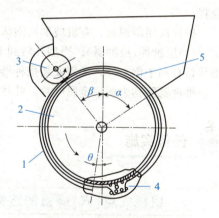

图 1-3-8　种子充填圆弧
1—护种板；2—窝眼轮；3—刷种轮；
4—推种器；5—充填圆弧

种子充填圆弧 S 越长，充填角越大，充填时间越长，则窝眼轮的充填性能越好。但 S 不可过大，一般 $\alpha = 10° \sim 90°$，$\beta = 20°$ 左右。

(2) 刮种器。用于窝眼轮式排种器上的刮种器有多种形式(图 1-3-9)，常见的有毛刷、橡胶刮种舌、毛刷刷种轮、橡胶刷种轮、钢制滚花刷种轮等。

毛刷刷种轮比较柔软，有一定弹性，不易损伤种子，但易因磨损、脱毛或受压弯曲变形而失去刷种能力。

橡胶刮种舌在局部受到多余种子的挤压而产生变形后，或使种子损伤，或使胶皮损坏，而胶皮易老化失效，使刮种效果降低。

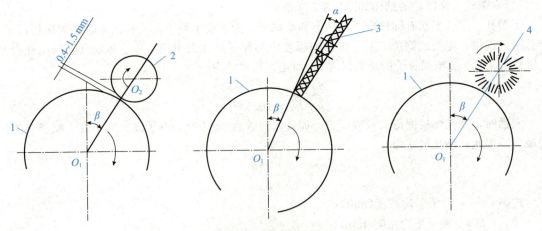

图 1-3-9 刮种器形式
1—窝眼轮；2—刷种轮；3—橡胶刮种舌；4—毛刷刷种轮

刷种轮则以本身旋转的作用（与窝眼轮转动方向相反），用轮缘将多余的种子刷走，刷种轮的切线速度应大于或等于窝眼轮切线速度的 3～4 倍，其刮种性能较好。

刮种器的安装位置以 β 角表示，一般为 22°～45°较合宜。

（3）护种板。护种板是为了保证型孔内种子在运送过程中不从型孔内掉出，使它到达投种处，准确地投入种沟内，护种板与窝眼轮轮缘的间隙为 0.5～0.7 mm，其包角即护种区弧度一般为 120°～160°。护种板下端种子出口处的位置，最好在窝眼轮中心垂线偏后 θ 角，一般为 10°～15°较为合宜。

护种板用薄钢板、有机玻璃或泡沫塑料制成，而有的护种板就是排种壳体的一部分。

（4）推种器（投种器）。当型孔转到下方时，为使种子从型孔内迅速、准确地掉落，除型孔的形状要有利于倒空外，还需安装推种器强制推种。

推种器结构为楔形金属叶片，叶片进入型孔内并推出种子。

任务实施

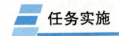

一、机械式点（穴）播机的结构

机械式点（穴）播机类型有很多种，下面以 2BYSF-N［2—种植和施肥机械；B—播种；Y—玉米；S—勺轮式；F—施化肥；N—行数（如 2、3、4）］勺轮式玉米精量播种机为例讲解技能知识。

如图 1-3-10 所示，该播种机主要由机架（图 1-3-11）、防缠开沟器（图 1-3-12）、播种总成（图 1-3-13）、传动机构（图 1-3-14）、施肥斗总成共五大部分组成。防缠开沟器通过 U 形丝和方板安装于机架前梁，播种总成通过 U 形丝安装于机架后梁，施肥斗总成安装在机架两边梁上，传动轴将各播种总成与变速箱连成一体，变速箱拉板安装在机架与变速箱之间，作周向定位。

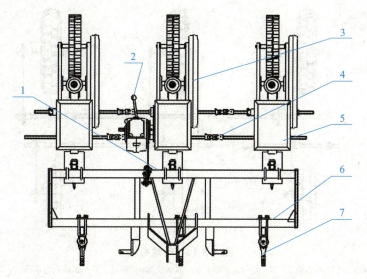

图 1-3-10 2BYSF-N 勺轮式玉米精量播种机结构

1—变速箱拉板；2—变速箱；3—主播种总成；4—传动机构；5—副播种总成；6—机架；7—防缠开沟器

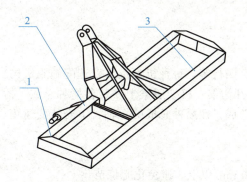

图 1-3-11 机架

1—边梁；2—前梁；3—后梁

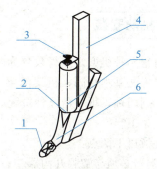

图 1-3-12 防缠开沟器

1—开沟凿；2—下顶尖；3—上顶尖；4—立柱；5—滚筒；6—犁壁

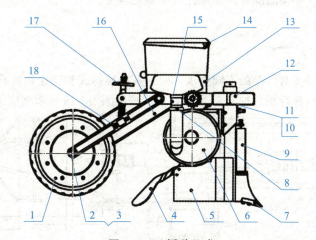

图 1-3-13 播种总成

1—地轮；2—地轮轴；3—耐磨套；4—覆土器；5—开沟器；6—排种器；7—开沟尖；8—输种管接头；9—防缠滚；10—轴承孔链轮；11—连轴盘；12—支架；13—种箱；14—种箱盖；15—输种管；16—链盒；17—限深机构；18—拉杆

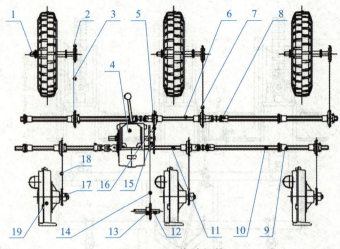

图 1-3-14 传动机构

1—地轮轴；2—差速链轮；3—链条 93 节；4—变速箱；5—轴承孔 18 齿链轮；6—双孔六方轴 520；7—轴承孔 18 齿链轮；8—万向节；9—六方轴支撑套；10—单孔六方轴 520；11—六方轴 520；12—排肥轴；13—排肥链轮 18 齿；14—施肥链条 82 节；15—双联链轮 28/36 齿；16—链条 50 节；17—排种链轮 18 齿；18—排种链条 46 节；19—排种器

二、播种机的安装

该播种机有很多种机型，按行数分为两行、三行、四行等，每种机型都可以选配施肥机构。不同机型的安装方法基本相同，机架前梁上安装防缠开沟器，机架后梁上安装各播种总成。播种总成分为主、副两种，每一台播种机配一个主播种总成，在播种总成的短轴管上安装变速箱。施肥斗安装在机架上。

安装时要注意以下两点：

(1)播种开沟器必须与施肥开沟器左右方向错开 50 mm 以上，避免化肥烧苗。

(2)安装各播种总成时要尽量保持各对应轴孔同心，U 形丝两端螺丝要交替旋紧，边拧 U 形丝边观察播种总成与支架梁的间隙，要保证与梁面完整接合。

三、行距调整

为适应不同作物种类对行距的不同要求，松开各播种总成和变速箱拉板 U 形丝，调整播种总成之间的间距达到目标行距后拧紧 U 形丝，然后按照图 1-3-15 所示将变速箱安装到位。

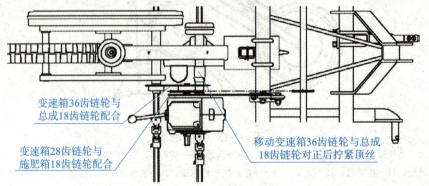

图 1-3-15 变速箱的安装

四、株距调整

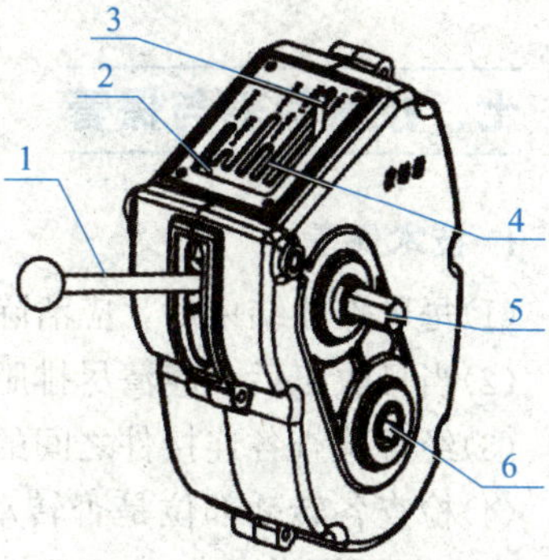

调整变速箱传动比可以改变整台机器各行株距。操作时，下拉手杆，使指示杆置于空挡槽，然后左右操纵手杆观察指示杆位置变化，当指示杆到达所选挡位槽入口处时，松开手杆，指示杆自动进入挡位槽，则株距操作完毕，如图1-3-16所示，该变速箱共有6种株距。

图 1-3-16 株距调整

1—手杆；2—空挡槽；3—指示杆；
4—挡位槽；5—输入轴；6—输出轴

五、深度调整

1. 施肥深度的调整

松开施肥开沟器U形丝，上下移动犁柱调整深浅，上移则浅、下移则深。要求各施肥开沟器下尖连线与机架平行，建议施肥开沟器较播种开沟器深50 mm，以实现化肥深施。

2. 播种深度的调整

如图1-3-17所示，顺时针转动手轮，地轮降低，开沟器上升，播种深度减小，反之播种深度加大。

如果各行深度要求不一致，可以松开所调总成前方立柱上的两个顶丝，上、下移动播种开沟器，实现该行深度调整。

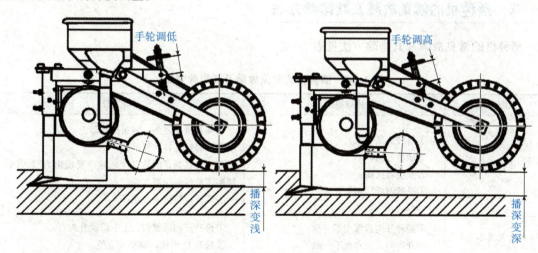

图 1-3-17 播种深度调整方法

六、播种量调整

该播种机排种器为精量排种器，正常情况空穴率不超过5%，重播率不超过10%。如果遇到特殊种子，或者用户有特殊要求，可以按图1-3-18方法调整排种器。隔板定位耳上移，重播率降低，但空穴率提高；隔板定位耳下移，空穴率降低，但重播率提高。用户必须要反复调整试验，以达到满意为止。

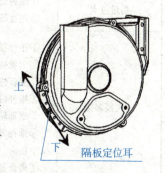

图 1-3-18 播种量调整

七、技术保养与保管

1. 技术保养

(1)每班作业结束后,应清除机器上各部位的泥土。
(2)当日收工后,应清尽排肥筒内的化肥,取下排种圆盘以清尽其内残留种子。
(3)经常检查各连接件之间的紧固情况,如有松动应及时拧紧。
(4)检查各转动部位是否转动灵活,如不正常,应及时调整和排除故障,如耐磨套磨损严重,应立即更换耐磨套。
(5)排肥链轮卡槽内应每工作4 h加一次黄油,应经常在链条和飞轮上涂抹机油。

2. 保管

(1)当年播种季节过后,应将各部件泥土和残余种肥彻底清理干净,置于干燥、避光处保管。
(2)所有链条应从机具上取下,涂油后装塑料袋专门保管。
(3)将各个排种盘拆下清理干净,套好塑料袋重点保管。
(4)各润滑点,应注满黄油,犁铧曲面及开沟器应涂油保管。
(5)对损坏和磨损的零件要及时修复或更换,脱漆部位应重新涂漆。

八、播种机的常见故障及其排除方法

播种机的常见故障及其排除方法见表1-3-2。

表1-3-2 播种机的常见故障及其排除方法

故障现象	故障原因	排除方法
地轮打滑	①排种链条上架; ②地轮过高; ③差速器反向; ④机器前低后高	①调紧排种链条,调正排种器; ②顺时针旋转调深手轮; ③升起机具,倒转各个地轮,发现阻力较大时,调换该总成差速器方向; ④调长拖拉机中央拉杆
各行深浅不一	①播种开沟器深度不一致; ②开沟器入土角度不一致	①松开开沟器螺钉,上下移动开沟器; ②松开U形丝,调整入土角
播量过大	①输种管脱口,清种口盖掉落; ②超过极限速度	①接好输种管,盖好清种口; ②降低播种速度或调大株距
空穴或漏播	①排种器内有异物或失常; ②勺轮被农药粘填; ③隔板位置过高; ④排种链条掉落; ⑤驱动轮顶丝失灵; ⑥排种器内缺种子,种子在输种管内架空; ⑦离合器分离	①取出异物; ②清洗勺轮; ③调低隔板; ④挂好链条; ⑤拧紧顶丝; ⑥添加种子,敲振动输种管,清洗输种管; ⑦将离合器复位

续表

故障现象		故障原因	排除方法
露籽		①播种深度过小； ②覆土器角度不合适； ③播种开沟器入土角太大	①调整播种深度； ②调整覆土盘； ③调长中央拉杆
频繁掉链	排种器链条	①排种器装歪； ②排种器安装偏上	①调正排种器； ②下移排种器使链条张紧
	变速箱链条	变速箱位置不合适	向前摆动变速箱调紧链条，左右移动变速箱使前后链条对正
	排肥链条	①变速拉板安装不正； ②化肥斗不正	①调正变速拉板； ②调正化肥斗
	地轮链条	张紧轮调整不到位	调整张紧轮

任务四　气吸精量播种机

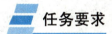

任务要求

知识点：
1. 掌握气吸精量播种机的结构及工作原理。
2. 掌握气吸精量播种机的故障诊断分析与排除方法。

技能点：
1. 会正确使用气吸精量播种机。
2. 能正确安装气吸精量播种机，并进行技术状态检查。
3. 能及时排除气吸精量播种机出现的故障。

任务导入

有一用户在使用 2BJQ-6 气吸精量播种机播种时发现整机稳定性差、不易入土，经检查，是机架与地面不平行引起的。针对这一问题应如何调整？本次任务来学习气吸精量播种机的结构、工作原理和常见故障的诊断分析与排除方法。

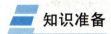

知识准备

一、气吸精量播种机的结构及工作原理

气吸精量播种机具是一种多用途全悬挂式精量播种机。在气吸排种器上更换不同的排种盘即可精确播种玉米、甜菜、蓖麻、黄豆、油葵、高粱等多种农作物，能一次完成开沟、施肥、

播种、覆土、镇压等多道工序，其行距、株距、作业深度、排肥量、覆土量、镇压力均能在较大范围内调整，被农民普遍认可，有较大的发展空间，也很可能是今后发展的主流。

以 2BMQJ-6 气吸精量播种机为例，其主要由传动轴、施肥开沟器、悬挂机架、划印器、风机、外槽轮排肥系统、传动系统、支撑地轮、播种单体等主要零部件组成，如图 1-4-1 所示。悬挂机架上设有风机和外槽轮排肥系统，悬挂机架前端设有施肥开沟器，后部设有播种单体；行走地轮通过传动系统分别与外槽轮排肥系统的转动部件和播种单体的转动部件连接；播种单体包括种子箱，种子箱的下部设有排种系统，排种系统的下部连接排种管，排种系统包括排种器，排种器处设有吸气室；风机的吸风口与吸气室连接。施肥开沟器开出深度大于播种深度的窄沟，地轮转动带动传动系统驱动外槽轮排肥系统和播种单体实现施肥和播种。气吸式排种器通过风机转动形成的负压将种子箱内的种子均匀地播入沟内。

HORSCN气吸式播种器

气吸式排种器

气吸精量播种机的工作过程：气吸精量播种机采用垂直圆盘气吸式排种器，排种器的气吸室与高速旋转的风机进风口相连，排种盘的一侧为气吸室的负压道，另一侧为种子室充种区。当风机旋转产生负压的同时，地轮旋转带动排种盘转动，排种盘上的排种孔转到种子室的充种区，由于种子室与大气相通，种子被吸到排种孔上。排种盘继续转动，转到投种区时负压消失，种子在重力的作用下投入种子开沟器开好的沟内，排种器上设有锯齿式刮种器，调整其位置可以刮去多余种子，满足精量播种的要求。

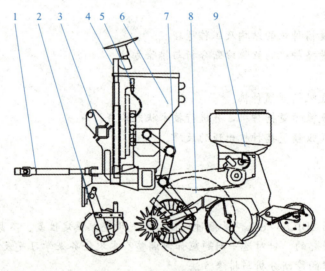

图 1-4-1　气吸精量播种机

1—传动轴；2—施肥开沟器；3—悬挂机架；4—划印器；5—风机；6—外槽轮排肥系统；7—传动系统；8—支撑地轮；9—播种单体

二、气吸精量播种机的主要工作部件

1. 支承轮总成

支承轮总成分为左、右两组，其作用是支承整机和传递动力，主要由轮胎、齿链轮、支臂焊合、支承轮调节杆、塔轮和上支座等零部件组成，如图1-4-2所示。

2. 施肥部件

施肥部件为每行一组，其作用是开沟，并将肥料按照农艺要求的部位投入土壤中。该部件有三种形式：圆盘式、滑刀式和凿铲式。用户可根据不同的土壤条件和农艺要求选购。现只介绍滑刀式施肥部件，该部件由施肥滑刀、导肥管、施肥支臂和卡丝等零部件组成，如图1-4-3所示。

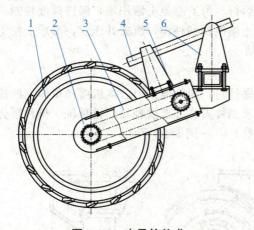

图1-4-2 支承轮总成

1—轮胎；2—齿链轮；3—支臂焊合；
4—支承轮调节杆；5—塔轮；6—上支座

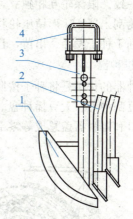

图1-4-3 滑刀式施肥部件

1—施肥滑刀；2—导肥管；
3—施肥支臂；4—卡丝

3. 划印器总成

划印器的作用是为机组往返作业划出导向印痕，以保证临界行距的准确性。该总成分左右两组，主要由底支架焊合、油缸组合、支架臂、伸缩支杆、圆盘装配等零部件组成，如图1-4-4所示。

4. 播种单体

播种单体是该机的核心工作部件，其功能是完成仿形、除障、开沟、播种、覆土及镇压等工序，实现高质量播种作业，如图1-4-5所示。播种单体主要包括播种安全离合器、轴承、破茬器、稳定弹簧、吊装支撑架（仅吊装时用，工作时拆掉）、排种管、双圆盘开沟器、独立限深轮、排种系统、种子箱、播种深度调整手轮、镇压压力调整手轮和V形镇压轮等。

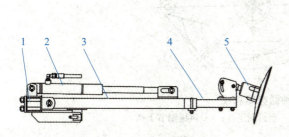

图1-4-4 划印器结构

1—底支架焊合；2—油缸组合；3—支架臂；
4—伸缩支杆；5—圆盘装配

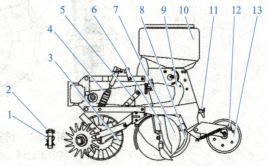

图1-4-5 播种单体结构

1—播种安全离合器；2—轴承；3—破茬器；4—稳定弹簧；
5—吊装支撑架；6—排种管；7—双圆盘开沟器；8—独立
限深轮；9—排种系统；10—种子箱；11—播种深度
调整手轮；12—镇压压力调整手轮；13—V形镇压轮

播种安全离合器的功能是当播种盘遇到阻力时,播种安全离合器打滑以保护链条及排种器;稳定弹簧位于平行四连杆中,作用是调节开沟器入土力,吸收冲击并且有助于播种装置在田间作业的稳定性;波纹圆盘用于播种前破茬作业,位于两侧的拨草轮将杂草排开,有利于播种;双圆盘开沟器的功能是切开土壤并开出一条窄种沟。限深轮轮缘应当刚刚靠到圆盘开沟器上,不影响其运转;在田间多土块或岩石的条件下,限深轮装备平衡连杆机构能保证圆盘开沟器深度控制一致。限深轮互相独立,在田间平稳运行。为了避免土壤积堆,保持深度控制一致,安装限深轮刮土器;V形镇压轮将种沟两侧的土壤推挤到种沟,覆盖并压实,形成上松下实的土层,有利于种子发芽、出苗,且土壤不易板结。

5. 排种器

排种器的作用是将种子按照农艺要求的播种量,均匀地排出。本机播种单体上的排种器主要由大豆刮种刀、大豆播种盘、搅种轮、玉米刮种刀、玉米播种盘、排种轴、排种器壳体、排种器接口和排种器盖总成等零部件组成,如图1-4-6～图1-4-8所示。

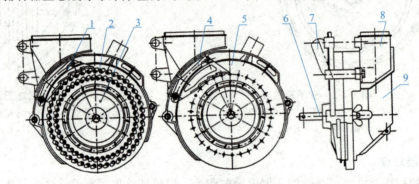

图 1-4-6 排种器总成
1—大豆刮种刀;2—大豆播种盘;3—搅种轮;4—玉米刮种刀;5—玉米播种盘;
6—排种轴;7—排种器壳体;8—排种器接口;9—排种器盖总成

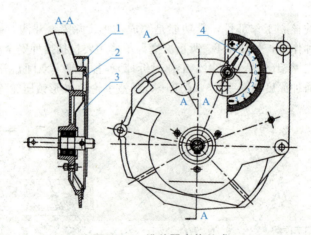

图 1-4-7 排种器壳体总成
1—排种器壳;2—减磨密封圈;3—密封圈压盘;4—风压调节手柄

6. 肥箱总成

肥箱的主要作用是承装肥料,并按照农艺要求的施肥量进行均匀排肥。肥箱总成分左、右两个,各有4个出肥孔,可根据需要,将不用的出肥孔用堵盖堵上。排肥系统主要包括肥料箱、排肥器、肥量调节器和排肥轮轴,如图1-4-9所示。

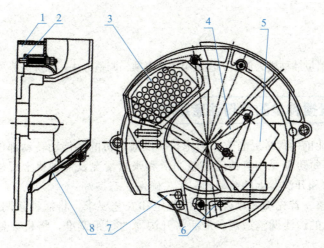

图 1-4-8 排种器盖总成

1—排种器盖；2—刮种刀压杆；3—风罩；4—充种调节板；5—充种口挡帘；6—清种刀；7—分种板；8—卸种门

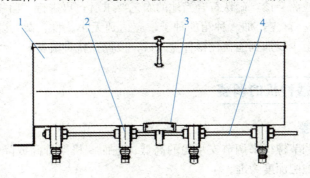

图 1-4-9 排肥系统

1—肥料箱；2—排肥器；3—肥量调节器；4—排肥轮轴

7. 风机总成

风机的主要作用是由拖拉机动力输出轴驱动其叶片高速旋转，并通过吸气管使排种器吸气室内形成负压，为吸、排种创造条件。风机总成主要由风机皮带轮罩、风机皮带轮、轴承座焊合、轴承盖、风机传动轴、张紧螺栓、吸风口、风机主轴、间套、风机壳体焊合和风机叶片等零部件组成，如图 1-4-10 所示。

8. 传动系统

气吸精量播种机的传动系统分为左、右对称的两组，由地轮驱动。地轮通过传动系统将扭矩传递给排种器、排肥器。调整系统的传动比可以实现对排种量和排肥量的调整，以实现与作业速度同步均匀地排种和排肥作业。传动系统是由中间传动装配和播种传动装配构成的，其组件有塔轮、链条、轴承、六方轴和张紧机构。播种为五级传动，施肥为三级传动。

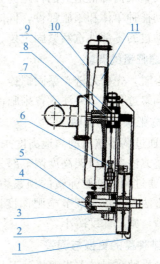

图 1-4-10 风机总成

1—风机皮带轮罩；2—风机皮带轮；3—轴承座焊合；
4—轴承盖；5—风机传动轴；6—张紧螺栓；
7—吸风口；8—风机主轴；9—间套；
10—风机壳体焊合；11—风机叶片

任务实施

以 2BJQ-6 气吸精量播种机为例来讲述使用注意事项、调整方法、维护保养及常见故障排除方法。

一、气吸精量播种机的使用注意事项

(1)搞好进田作业前的保养。首先，对拖拉机及播种机的各传动转动部位，按说明书的要求加注润滑油，尤其是每班前要注意传动链条润滑和张紧情况及播种机上螺栓的紧固；其次，要清理播种箱内的杂物和开沟器上的缠草、泥土，确保状态良好。

(2)搞好各种调整。首先按使用说明书的规定和农艺要求，将播种量调准；再将旋耕灭茬、开沟、覆土、镇压轮的深浅调整适当；最后将开沟器的行距调准，将机架悬挂水平和传动链条的松紧度调整适中。

(3)搞好田间的试播。为保证播种质量，在进行大面积播种前，一定要坚持试播 20 m，请农业技术人员、农民等检测会诊，确认符合当地的农艺要求后，再进行大面积播种。

(4)注意加好种子。首先，加入种箱的种子，应达到无小、秕、杂，以保证种子的有效性；其次，种箱的加种量至少要加到能盖住排种盒入口，以保证排种流畅。

二、气吸精量播种机的调整

1. 机架高度的调整

通过转动支承轮调节螺杆来调节支承轮的高低，进而使机架升高或降低。机架的工作高度应以保证施肥部件的施肥深度为准。

2. 行距的调整

气吸精量播种机适应的行距为 650～700 mm，其方法是以梁架中心线为基准，左、右两边对称串动播种单体和施肥部件，同时，两组支承轮和对应的传动链轮也要作相应的串动。调整后将移动过的零部件重新紧固定位。

3. 施肥量的调整

调整时，先松开链轮紧固螺栓，再转动排肥量调节套，改变排肥槽轮工作长度，调整排肥量。在调整过程中，要注意各排肥舌的开度，调整后，施肥量应满足农业技术要求。

4. 施肥深度的调整

(1)通过调整整机的离地高度来改变施肥部件的入土能力，进而达到调整施肥深度的目的，具体调整方法参见机架高度调整部分。

(2)通过调整施肥弹簧的预紧力来改变施肥圆盘的入土能力，从而实现改变施肥深度的目的。其方法是用扳手调节施肥深度调整螺母，改变弹簧的预紧力。压紧弹簧，施肥深度增加；放松弹簧，施肥深度减小。

5. 排种盘的更换与调整

更换排种盘时，首先要将种子从清种口排出，然后再打开排种器盖，进而完成排种盘的更换。更换排种盘的同时要相应地更换剔种刀。注意：播种大豆时必须安装分种板，在安装分种板时，其上端应处于大豆排种盘两排型孔中间位置，下端不要与大豆导种管中间隔板相连接，以防出现碴种。播种玉米时一定要把分种板卸下。更换完排种盘后需要根据种子的大小，调节风压指针手柄。当种粒直径大于 4 mm 时，风压调节指针手柄应位于刻度盘的正号区；当种粒

直径小于 4 mm 时，风压调节指针手柄应位于刻度盘的负号区。厂家建议：玉米为 0 或 +2，大豆为 +5。在播种过程中，应根据具体情况进行调节。

6. 播种深度（镇压强度）的调整

播种深度（镇压强度）的调整方法是将播种单体后面的限深调节手柄固定卡簧抬起，用手转动限深手柄，使仿形镇压轮向上（下）移动，指到深度指示针要求的播种深度（镇压强度）为止。操作时要让所有播种单体的深度指示针都指在同一刻度，以保证各行播种深度的一致性。

7. 犁铧入土深度的调整

犁铧柄上钻有调节孔，在铧柄裤上装有调整紧定螺钉。当入土深度较浅时，可松开铧柄裤上的紧定螺钉，将铧柄裤向下串动，待调整好后再将紧定螺钉拧紧；若犁铧入土过深，则做相反方向调整即可。

8. 风机皮带张紧度的调整

先将皮带张紧螺栓处的锁紧螺母松开，再将螺栓旋入，旋入长度以皮带的张紧强度达到要求为准，然后将锁紧螺母拧紧。

9. 覆土圆盘的调整

（1）通过改变覆土弹簧预紧力可以实现对覆土深度的调整，方法是改变弹簧套限位开口销的位置。当选择第一孔时，压力最小，选择下数第二、三孔时，压力增大，覆土深度增加。

（2）通过改变调整套与支臂焊合的相对位置可以实现对覆土宽度的调整。调整分为两级：播大豆时，调整套放在支臂内侧，宽度为 250 cm；播玉米时，调整套放在支臂外侧，宽度为 210 cm。此外，还可以通过调节覆土圆盘的角度来调整覆土宽度，角度增大时，宽度增加；角度减小时，宽度减小。

三、气吸精量播种机的维护保养

（1）每班作业结束后，应清除各工作部件上的泥土、秸秆等杂物；润滑部位应及时润滑；拧紧所有松动的螺母、螺钉，尤其是各个 U 形卡丝上的螺母；检查传动链条的松紧度及磨损情况；查看风机与机架的连接是否牢固，风机皮带的张紧度是否合适。

（2）升起播种机，转动地轮检查排肥器总成和排种器情况，消除各种卡滞现象。

（3）运输时，整机应升到最高位置，划印器要竖起。如远距离运输，可将犁铧倒装在犁铧柄裤内，用紧定螺钉拧紧，并将中央拉杆调到最短尺寸，以便得到较高的运输间隙。

（4）一个季度结束后，要进行全面的技术状态检查，更换或修复磨损和变形的零部件；检查各部轴承的磨损情况，检查链条的磨损和链轮的转动情况，必要时予以调整或更换。

（5）长期存放时应对整机进行彻底清理。

①对损坏或磨损后不能继续使用的零部件要进行修理或更换。

②对各润滑部位应拆开清洗，然后再涂上黄油。

③对土壤工作部件，如施肥圆盘、开沟圆盘、覆土圆盘等，应擦净并涂抹机油，以防锈蚀。

④种（肥）箱[包括排种（肥）器]内的种（肥）必须清除干净，对肥箱和排肥器要用水冲洗，然后擦干。

⑤拆下输肥管，冲洗干净后放入肥箱内。

⑥放松压力弹簧，使之处于自由状态。

⑦将风机皮带摘下，或将皮带张紧螺栓松开，使之处于自由松弛状态。

⑧整机应存放在干燥、有屋顶的库房里，并用支架将机具框架垫起来，使地轮不再承受负荷。

⑨排种盘卸下后，存放时不得受外力碰撞或挤压，以防排种盘变形。

四、气吸精量播种机的常见故障及其排除方法

气吸精量播种机的常见故障及其排除方法见表1-4-1。

表1-4-1 气吸精量播种机的常见故障及其排除方法

故障现象	故障原因	排除方法
整机稳定性差或不易入土	①机架与地面不平行； ②机组中心与拖拉机中心不在一条直线上	①调整升降机构左、右吊杆和中央拉杆长度，使机架保持水平； ②调整升降机构下拉杆限位链的长度
支承轮不转或打滑	①土壤水分过大，泥草堵塞； ②轴承缺油； ③机架高度过低	①清除泥草，适期作业； ②注油润滑； ③调节支承轮、调整螺杆，使支承轮着地
临界行距过大或过小	拖拉机压印位置不对	调整划印器长短，以改变压印位置
排肥情况不好	①排肥总成堵塞； ②排肥管堵塞； ③施肥圆盘不转； ④肥料架空或缺少肥料	①拆下清理； ②疏通排肥管； ③清理圆盘上杂草； ④松动或补充肥料
排种情况不好，种子株距不正常	①机组行驶时过快； ②支承轮打滑； ③链轮传动比不对； ④排种器内堵塞； ⑤导种管堵塞； ⑥排种器磕种	①降低作业速度； ②按照故障名称支承轮不转或打滑调整； ③更换链轮； ④拆开检查，清理排种器； ⑤疏通导种管； ⑥调整刮种器的角度
排种单体拖堆、堵塞	①播种深度过深； ②传动部件堵塞	①调整耕深； ②清理开沟圆盘、仿形镇压轮

任务五 水稻精量穴直播机

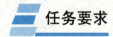

任务要求

知识点：
1. 了解水稻机械化直播技术及农艺要求。
2. 掌握水稻精量穴直播机的结构与工作原理。

技能点：
1. 会正确使用水稻精量穴直播机。
2. 能分析水稻精量穴直播机排种器的工作原理及故障原因。

任务导入

我国是水稻种植大国，水稻是我国的主要粮食作物之一。目前，我国水稻种植的方式主要有机械插秧、机械直播、人工撒播和抛秧等。水稻种植作为水稻生产过程中的一个重要环节，因其季节性强，劳动强度大，要求在较短的时间内，按照农艺要求完成育苗插秧或催芽播种等工作，水稻的种植质量直接影响其后期的出苗、生长和分蘖，进而影响水稻的生产效益，因地制宜地选择水稻种植方式是实现水稻稳产高产、提高效率的有效途径。传统水稻种植方式的缺点是劳动强度大、人工成本高、作业效率低，而水稻直播则规避了这些缺点。水稻直播具有省时省力、经济效益好、成本低等特点，因此近年来得到了广泛的使用。

知识准备

一、水稻机械化直播技术及农艺要求

1. 水稻机械化直播技术

水稻机械化直播技术是指采用水稻直播机具直接将稻种播于大田而省去育秧和移栽环节的种植方式。按水稻直播作业环境可分为水（湿）直播和旱直播；按水稻直播播种方式可分为撒直播、条直播和穴直播。

美国从事水稻生产的农民仅 6 000 人左右，平均每人种植 180 hm²，80%采用机械旱直播，20%采用飞机撒直播。欧洲水稻种植总面积约为 45 万 hm²，其中以意大利的种植面积最大，意大利的水稻生产在 20 世纪 60 年代后几乎全部采用机械化直播。澳大利亚的稻农平均每人种植 80 hm² 的水稻，基本上都采用机械直播和飞机撒播的方法。在以移栽为主要水稻种植方式的亚洲国家，近年来直播稻面积呈扩大趋势。

水稻直播

随着农业结构调整、化学除草剂的广泛应用以及农业机械化水平的提高，我国直播稻栽培发展很快，目前已有超过 30%的水稻种植面积采用直播方式，但大都采用人工撒播和机械条播。人工撒播存在以下缺点：稻种在田间无序分布，水稻生长疏密不均，通风透气采光性差，易感染病虫害，根系分布在表层土壤中，个体生物量较小，穗型略小。采用机械条播的稻种在田间成行但不成穴，播种量较大，难以适应杂交稻和超级稻品种的直播。

水稻机械化直播技术具有以下特点：可满足水稻有序生长的农艺要求；无移栽返青期，全生育期缩短；无移栽伤苗伤根现象，单株根数多，根系分布面广，根质量重；分蘖发生早，分蘖节位低，分蘖快而多，有效穗数多。

2. 水稻机械化直播技术农艺要求

（1）整地技术要求。由于稻种直接播于大田，因此，对整地要求比移栽稻田高，平整后田块表面高低差不超过 3 cm。一般于播前 5～10 d 进行水旋耕，并用平地机具平整，平整后的田块视土质情况需沉淀 1～3 d 后排水待播。

（2）插种技术要求。

①品种选择和处理：根据不同茬口、品种特性及安全齐穗期，选择适合当地种植的分蘖好、根系发达、耐肥抗倒、抗逆性、耐寒性和抗病性强的稳产、高产穗粒兼顾型优质水稻品种。直播稻种需要经过晒种、选种、发芽试验、浸种、催芽等处理工序。晒种 1～2 d，对有芒的种子进行脱芒；采用风选、清水选或盐水选等方式选种，去除瘪粒和带枝梗的谷秆杂物，盐水选种

后应立即用清水淘洗,清除谷壳外盐分(注:选用已经处理过的商品稻种可不进行风选或盐水选);按国家标准进行发芽试验,发芽势不低于85%,发芽率不低于90%;按有关浸种药剂使用要求浸种,浸种时间长短视气温而定;浸种后将吸足水分的种子进行催芽至破胸,期间应经常翻拌,保持谷堆上、下、内、外温度一致,控制破胸露白率达90%以上,芽长不超过3 mm,催芽后置阴凉处晾干至内湿外干易散落状态。

②确定播种期:播种的最低临界温度为日均温15 ℃以上。

③选择播种方式:根据不同品种、不同土壤和不同种植习惯,选择水直播或旱直播方式,以及撒播、穴播或条播方式。

④确定播种量:根据品种特性(千粒重、发芽率、生育期等)、种植密度、播种方式及天气情况等因素综合考虑确定。

(3)田间管理技术要求。

①水分管理:基本原则是湿润出苗、浅水分蘖、多次轻晒、水层孕抽穗、干湿壮籽。从播种到二叶一心期要保持土壤湿润,以利于根芽协调生长,出苗整齐然后灌水建立2~3 cm浅水层;三叶期后建立浅水层促进分蘖发生,分蘖盛期苗数达到计划穗数80%时,应及时排水晒田;拔节后及时复水,孕穗至抽穗时建立浅水层,壮苞攻大穗;灌浆后应采取间隙湿润灌溉,一般晴天灌一次水后,自然落干,断水后1~2 d再灌水,防止田面发白,成熟前5~7 d断水晒田。

②肥料管理:基本原则是"控氮配磷增钾"。直播稻应根据直播水稻品种和稻田肥力适时适期合理施肥,中稻总施肥量一般是纯氮225~270 kg/hm²、五氧化二磷120 kg/hm²、氧化钾150~180 kg/hm²,早晚稻总施肥量一般是纯氮150~180 kg/hm²。其中,氮肥的60%~70%作基肥,20%~25%作分蘖肥,5%~10%作穗粒肥;磷肥全部作基肥施用;钾肥作基肥和分蘖肥各占50%施用。

③病虫草害管理:播种前或播种后用直播稻除草剂喷施,进行早期封闭灭草,喷药时田块应保持湿润或薄水层状态;后期田水落干后视草情选择适当的除草剂进行补除杂草。采用水稻机械化直播技术的直播稻病虫害发生和防治与移栽稻基本相同。

二、水稻直播机械的类型及特点

按照水稻机械化直播播种方式划分,水稻直播机主要分为撒播机、条播机和穴播机三类。

1. 水稻撒播机

水稻撒播是指按一定播量将稻种撒播在田块表面,可分为人工撒播、机械撒播(图1-5-1)和飞机撒播(图1-5-2)。水稻撒播机的特点是作业效率高,成本较低,播种量大;但秧苗在田间无序分布,生长不匀,通风透光性差,易受病虫害侵害,抗倒伏性差。

图1-5-1 机械撒播

图1-5-2 飞机撒播

2. 水稻条播机

水稻条播是指按一定行距、播深和播量将稻种成条地播入种沟。水稻条播机的主要特点是作业效率较高，成本较低，播种量较大；秧苗在田间成行分布，密度比较均匀，通风透光性能较好，抗倒伏较好。水稻条播机适用于旱直播(图1-5-3)和水直播(图1-5-4)作业。

3. 水稻穴播机

水稻穴播是指按一定行距、穴距、穴径、播深和播量将稻种成穴地播入种沟。水稻穴播机的主要特点是作业效率较高，成本较低，播种量范围大，秧苗在田间成行成穴分布，密度均匀，通风透光性能好，抗倒伏好。水稻穴播机适用于水直播(图1-5-5)和旱直播(图1-5-6)作业。

图 1-5-3　旱直播条播机

图 1-5-4　水直播条播机

图 1-5-5　水直播穴播机

图 1-5-6　旱直播穴播机

三、水稻精量穴直播机的结构与工作原理

根据水稻生长农艺要求，水稻精量穴直播机在田面同时开设蓄水沟和播种沟，采用穴播方式(3~10粒/穴)将稻种(芽长不超过3 mm)播在两条蓄水沟之间垄上的播种沟中，实现了水稻成行成穴有序生长和垄植润灌栽培。采用水稻精量穴直播方式，可满足水稻成行成穴生长的要求，通风透气采光好，可减少病虫侵害，增加根系入土深度，解决了人工撒播水稻容易倒伏的问题；由于垄面少淹水或不淹水，水稻根系在垄中较湿润的环境中生长，可提高土壤中氧化还原电位，有利于根系生长和改善根系结构；垄间的蓄水沟提供水稻生长用水，无须整个田面灌水，可减少灌溉水量，还可减少稻田甲烷的排放量。同步施肥型水稻精量穴直播机可同时在每两播种行之间先开设一条施肥沟(沟深约10 cm)，将肥料施入施肥沟后再覆土播种，应用结果表明，同步深施肥可比人工撒施肥节省30%以上的肥料。

生产实践证明，水稻精量穴直播机适应性比较强，可满足不同地区、不同茬口、不同土壤和不同品种的播种要求。现以2BDXS-10CP型水稻穴直播机为例，重点介绍水稻精量穴直播机的整机结构和工作原理。

1. 整机结构

2BDXS-10CP 型水稻穴直播机可与不同型号的乘坐式高速插秧机动力底盘配套连接,该机具由播种装置、开沟起垄装置、田面仿形装置、动力传递装置、悬挂升降装置和机架六部分组成,如图 1-5-7 所示。播种装置是水稻穴直播机的关键部件,主要作用是实现精量穴播作业,由排种器、种箱和横梁构成。开沟起垄装置的主要作用是实现田面平整和开沟起垄,由滑板、水沟开沟器、播种沟开沟器、后轮挡泥板和挡泥侧板构成。田面仿形装置的作用是为了减少机具在作业过程中造成的壅泥现象,由高程仿形浮板机构和水平平衡机构构成。动力传递装置作为排种器的驱动动力,主要由动力输出轴和变速箱组成。悬挂升降装置的作用是将机具与机头连接,并实现机具的升降作业。机架的作用是连接机具的各个装置。

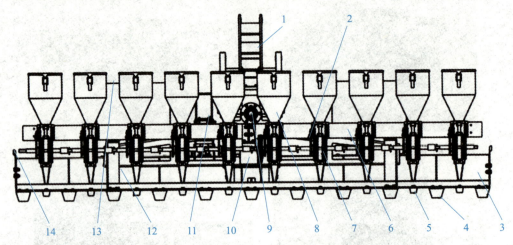

图 1-5-7 2BDXS-10CP 型水稻穴直播机结构

1—悬挂升降机构;2—机架;3—滑板;4—水沟开沟器;5—播种沟开沟器;6—横梁;7—排种器;8—种箱;9—水平平衡机构;10—变速箱;11—高程仿形浮板机构;12—支座;13—后轮挡泥板;14—挡泥侧板

2. 工作原理

该机具可同步完成田面平整、开沟起垄和精量播种等工序。作业时,机具悬挂在行走动力底盘的后方,在行走动力的牵引下向前运动,由滑板平整田面并覆盖轮辙,安装在滑板底部的开沟器同时开出蓄水沟和播种沟,通过动力输出轴和传动变速箱驱动排种器,排种轮转动时将稻种成穴地播入播种沟中。为了减少机具在作业过程中造成的壅泥现象,安装在滑板前面的高程仿形浮板机构与动力底盘的液压仿形机构连接,使机具可根据田面高低和软硬度进行自动仿形作业;在机架和悬挂升降机构之间安装了由轴承支座和弹簧限位组成的水平平衡机构,可以使机具左右自由摆动,作业时始终贴紧泥面。

四、水稻精量穴直播机排种器的结构与工作原理

排种器是水稻精量穴直播机播种装置的核心工作部件,其性能好坏直接决定播种机的排种性能。水稻直播稻种具有以下特点:

(1)水稻品种种类多,种植要求差异大。如籼稻和粳稻的外形尺寸差异比较大,常规稻、杂交稻和超级稻的播种量要求差异也比较大。

(2)稻种外部有凸棱,表面长有绒毛,外壳易破损,流动性差,充种性差,较之大豆等圆粒状谷物更难充种。

(3)水稻直播一般采用催芽稻种播种，播种时胚芽极易受到损伤。

因此，精准控制播种量、改善充种性能和降低种子破损率是水稻精量穴直播机重点解决的关键问题。

2BDXS-10CP型水稻穴直播机采用了可调组合型孔轮式排种器的形式，其总体结构如图1-5-8所示。排种器由排种器壳体、排种轮、限种板、毛刷机构、弹性护种带机构和排种管等零部件构成。排种轮、毛刷、限种板均安装在排种器壳体内，毛刷安装在排种轮正上方。排种轮由组合型孔轮壳(外)、组合型孔轮(内)和调节定位机构组成，组合型孔轮壳(外)圆周上设有一组外通孔，组合型孔轮(内)圆周上设有两组不同大小的型孔，调节定位机构与组合型孔轮连接，通过调节定位机构使组合型孔轮转动时，型孔轮壳圆周上的外通孔可选与组合型孔轮圆周上的一组型孔结合连通，从而构成一组完整的型孔。限种板将充种区分为第一充种室和第二充种室，第一充种室位于限种板的左侧，是由限种板、排种器壳体和排种轮围成的空腔部分，直接与种箱连通；第二充种室是由排种轮、刷种轮、限种板和壳体围成的空腔部分，第二充种室中的稻种包括通过限种板下方缺口从第一充种室流过来的稻种、毛刷刷下的多余稻种和由排种轮表面滑落下来的稻种。

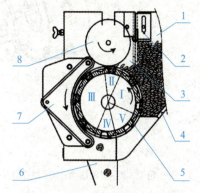

图1-5-8 可调组合型孔轮式排种器总体结构

1—第一充种室；2—限种板；3—第二充种室；4—卸种板；5—组合型孔排种轮；6—排种管；7—护种装置；8—清种装置；Ⅰ—充种区；Ⅱ—清种区；Ⅲ—护种区；Ⅳ—排种区；Ⅴ—过渡区

可调组合型孔轮式排种器的工作原理：组合型孔轮式排种器工作过程包括充种、清种、护种和排种四个过程。排种轮在传动轴的驱动下顺时针转动，排种轮型孔首先经过第一充种室进行充种，当型孔经限种板进入第二充种室后，未充满稻种的型孔进行二次充种；毛刷由安装在传动轴上的链轮链条驱动，排种轮型孔表面的多余稻种由毛刷刷回到第二充种室；充满稻种的型孔经过毛刷轮后进入护种过程，弹性随动护种带护送经过护种区的稻种，直至稻种进入排种管，最后稻种从排种管排出并以自由落体形式落在田面的播种沟中。应用结果表明，可调组合型孔轮式排种器能够适应国内不同稻区和不同品种的播种量要求，调节范围较大(3~10粒/穴或10~20粒/穴)。

五、水稻精量穴直播机播量调节机构

播量调节机构包括固定法兰、型孔轮、复位弹簧、挡圈、调节法兰、定位端盖、沉头螺钉等，如图1-5-9所示。固定法兰的两根导柱穿过型孔轮上的两个通孔，通过沉头螺钉固定在型孔轮上；两个复位弹簧分别套设于固定法兰的两根导柱上，定位端盖上的定位凸台与定位端盖上的一组定位盲孔配合时，完成定位，型孔轮壳上的瓢形型孔与型孔轮上的一组型孔(大型孔或小型孔)配合组成完整的型孔。采用专用调节工具对调节法兰施加压力，套筒压缩复位弹簧，使两个定位凸台脱离定位端盖上的定位盲孔；转动调节法兰使型孔轮旋转22.5°(逆时针或顺时针)，卸载压力，在复位弹簧的作用下定位销滑入另外两个定位盲孔中，此时型孔轮壳上的瓢形型孔与型孔轮上的另一组型孔(大型孔或小型孔)配合，实现大、小型孔的转换，达到调节播量的目的。

通过组合型孔轮式排种器上大型孔和小型孔的调节，能实现较大范围的调节，再配合行距选择、穴距调节，基本能满足用户的播量需求。要想满足更高播量精度的需求，需要调节限种板对播量进一步进行微调节。

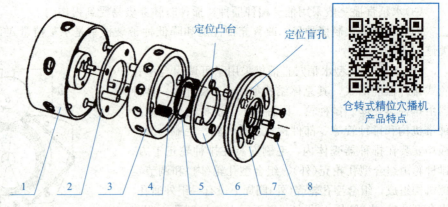

图 1-5-9 播量调节机构

1—型孔轮壳；2—固定法兰；3—型孔轮；4—复位弹簧；5—挡圈；6—调节法兰；7—定位端盖；8—沉头螺钉

限种机构由1块固定限种板和1块调节限种板组成，将充种室分为第一充种室和第二充种室，如图1-5-10所示。固定限种板固定排种器壳体上，调节板可通过长槽孔上下调节。当调节限种板处于最低点时，最大限度地限制了第一充种室内的种子进入第二充种室内，此时，组合型孔排种器的充种包角约为 α；当调节限种板从最低位置调节至最高位置时，有利于种子从第一充种室进入第二充种室，此时，组合型孔排种器的充种包角增大了 β，为$(\alpha+\beta)$，实现了播量的微调节。

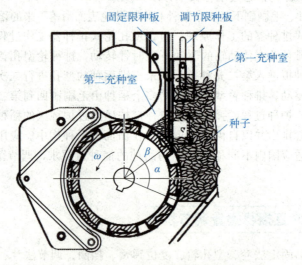

图 1-5-10 限种机构工作原理

六、水稻精量穴直播机护种机构的结构与工作原理

护种机构（图1-5-11）在机械式排种器中被广泛应用，一般有固定板式、固定带式和随动柔性带式。其中，随动柔性带式护种机构的护种带将种子保护在型孔中，护种带和排种轮之间的静摩擦力带动护种带同步转动，到达投种区时释放型孔中的种子，完成投种。由于护种带与排种轮的接触点在护种区相对静止，种子与护种带之间无相对滑动，因此，种子破损率较小。

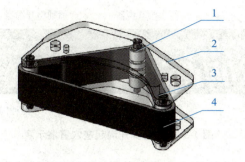

图 1-5-11　护种机构
1—轴套；2—护种架；3—轴；4—护种带

七、水稻精量穴直播机开沟起垄装置的结构与工作原理

播种沟的质量对种子着床的精确性有影响，良好的播种沟有助于提高水稻种子分布的均匀性和播深的一致性，有利于提高出苗率。国内外农学家研究表明，水稻生产采用湿润灌溉方式，可有效提高水分利用率，有利于作物干物质的积累和产量的提高。同步开沟起垄水稻精量穴直播机，在田面同时开出播种沟和蓄水沟，播种沟位于两条蓄水沟之间的垄台中间，采用穴播方式将水稻种子成行成穴地播在播种沟中，实现了"沟中有水，水不上畦"，有利于实现湿润灌溉。

开沟起垄装置由高程仿形机构、水平仿形机构、蓄水沟开沟器和播种沟开沟器、滑板等组成，如图 1-5-12 所示。滑板通过滚弯机滚弯一次成形；蓄水沟开沟器和播种沟开沟器安装于滑板的底部；高程仿形机构的机械式传感器安装在滑板前方，并连接底盘液压系统；水平仿形机构设置在提升挂接机构与机具机架之间。

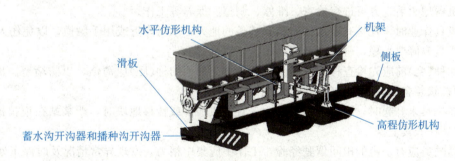

图 1-5-12　开沟起垄装置总体结构

工作时，在高程仿形机构和水平仿形机构的作用下，直播机整体随泥面上下、左右浮动，使滑板始终紧贴泥面。安装于滑板底部的蓄水沟开沟器与播种沟开沟器挤压软泥层，开出蓄水沟与播种沟，相邻蓄水沟之间形成相对较高的垄台，播种沟位于垄台中间。种子播于播种沟内，实现开沟起垄作业，如图 1-5-13 所示。每个播种沟开沟器对应一行排种器，10 行直播机有 10 个播种沟开沟器；每 2 个播种沟开沟器中间安装一个蓄水沟开沟器，为满足对称性设计，同时为在播完一行后方便田间掉头对行，蓄水沟开沟器数量确定为 11 个。

为了获得较好的开沟起垄效果，满足水稻精量穴直播的技术要求，开沟起垄装置必须满足以下要求：

(1)开沟起垄成形效果好。通过控制好田块旋耕起浆、平整、沉淀和排水后，在适宜的土壤含水率下，能够开出较好的沟形和垄形。

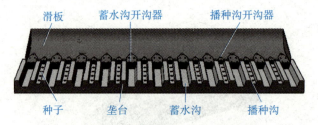

图 1-5-13 同步开沟起垄穴直播示意

(2)开沟起垄装置不可缠草。因为缠草会影响开沟起垄效果和播种质量。

(3)开沟深度一致。以保证播种深度一致,保证出苗齐整。水稻直播的播种深度要适宜,若播种深度太浅,会影响水稻抗倒伏能力;若播种深度太深,则可能导致土壤覆盖或积水太深,影响出苗率,深度一般为 2～3 cm。

(4)播后田面平整。避免出现低洼区域,低洼区域容易积水,会出现淹种现象。

(5)不壅泥。壅泥会增加直播机行走阻力,增加滑转率,导致穴距偏小;同时,泥浆会覆盖已播行,影响出苗率。

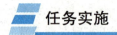

一、水稻直播机使用

(1)作业时,机具上严禁站人,避免人身伤害。

(2)机器熄火后,方可进行检查、维修、调整、保养等工作。

(3)机具作业时,凡是有警示标志和有链条的地方,不可靠近或用手触摸,以免伤人。

(4)机具升降要平稳,避免快升快降,损坏机具。

(5)加种(肥)前应先检查种(肥)箱内有无杂物。加入的种(肥)应清洁,以防堵塞。加入的化肥应是颗粒状复合肥。

(6)在机具未升起时,严禁倒退或转弯。直播机播种或转移地块时,严禁站在拖拉机与播种机之间或站在农具上。

(7)驾驶员应有一定的田间驾驶经验,工作中应集中精力,发现异常情况及时停车处理。

二、播种前后对播种机械的调试和保养

直播稻的播种机械在播种前应做好安装检查、播种量调整、播种深度调整工作,播种后还应做好检查、维修和存放工作。

(1)安装检查:在播种前,认真阅读播种机械使用说明书,并按照使用说明书要求对直播机及配套动力进行检查并安装调试,使各部位运转正常,保证直播机处于良好的状态,并能够满足农艺要求。

(2)播种量调整:在平坦的地方,以正常的作业速度使机器空转 3～5 min,然后根据农艺要求和不同品种进行播种量的调整;调整后,按要求锁定播量调整挡位,以防作业时松动。调整时还应注意达到各行排量一致性及总排量稳定性的要求。

(3)播种深度调整:播种深度应根据土壤墒情和农艺要求来确定,播种深度确定后锁定深度

调整机构。

(4)检查、维修和存放:直播机作业结束后,必须进行日常清理与检查,并做好机械的保管工作。清除多余的种子和肥料,并将播种机的外部清理干净,涂油防锈。各操纵机构、调整机构应活动自如、可靠,不得残缺不全、卡滞。防护装置及安全警示标志应完好无损。

三、水稻精量穴直播机的常见故障及其排除方法

水稻精量穴直播机的常见故障及其排除方法见表 1-5-1。

表 1-5-1　水稻精量穴直播机的常见故障及其排除方法

故障现象	故障原因	排除方法
播种堵塞	①所提供水稻种子受潮; ②结块的水稻种子被投入种箱; ③种箱内受潮	①排出受潮的水稻种子,替换为干燥的新水稻种子; ②排出水稻种子,除去结块部分或捣碎之后重新提供; ③用干燥的布擦拭种箱内部,依据点检及维护要领,清洁辊轴壳及播种辊轴等
各行排种量差异极大	①结块的水稻种子被投入种箱; ②刷头磨损严重	①排出水稻种子,除去结块部分或捣碎之后重新提供; ②更换刷头
种箱内水稻种子排种慢	①壳内发生水稻种子堵塞; ②所提供水稻种子受潮; ③结块的水稻种子被投入种箱; ④排种器被堵塞; ⑤作业时的播种株数比调量时减少	①除去堵塞的水稻种子; ②排出受潮的水稻种子,替换为干燥的新水稻种子; ③排出水稻种子,除去结块部分或捣碎之后重新提供; ④疏通堵塞处; ⑤设定为调量时播种株数,并且重新调节播种量
实际播种量与设定值差异大	①主机的滑移量较大; ②作业时的播种株数比调量时减少; ③播种时相邻条间太窄	①水深保持在 0~1 cm; ②设定为调量时播种株数,并且重新调节播种量; ③相邻条间的标准为 25 cm,所以播种时应保持在 25 cm
覆土不足	①水田过硬或过软; ②水田较多夹杂物	①调节水田的软硬度; ②尽可能除去水田内的夹杂物,或混入土中

任务六　马铃薯播种机

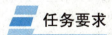

知识点:

1. 了解马铃薯种植农艺要求。
2. 掌握马铃薯播种机常用排种器的结构与工作原理。

技能点:

1. 会正确使用马铃薯播种机。
2. 能分析马铃薯播种机排种器的工作原理及故障原因。

任务导入

马铃薯机械化播种作为实现马铃薯全程机械化生产的最重要环节，直接影响马铃薯的产量与品质。目前，我国的马铃薯播种仍以人工或半机械化种植方式为主，其费工费时、种植效率低、劳动强度大，且播种作业行距、株距、播种深度不规范，以至于严重影响马铃薯产业规模的发展。马铃薯机械化播种技术是将机械化应用到生产实践中，以提高其单产量、降低劳动强度及生产成本，为促进马铃薯规模化生产奠定基础。由于马铃薯精密播种技术具有增加产量、提高作业效率、节约成本等优点，已成为播种技术的主体发展方向。

知识准备

一、马铃薯种植农艺要求

1. 温度

播种的马铃薯种薯在地面以下10 cm深，土温达到7~8 ℃时，幼芽就能发育生长，土温在10~20 ℃时幼芽会很快出土并能苗壮成长。马铃薯生长最适宜的温度在21 ℃左右，但是在42 ℃高温下，茎叶便会停止生长，当气温在-1.5 ℃时，茎部受冻害，当-2.8 ℃时会造成茎叶死亡。最适宜的开花温度为15~18 ℃，当温度低于4 ℃或高于39 ℃则不会开花。当然，由于品种的抗寒性不同，马铃薯对温度的反应也会存在很大差异。因此，充分了解马铃薯植株生长与温度的关系，对于加强管理，保证马铃薯的高产，具有非常重要的意义。

2. 水分

马铃薯生长过程中，只有供给足够的水分才能获得高产。马铃薯的需水量与环境条件的关系密切而复杂。研究发现，马铃薯生长过程中每制造1 kg干物质会消耗至少700 L的水。在壤土上栽种马铃薯时，生产1 kg干物质最少需要666 L的水，最多需要1 068 L的水；而在沙质土壤中栽种马铃薯时，需要1 046~1 225 L的水分。马铃薯生长在孕蕾至花期需要的水分最多，盛花期时茎叶的生长量达到顶峰。在此期间如果水分不足，将会严重影响植株的发育，降低产量。

此外，马铃薯生长所需的无机元素只有溶解于水后，才能被马铃薯完全吸收。假如土壤中水分不足，即使无机元素再多，马铃薯也无法吸收。而且，马铃薯的呼吸作用和光合作用也不能缺少水，水分缺少不仅会影响有机物的生产运输，还会造成茎秆叶片的萎蔫，块茎的发育不良。因此，土壤里有充足的水分是马铃薯获得高产的必备条件。一般情况下，土壤的水分维持在60%~80%便可。土壤内的水分多于80%对马铃薯生长也会造成不良的影响，如果在后期土壤内的水分过多或者积水时间超过22 h，块茎极易腐烂。积水时间超过28 h块茎会大面积腐烂，超过40 h后将会全部烂掉。所以，在低洼地区种植马铃薯要注意排水及实行高垄栽培的方式。

3. 土壤

马铃薯对土壤适应的能力较强，其中最适合马铃薯生长的土壤是轻质壤土。因为块茎在这种土壤中生长，会有足够的空气，呼吸作用能顺利进行。轻质壤土透气性良好，不仅有利于马铃薯块茎和根系的生长，还具有促进淀粉含量增加的作用，用这种土壤播种马铃薯，发芽快、出苗齐，生长的块茎表皮光滑，薯形正常，且方便收获。当用黏重的土壤种植马铃薯时，最好采用高垄栽培方式，这类土壤通气性很差，平栽或小垄栽培时，会导致排水不畅造成后期烂薯。土壤黏重易板结，使块茎生长得不规则。但是这类土壤只要保证土壤保水、排水通畅，保肥力强，种植的马铃薯通常还是会有很高的产量。沙性大的土壤种植马铃薯时要特别注意增施肥料。由于这种土壤保水、保肥力非常差，种植时要适当深播，否则一旦雨水稍大就会把沙土冲走，易露出匍匐茎和块茎，不利于马铃薯生长，反而增加管理上的困难。沙土中生长的马铃薯，块茎特别整洁，表皮光滑，薯形正常，淀粉含量高，便于收获。

4. 肥料

肥料是作物的粮食。生长时肥料不够或者生长期间出现饥饿状态，都会造成产量低下。马铃薯是高产作物，需要的肥料较多。肥料充足时植株可达到最高生长量，相应块茎的产量也最高。在氮、磷、钾三要素中，马铃薯需要钾肥量最多，其次是氮肥，需要磷肥较少。

氮肥具有促进伸长马铃薯的茎秆和增大叶面积的作用。适量地给马铃薯施加氮肥有利于马铃薯枝叶的生长发育，促进光合作用的进行和有机物的积累，对提高块茎产量和蛋白质会有很大作用。但是，施用过量的氮肥反而会造成植株徒长使结薯延迟，影响产量，而且枝叶徒长还容易受病害侵袭，造成更大的损失。如果施加氮肥不足，就会造成马铃薯植株生长不良、茎秆矮小、叶片小、花期早、叶片早枯等，导致产量低下。所以，施用氮肥应注意适量，宁可苗期追施不可基肥过量。

磷肥虽然在马铃薯生长过程中需要较少，但却是植株健康发育不可或缺的重要肥料。最为关键的是磷肥能促进马铃薯根部的发育，有利于马铃薯块茎的生长，因此，磷肥对马铃薯而言是非常重要的肥料。当施加的磷肥不够时，马铃薯的生长会变得缓慢，造成茎秆矮小，叶片小，使光合作用及生产的有机物变少。马铃薯生长过程中，如果缺少磷肥，块茎外表不会出现特别的症状，但切开块茎后，薯肉会有褐色锈斑出现。缺少的磷肥越多，出现的锈斑就会变大，在食用马铃薯时，锈斑处就会脆而不软，严重影响马铃薯品质。

钾元素对马铃薯苗期的生长发育具有重要的作用。因为钾肥充足时，马铃薯的生长良好，茎秆结实，叶片厚而大，组织致密，抵抗病菌能力强。此外，钾元素对提高光合作用强度及促进淀粉的形成有非常大的作用，钾肥常常可以使马铃薯的成熟期延长，使马铃薯的块茎变大，产量增高。如果缺少钾肥，马铃薯发育延迟，叶片就会薄而小，在生长发育的后期，会出现古铜色的病斑、叶片向下弯曲、植株下半部的叶片早枯，同时马铃薯根系不发达、匍匐茎缩短、块茎小、品质差、产量低、蒸煮时薯肉易呈灰黑色。

此外，马铃薯的生长发育还需要钙、硫、镁、钼、铁、锌、锰等多种微量元素，如果缺少这些元素，也会引起相应病症，降低产量。但是大部分的土壤中并不缺乏这些微量元素，所以一般不需要加肥。

图 1-6-1　马铃薯种植方式

5. 合理的密植

种植方式以保证密度为原则，同时为合理的利用土地资源，采用三角密植的方式(图 1-6-1)，每一垄上同时种植两行马铃薯。垄距为 90～130 cm，每一垄上的行距为 22～28 cm，株距为 29～33 cm，马铃薯能否全部出芽是实现密植的关键。马铃薯种薯的发芽方向对出芽率有很大影响，只有马铃薯种薯落地时发芽处向上才能百分之百发芽，因此，播种时要尽量控制发芽的方向。

二、马铃薯机械播种作业的技术要求

(1) 深耕保墒。每年秋耕都应该深耕土壤，以增加土地蓄水保墒的能力，并且秋耕整地要一

次性完成，次年的春天只需要开沟播种即可，不再需要耕地耙平，这样就能避免土壤水分流失，对马铃薯播种后的发芽和苗期生长发育更有利。

（2）复试作业。由于春季用机械一次性完成开沟、播种和施肥等作业，避免或降低了因天干风大而造成的土壤水分蒸发及人工施肥造成的肥效损失，因此可以保证幼苗出土时有足够的水分和养分。

（3）适时播种。只有在距离地面 10 cm 深处且土温在 7～8 ℃时播种才最适合马铃薯的生长发育。如果种植的时间过早或过晚，种薯就不能正常发芽，会造成出苗不整齐，甚至会出现缺苗断垄的现象，影响马铃薯的产量。所以，只有使用高效率的机械化种植技术，才可以保证适时播种，使马铃薯出苗全、产量高。

（4）种植深度。我国主要采用垄作的方式种植马铃薯，因为垄作不仅能保证土壤的温度，促使马铃薯的早熟，还能免除涝灾，便于中耕和浇灌，对于机械化作业更有利。马铃薯进行垄作种植时，种植深度通常为 12～18 cm，对于气温潮湿地域不应超过 12 cm，而气候较干燥，温度较高的地区播种深度应该在 18 cm 左右。此外，对于采用机械化收获马铃薯的地区，播种的深度应该较浅一些。

（5）播种质量。马铃薯种植时应该保证播种的深度、行距一致，不漏播、不重播，土壤覆盖均匀严实，起垄宽度适中，平作地区地表平整。种植作业质量须满足马铃薯的生长发育要求。

三、马铃薯机械化精量播种技术

机械化精量播种技术是将单粒种子按照符合要求的三维空间坐标位置播入种床，即播种后使种子在田间的播深、株距和行距达到精确的要求。此项技术是一项综合性技术，其主要工作原理为根据作物播种农艺要求，按照一定的种量、行距和株距，通过开沟、播种、施肥、覆土及镇压等作业，使作物种子均匀播入一定深度的土壤中。机械化精量播种技术可以一次性的完成多项工序，减轻农民劳动强度，节省用时，降低功耗，提高作业效率与质量，同时涉及良种选育、种子处理、机械耕整地、播种、药剂除草、田间管理和病虫害防治等多个环节。马铃薯机械化精量播种技术是根据马铃薯物料力学特性，将马铃薯播种农艺要求与机械化精量播种技术相结合，可实现马铃薯标准化种植生产，便于后续田间管理和收获作业，促进马铃薯生产全程机械化的发展，为农业增效、作物增产和农民增收奠定基础。

传统马铃薯人工播种方式平均 3 人/d 可播种 667 m² 马铃薯，而利用马铃薯精量播种机具进行人工播种平均 3 人/d 可播种 15 000 m²，其作业效率提高约 22 倍，同时节约大量劳动力及相关费用。结合各地区马铃薯农艺要求，大力推广机械化精量播种技术进行单粒播种，可有效保证种植出苗整齐一致，后期生长植株分布均匀，增强植株生长过程中通风性及透光性，为马铃薯的丰产丰收奠定基础。从 20 世纪 60 年代初，我国对机械化精量播种技术及相关机具进行了深入研究，要求排种器排种均匀、仿形机构性能稳定、开沟器所开沟形及深度一致、覆土器覆土均匀、镇压器压力一致，各个部件综合控制以满足播种农艺要求。但由于我国马铃薯播种作业存在地域条件、种薯尺寸及材料加工工艺等方面的原因，国内研发生产的精量播种机具作业效率及质量未能完全满足农艺要求，可靠性及稳定性较差，且部分技术含量较高、结构较复杂的精密播种机具仍需国外引进，严重制约此项技术在我国的发展。

精量播种机具是实现作物精量播种技术的主要载体，主要由传动装置、播深控制装置、开沟器、排种器、施肥装置、覆土器和镇压器等组成。图 1-6-2 所示为 2CM-4 型马铃薯播种机。开沟器可分为移动式和滚动式两大类，对开沟器的要求是开沟直、掘穴整齐、不乱土层、对土壤的适应性好、阻力小，开沟深度一致并符合播种要求。覆土器安装在开沟器后面，开沟器只能使少量湿土覆盖种子，覆土器可进一步满足覆土厚度要求。覆土器可分为链环式、弹齿式、爪盘式、圆盘式等类型。镇压器用来压实土壤，使种子与湿土紧密接触，其可分为平面、凹面、凸面等。精量播种机具的排种器和排肥器的动力均来源于传动装置，通常是通过地轮转动带动链轮链条进行传动，但由于该种传动方式存在地轮打滑、链条跳动等缺点而降低了排种器的工作稳定性，国外先进的精量播种机传动机构逐步改为了利用电机进行驱动来代替传统的地轮驱动。

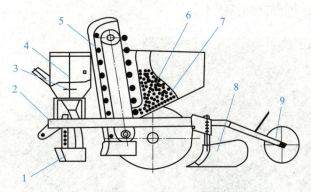

图 1-6-2　2CM-4 型马铃薯播种机

1—开沟器；2—机架；3—搅拌器；4—施肥装置；5—播种装置；6—种箱；7—振动筛；
8—覆土器；9—镇压器

四、国内外马铃薯播种机发展概述

1. 国外马铃薯播种机发展概述

国外马铃薯播种机发展较早，20 世纪 30 年代全部实现机械化，60 年代机械化率达到 100%。苏联与美国同步开始研究马铃薯机械化，20 世纪 60 年代中期实现全程机械化。1945 年后，比利时、荷兰等欧盟国家开始发展马铃薯种植机械化。目前，国际市场上现有的马铃薯播种机较多，具有代表性的有德国 Grimme 公司、美国 Double L 和 Lockwood 公司生产的舀勺式马铃薯播种机，如图 1-6-3 和图 1-6-4 所示。

Double L 9500系列
马铃薯播种机

图 1-6-3　Double L 9500 系列马铃薯播种机

图 1-6-4　GL34T4 型马铃薯播种机

德国生产的 GL-4T 马铃薯播种机，适用于 2～8 行的马铃薯播种作业，采用舀勺式排薯器播种，可播种整薯也可播切块薯，整机结构紧凑，种箱可旋转，兼有供种功能，容积可达 3.5 t。整机采用牵引形式，适用于平地和倾斜坡地作业，利用传感器系统控制播种作业，保证种薯播种成垄的直线性，同时通过驾驶室操作液压装置调控行间距和种植深度，实现机电液一体化播种，作业速度不超过 4.8 km/h。其取薯部件为勺带式取薯装置，如图 1-6-5 所示，勺与带铆接组成取薯带，取薯勺是由塑料材料制成，取薯勺与种薯外形不能完全贴合，取种效果欠佳，勺内存在多薯或空勺现象，影响播种机作业质量。取种区内种薯高度不能保持恒定，数量和高度变化较大，影响取薯带的取种质量，供种装置为旋转种箱，如图 1-6-6 所示，可以将种箱后部种薯填充到取种区，节省人工和降低劳动强度。

图 1-6-5 取薯带结构

图 1-6-6 旋转种箱

挡板限种装置如图 1-6-7 所示，由竖直黑色调整板完成限种，通过调整种箱到取种区的过程中空间高度，调整种箱内的种薯进入取薯区的数量，完成取种区的种薯薯层高度的可调性，但不能完全控制取种区内的种薯高度和数量的稳定性。清薯装置由具有振动凸槽的取种带（图 1-6-8）、皮带后部的振动楞槽和振动轮共同组成，如图 1-6-9 所示的振动清薯装置，振动轮配置在取薯带的背面中间楞槽位置，采用调节振幅和振动频率的方式，清掉取种勺内多余种薯、落回种箱，振动频率及振幅不能随勺取薯的重、漏变化而即时调整，清薯效果不满足要求。勺间清薯装置如图 1-6-10 所示，黑色弧形勺间清薯，清除由两排勺中间托带的种薯。该播种机结构紧凑，故障率较低、质量轻，调整保养方便，排薯性能可靠，根据种薯块大小进行调换托勺，投种薯点较低且高度稳定，因而种薯落入种沟内后弹跳滚动较小，因此，勺带式马铃薯播种机是目前推广量较大、市场上应用较好的播种机具。

图 1-6-7 挡板限种装置

图 1-6-8 具有振动凸槽的取种带

图 1-6-9　振动清薯装置　　　　　　　图 1-6-10　勺间清薯装置

转盘式马铃薯播种机如图 1-6-11 所示，发展比较早的国家为意大利、美国等发达国家，属于半自动式马铃薯播种机。该播种机需要人工投种，才能完成播种过程。其主要工作部件为播薯盘，人手工从种薯箱中拾取种薯，投入转盘分离隔中，播薯盘水平转动，播薯盘转至投薯区时，种薯依靠重力从排薯管落入开沟器开出的种沟中，再进行覆土完成播种过程。优点为结构简单、质量轻、加工容易、播种质量较好、重漏播率较低、株距合格指数较高；缺点为取种依靠人工拾取投放，工作强度较大，作业效率较低，不适宜大面积、规模化及标准化生产。

图 1-6-11　转盘式马铃薯播种机

针刺式马铃薯播种机广泛应用在 20 世纪 90 年代的美国和意大利，该类型机械典型结构如图 1-6-12 所示。

图 1-6-12　针刺式马铃薯播种机

针刺式马铃薯播种机主要由固定在转动圆盘上的拔薯挡、刺薯针架、刺薯针、刺薯针架回位弹簧、刺薯针拐臂、固定的静止圆盘上的滑道及投薯管等部分组成。工作时，旋转圆盘上的刺薯针与拔薯挡贴合在一起，刺薯针露出拔薯挡，当旋转圆盘及刺薯针旋转到取薯区时，刺薯针扎刺种薯完成取种薯过程，然后沿滑道继续旋转完成携种薯过程，当到达投种薯相位角或时间时拔薯挡与刺薯针拐臂分离，拔薯挡将种薯推入投薯管道中进行播种，完成一个播种循环。该播种机的优点为分离整列拾取装置对种薯的大小和形状要求低，种薯形状适应性强，排薯稳定性和均匀性好。代表机型为 Lockwood 6300 系列（美国产），作业速度最高可达 5.0 km/h。

指夹式马铃薯播种机如图 1-6-13 所示。其主要结构为种薯夹持装置，由薯勺夹与薯夹支杆组成，工作原理为在马铃薯播种机作业时，回转圆盘顺时针旋转，当薯勺夹进入取种薯区时，薯夹支杆张开，远离薯勺夹，这时薯勺夹舀取种薯，当携种薯与转盘一起旋转到取种薯层外面时，薯夹支杆立即闭合夹持种薯，当转盘旋转的夹持装置夹持种薯旋转到投种位置时，薯夹支杆打开，投放种薯入种沟内，再覆土完成种植过程。该种机型作业质量受种薯块外形尺寸、喂薯区薯块的数量、种薯层高度、投薯相位、投薯速度及种薯在种植沟内的翻转滚动等影响较大。代表性的机型是美国 Lockwood 公司生产的 506 系列指夹式马铃薯播种机，如图 1-6-14 所示。该播种机作业速度较快、效率较高，采用雷达控制系统，保证播种行距的精确性。指夹式马铃薯播种机受种薯的形状及大小、规格尺寸影响较大，夹持部位不同，取种薯的取种率也不同，要求种薯分级精度很高，但该机作业时重、漏播率较高，株距合格指数偏低，因此，其推广应用量较小。

 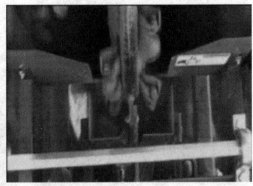

图 1-6-13　指夹式马铃薯播种机

图 1-6-14　美国 Lockwood 506 系列指夹式马铃薯播种机

气力杯勺式播种机采用气力式排种装置,可以最大限度地确保排种精度,甚至可以媲美手工种植的精度,行距及株距基本保持恒定,并且播种速度也比传统的机械式排种装置高出很多,大幅度地提高了种植效率。美国 Crary 公司的 Lockwood 气力杯勺式播种机(图 1-6-15)是国外气力式马铃薯播种机的代表机型,主要有 604、606、608 三种型号,分别对应了 4 行、6 行和 8 行播种;行距 81.28~101.6 cm,株距 15.24~45.72 cm;取种轮一周共均匀布置 20 个取种臂,每侧 10 个;播种速度与牵引结构与前文提及的针刺式播种机基本相同。

图 1-6-15 Lockwood 气力杯勺式播种机

2. 国内马铃薯播种机发展概述

在马铃薯播种机的研究方面,我国马铃薯机械化技术研究开始较晚,1966 年开始研制马铃薯种植和收获机械。1995 年开始,马铃薯播种机逐步发展起来。目前,具有代表性的生产企业有中机美诺科技股份有限公司(以下简称"中机美诺公司")、哈尔滨博广意科技开发有限公司、哈尔滨沃尔科技有限公司等,最为普遍的播种机为舀勺式和转盘式。作业速度及播种质量略低于欧美发达国家水平。

青岛洪珠农业机械有限公司研发的 2CM-1/2 型马铃薯播种机(图 1-6-16),可一次性完成开沟、施肥、播种、覆土、铺膜等作业,具有节省肥料、保证土壤墒情、播种深度及播种株距一致性高等优势,可以极大提高播种机械化生产率和农民的经济收益。

黑龙江德沃科技开发有限公司在吸收国内外先进技术,结合我国马铃薯农艺种植要求的基础上开发研制了 2CMZ-4 型马铃薯精量播种机,如图 1-6-17 所示。该播种机采用独立的勺带式播种单体,如图 1-6-18 所示,主要组成部分包括剔薯机构、主动轮装配、皮带取种凹勺装配、种箱、种箱防架空机构、从动轮装配和电子振动机构等。该播种机可以根据

图 1-6-16 2CM-1/2 型马铃薯播种机

不同地域种植模式调整垄距及株距,株距 120~380 mm 可调,垄距为 800 mm、850 mm、900 mm 可调。该机马铃薯播种过程如图 1-6-18 中①~⑧所示,主动轮转动①带动从动轮转动②,一方面,从动轮上安装的五星橡胶轮带动防架空抖动机构不停抖动,箱底活动板随之摆动,种箱里的种子不断向种箱底部下滑,保证连续提供种子③;另一方面,装有种勺的皮带上升,种勺从种箱内连续不断取种④。当种勺经过一直运行电子振动机构时⑤,种勺里多余的种子被抖出勺外,落回到种箱内⑥,种勺经过主动轮最高点时,种子被抛出,抛到前一个种勺的背面⑦,进入导薯机构,最后落入开沟器形成的沟槽内,完成播种⑧。

2007 年,中机美诺公司研发的 1240A 型马铃薯播种机,采用勺带式排种器,如图 1-6-19 所

示。该播种机可一次性完成播种、施肥、培土、喷药等作业,株距 140～350 mm 可调,行距 800 mm 或 900 mm,采用牵引式配套方式,配套动力 100 马力[①]以上,工作效率较高。

图 1-6-17　2CMZ-4 型马铃薯精量播种机

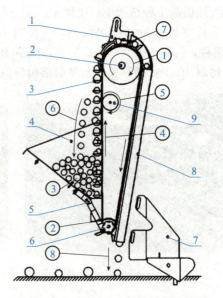

图 1-6-18　2CMZ-4 型勺带式播种单体

1—剔薯机构；2—主动轮装配；3—皮带取种凹勺装配；
4—种箱；5—种箱防架空机构；6—从动轮装配；
7—开沟器；8—导薯机构；9—电子振动机构

图 1-6-19　中机美诺公司研发的 1240A 型马铃薯播种机

五、马铃薯播种机常用排种器

重播率、漏播率和作业效率是马铃薯播种机作业效果的关键指标,排种器是马铃薯播种机的核心部件。目前,按照马铃薯排种器工作原理的不同,将其主要分为气力式排种器和机械式排种器两类。

气力式排种器按照其工作原理的不同可以分为气吸式、气吹式和气压式三种排种器。其通用性好,不伤种子,对种子的几何尺寸要求不高,提高了马铃薯播种的精度,但其结构复杂,

---

① 1 马力=735 W。

制造成本高,价格昂贵。

机械式排种器的结构简单、价格低廉,适用于我国马铃薯产业,因其具有良好的互换性,故被广泛应用。机械式排种器主要有指勺式、勺带式、勺链式、勺盘式、刺针式和输送带式等。

1. 指勺式马铃薯排种器

如图 1-6-20 所示,指勺式马铃薯排种器的夹指均匀分布于排种盘外缘,由缺口勺和带弹簧的压指(棍)组成。排种盘转动到种薯箱下部的取种区时,压棍被控制在张开位置,当缺口勺舀出种薯离开取种区时,夹指由弹簧作用将种薯夹住,种薯随排种盘旋转到开沟器上方时,夹指受导轨控制张开,于是种薯落入种沟(穴)内。

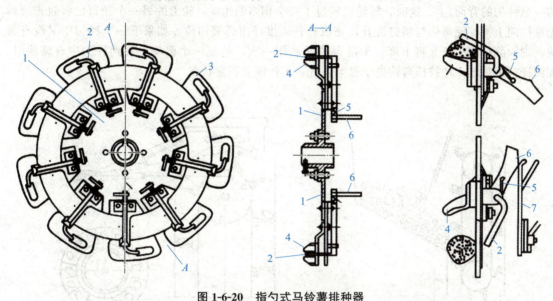

图 1-6-20　指勺式马铃薯排种器

1—排种盘;2—夹指;3—勺盘;4—种勺;5—夹指弹簧;6—夹指拐臂;7—夹指导轨

2. 刺针式马铃薯排种器

如图 1-6-21 所示,刺针式马铃薯排种器的排种盘外缘有多个钢针取种器,每个取种器上有两枚钢针。取种器在经过取种区时,钢针刺入一个薯块,将其带到开沟器上方,然后利用导轨板使种薯与钢针脱离落入种沟。

3. 勺带式马铃薯排种器

如图 1-6-22 所示,勺带式马铃薯排种器有一个装有种勺的升运带,种勺中开有一个长形缺口,升运带运转时,种勺在取种区由下向上运动,将薯块舀入勺中随升运带向上运动。当种勺到达顶部转折向下运动时,薯块因重力从勺中滚出落在前面相邻种勺的背部,然后薯块随这个种勺下降。当种勺到达最低处再次转折向上运动时,薯块即落入种沟。

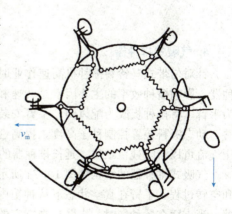

图 1-6-21　刺针式马铃薯排种器

采用这种排种器时,为了避免某个种勺未能在取种区舀出种薯或因振动滚落,造成空勺漏播,有些播种机还设置了漏播补偿装置,如图 1-6-23 所示。这个装置由补种盘探测杆和棘轮机构组成。补种盘周边分隔成许多小格,每一小格内事先放入一个种薯,在棘轮机构的作用下,补种盘每转动一次即补充一个种薯。其工作过程如下：当种勺内盛有薯块时，探测杆的前端触及薯块随薯块向上抬，与探测杆曲臂相连接的弯钩拉杆的前端随之抬起悬空。这时，补偿机构不起作用，排种器按正常情况运行；而当某个种勺内没有薯块、出现空勺时，探测杆的前端因接触不到薯块就从种勺中央的缺缝处漏掉，直接下降，与曲柄相连接的弯钩拉杆也随之下降，直到探测杆被限位块挡住为止。此时弯钩拉杆前端的弯钩将会钩住固定在转轮上的销钉，销钉驱使弯钩拉杆沿滑道向前移动。这时与拉杆后端连接的棘轮推杆也随之向前移动，棘轮推杆的前端连接着推动棘轮的棘爪。棘轮推杆前进时，棘轮和与之同轴安装的补种盘做一次有限的转动，使补种盘中的一个薯块被推到紧挨着的漏孔中，落到应该由空勺供给的位置（与空勺相邻的前一个种勺的背面）上。这时，转轮已转过了一个相当的角度，轮上的另一个销钉已转过来将棘轮推杆向上推，使弯钩与销钉脱开，完成补种，推杆由弹簧回位。如果下一个种勺中又没有薯块，则探测杆和拉杆又将下降，于是再照样动作一次，补充一个薯块，直到种勺中有薯块时，探测杆向上抬起，使拉杆弯钩处于悬空位置，工作恢复正常状态。

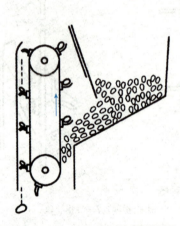

图 1-6-22　勺带式马铃薯排种器

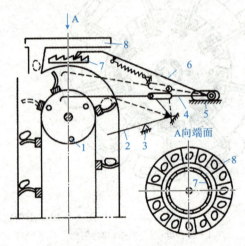

图 1-6-23　马铃薯漏播补偿装置

1—销钉；2—探测杆；3—限位块；4—弯钩拉杆；
5—滑道；6—棘轮推杆；7—棘轮；8—补种盘

4. 气吸式排种器

针对勺带式马铃薯播种机高速作业时产生严重的重、漏播问题，开发设计了一种气吸式排种器。影响播种效率的主要因素是转速和正负压，采用小块茎马铃薯播种，将传统的吸气孔改为手臂，将排种板改为配风阀，手臂安装在末端，可更换吸嘴，提高通用性，采用真空压力吸薯，动态喂料装置控制种子高度，提高性能，可调节播种角度，根据环境更换合适的位置，正压气流可以清除残留杂质，延长排种器的使用寿命。

气吸式排种器的结构如图 1-6-24 所示。其工作过程可以分成四部分，即抽吸、搬运、播种和空转过程，手臂在真空状态下从种箱内抽吸种薯；被吸出的种薯与旋转阀同步旋转，搬运种薯；当支臂在播种区时，支臂与真空室的连接被堵塞，吸附力消失，种薯掉落空转；为了防止杂质堆积、阀门堵塞，在空转区产生正压，排出杂质，完成工作循环。

5. 勺盘式排种器

勺盘式排种器结构简单，通用性较好，苏联 CH-4A 型马铃薯播种机上最早使用勺盘式排种器。勺盘式排种器的结构如图 1-6-25 所示。其工作过程简单，将取种凹勺固定在排种器的勺盘上进行取种，刮种器作业，刮掉多余的种子，然后在自重和推种器的作用下掉入种沟，完成排种过程，取种凹勺的大小由种薯的大小确定。这种排种器的缺点是排种的均匀性不稳定，播种的质量低，精度也远低于勺链式排种器。

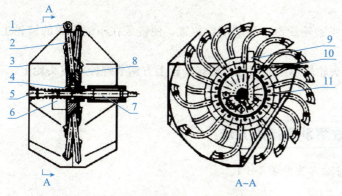

图 1-6-24　气吸式排种器的结构

1—吸嘴；2—吸臂；3—种箱；4—静止阀；5—静止轴；6—吸管；
7—旋转轴；8—旋转阀；9—吹管；10—调节螺丝；11—护壳

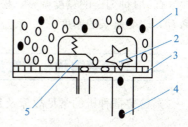

图 1-6-25　勺盘式排种器的结构

1—种箱；2—推种器；3—排种盘；
4—种子；5—刮种器

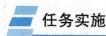

任务实施

从前面的知识准备内容中，我们知道马铃薯播种机由于结构形式、联合作业的项目不同，特别是排种器的不同，因此其功能、作业性能都有区别，下面以目前市场上应用比较多的 2BSL-2 型马铃薯播种机为例来讲解技能知识。

由内蒙古农业大学机械厂研制生产的 2BSL-2 型马铃薯播种机，主要与 18.75～22.5 kW 拖拉机配套使用，在耕整过的地上可一次完成开沟、施肥、播种、覆土起垄及镇压等联合作业。该播种机具有结构紧凑、工作稳定、播种均匀、株行距可调等优点。

主要技术参数：

配套动力：18.75～22.5 kW 拖拉机

播种行距：70～90 cm，可调

播种深度：10～15 cm，可调

播种株距：19 cm、22 cm、25 cm，可调

生产率：0.23～0.4 hm^2/h

肥箱容积：150 L

种箱容积：360 L

排种器形式：勺链式

整机质量：510 kg

一、使用、调整及故障排除

2BSL-2 型马铃薯播种机在播种作业中形成空穴的根本原因是排种机构投种失败，如排种器自身的结构参数、排种机构运动协调性、土壤耕作层的抗剪强度对运动链动力传递的影响、机器运行中的抖动或振动等因素都会影响种勺舀取种薯和投种作业。

（1）作业前，应调整各部件符合作业要求进行试播，根据所出现的问题进一步调整机具，直到满足要求为止。此时将肥箱、种箱加满肥料与种薯。

(2)作业时,液压分配器应放在浮动位置,作业中要保持机组有稳定的前进速度。

(3)机组在转弯和倒退时,首先将播种机升起,抬起划行器并将其固定。

(4)在作业时不许倒退。

(5)株距调整:松开塔轮顶丝及张紧轮锁母,移动塔轮位置,使链条在不同齿数的链轮上,这样就得到不同的株距。

(6)取种勺链的紧度调整:松开头轮轴承座的螺栓,旋转头轮上方调节螺栓可使头轮上、下移动,改变链条的紧度。

二、马铃薯播种机的常见故障及其排除方法

马铃薯播种机的常见故障及其排除方法见表1-6-1。

表1-6-1 马铃薯播种机的常见故障及其排除方法

故障现象	故障原因	排除方法
空穴率高	①取种链过松; ②种薯块切得过大; ③清种能力过强; ④作业速度过快	①调整调节螺栓,使头轮上移张紧链条; ②将种薯块切为适当大小; ③调高种箱内调节板; ④降低拖拉机的前进速度
起垄宽高度不够	覆土圆盘位置不当	调节覆土圆盘的高度及角度,使之达到合适的位置
垄面过虚	镇压器压力不够	①吊杆上增加加压弹簧,并调节吊杆位置; ②调节覆土器加压装置的压力

项目二　育秧和移栽机械

▶▶ 项目描述

　　移栽是农作物栽培中的独特工艺，并且有着悠久的历史。移栽具有对气候的补偿作用和使作物生育早的综合效应，可以充分利用光热资源，其经济效益和社会效益均十分可观。移栽可以解决季节之间的矛盾，由于作物的生长期不同，经常在种植和收获时期交汇，该种植下茬作物时，上茬作物还没有收获，从而耽误作物的种植期，而育苗移栽技术的出现可以解决两茬作物之间的矛盾，特别是对于一年三熟制地区，移栽显得更加尤为重要。俗话说"苗好产一半"，通过移栽的作物，其生长势强，群体整齐，这将对增加农民收入和提高作物产量产生重要的影响。

▶▶ 项目目标

1. 掌握常见插秧机的类型和结构组成。
2. 了解国内外插秧机产品及发展趋势。
3. 掌握育秧各环节基本流程。
4. 掌握常用插秧机维修调整、故障诊断与排除的方法。
5. 了解常用移栽机的结构与工作原理。

任务一　水稻插秧技术概况

知识点：

1. 了解国内外插秧机产品及发展趋势。
2. 分析讨论插秧机应用。
3. 了解我国插秧机的发展历程、国内外水稻种植的发展及现状。

技能点：

1. 能识别具体插秧机的类型和结构组成，并能指出各部分的主要功用。
2. 学会常用工具的使用方法。

任务导入

水稻是我国三大粮食作物之一,在粮食生产和消费中历来居于主导地位。水稻生长发育环境和技术措施复杂,耕作栽培制度细致,生产环节较多,季节性较强,用工量较多,劳动强度大,农民劳作辛苦。因此,改变水稻种植的生产方式,一直是广大农民的迫切愿望。插秧机的出现,改变了农民种植水稻"面朝黄土背朝天,弯腰曲背几千年"的生产方式,机插秧技术成为现代水稻种植全程机械化发展的重要的环节之一。因此,要掌握插秧机的使用与维护、机插秧育苗的方法。

知识准备

一、水稻种植概述

水稻是我国最主要的粮食作物。我国常年种植水稻的面积约 3 200 万 hm^2,产量约占粮食总产量的 40%,水稻是种植面积最大、单产最高、总产量最多的粮食作物。我国近 65% 的人口以稻米为主食,因此,我国的水稻生产在国际、国内都有着举足轻重的地位。

水稻种植与种植方式

"冈头花草齐,燕子东西飞。田塍望如线,白水光参差。农妇白纻裙,农夫绿蓑衣。"这是唐代刘禹锡被贬为连州(今广东省连州市)刺史时,于春天登楼远眺,描写的一片郊外插秧的大好情景。冈上头花草一抹齐,燕子飞东呵又飞西。远望田塍像条线呵,一片白水波光参差。农妇穿着白麻布裙,农夫披着绿草蓑衣。一齐唱起田中歌呀,轻声细语好似竹枝。然而,拔秧和插秧也许并不像刘禹锡所描写的那么轻松欢快,甚至在几十年前,依旧是高强度的体力劳动,被农民自己称为"三弯腰"式的劳作。

水稻与小麦、玉米等农作物相比,水稻种植技术复杂,生产环节多,季节性强,劳动强度大,用工量多。因此,改变水稻种植"面朝黄土背朝天,弯腰曲背几千年"的生产方式,一直是农民的迫切愿望。在广大农村,要求实现水稻种植机械化的呼声日益高涨,水稻种植机械化已是大势所趋、人心所向。

北宋年间,苏轼谪居广东惠州,引进了新式便利农具"秧船"(图 2-1-1)和"秧马"(图 2-1-2)等,并得到了广泛使用。然而,秧马只是一种简单地以树木制成的骑坐工具,用于减轻弯腰弓背的劳苦,却并不是直接用于插秧,秧船也仅是秧苗的运输工具,20 世纪 50 年代的时候,某些地区仍在使用。

日本于 1898 年发表第一个水稻插秧机专利;意大利于 1915 年开始研究拔秧苗的水稻插秧机,至 20 世纪 50 年代已有拖拉机配套的商品出售,但都由于结构复杂、造价高,作业时需用辅助劳力多而未能推广。日本于 20 世纪 60 年代研制带土小苗的栽植技术和相应的水稻插秧机。1966 年后,工厂化水稻育秧设备研制成功,促进了插秧机械化的迅速发展。

经过几十年的发展,我国农业部和地方各级农机主管部门采取了一系列有效措施大力推动水稻生产机械化工作。先后多次召开全国水稻生产机械化现场会,在全国启动实施了水稻生产机械化"百县示范工程",将水稻机械化生产适用技术与关键机具研发列为国家科技攻关计划、跨越计划、丰收计划等计划的重点项目,带动了技术与机具的研发和推广应用。

图 2-1-1 秧船

图 2-1-2 秧马

二、水稻种植方式

水稻种植方式一般分为直播、插秧和抛秧。水稻直播分为水直播和旱直播两种方式,旱直播包括旱撒播和旱条播,旱条播又包括常规条播和免耕条播,旱直播与水直播都可以采用机械化直播。插秧分为人工插秧和机械化插秧。

1. 人工插秧

多年来,我国一直以人工插秧为主,如图2-1-3所示。人工插秧种稻,生产工艺落后,作业条件艰苦,劳动强度大,占用人员多,作业效率低,给水稻生产带来一定困难。一般人工插秧的工作效率为0.08亩/(h·人)。

2. 人工抛秧

人工抛秧是指育成秧苗后改插秧为抛秧的一种省力种稻方法,如图2-1-4所示。人工抛秧的水稻栽具有省秧田、省劳力、省成本、早发、早熟、增产、增效的明显效果。20世纪80年代末期至90年代初期,随着我国农村乡镇企业的不断发展,农业劳动力逐步向第二、三产业转移。由于水稻抛秧栽培技术能够大幅度减轻劳动强度,降低劳动成本,省工、省秧田、提高工效,同时没有缓苗期。所以,在农业部农技推广总站统一牵头下,全国各地积极组织试验示范和推广,使水稻抛秧种植方式蓬勃展开,种植面积不断扩大,平均产量不断提高,社会经济效益十分显著。人工抛秧的工作效率为0.14亩/(h·人),其缺点是抛植秧苗无序分布,均匀度差,抛植浅,通风透光性差,易倒伏。

图 2-1-3 人工插秧

图 2-1-4 人工抛秧

3. 机械化直播

水稻直播就是不进行育秧、移栽而直接将种子播于大田的一种栽培方式,如图2-1-5所示。

机械直播较适合粳稻和早稻品种。从提高劳动生产率、节约成本、易于实现水稻全程机械化考虑，水稻机直播是一种较理想的种植方式。直播分为水直播和旱直播。水直播是在田块经旋耕灭茬平整后，土壤处于湿润或薄水状态下，使用水直播机或喷撒机将浸种催芽至破胸露白后的种子直接播入大田，播种后需管理好排灌系统，立苗前保持田面湿润，及时进行化学除草。与水直播技术配套的机型性能较稳定。旱直播是对田块平整、沟系配套的麦田或油菜田用旱直播机直接播种，播后灌浅水，幼苗出齐后排水并进行化学除草，保持田间湿润，确保苗全。与旱直播技术配套的机械，北方为谷物条播机，南方稻麦轮作区以免耕条播机为主。水稻机械直播虽然具有作业效率高、操作简便等优点，但也受多种因素制约，如天气、田块质量、前季留茬等，这些因素易造成播期推迟。由于直播省去了育秧环节，工艺流程大大简化，省工节本，故西方国家多采用此种模式，在我国单季稻区和太湖流域等稻麦区有较大的发展空间。

4. 机械化插秧

(1) 机械化插秧技术的意义。水稻机械化插秧技术是一种采用高性能插秧机代替人工栽插秧苗的水稻移栽方式，是水稻种植模式的重大变革，它打破了水稻全程机械化的瓶颈，提高了劳动生产率，如图 2-1-6 所示。手扶插秧机的工作效率约为 2.06 亩/h，是人工插秧的 24.7 倍；乘坐式高速插秧机的工作效率一般为 5 亩/h，是人工插秧的 48 倍左右。机械化插秧降低了劳动强度，节约了劳动资源，它的推广应用是发展现代农业、推进水稻生产全程机械化的需要。

图 2-1-5　水稻直播

图 2-1-6　水稻机械化插秧

(2) 机械化插秧技术的优点。利用插秧机栽插水稻，能实现水稻稳产高产，因其是实行宽行密植的栽插方式，利于水稻通风向阳，充分接受日照，能使水稻颗粒更饱满，空壳率大大降低，从而实现稳产高产。据抽样测算，机械化栽插的水稻与手工栽插、直播、撒播相比，每亩平均增产 50 kg 以上，主要表现在以下几个方面：

①能节约水稻种植成本。插秧机栽插水稻，行距达 30 cm，通风向阳效果好，与传统栽插方式相比能显著减少病虫害的发生，减少杂草的滋生，每亩节约农药费用、除草剂费用约 40 元。此外，机插与人工栽插相比节约成本近 40 元。

②能减轻劳动强度，提高作业效率。人工栽插水稻 1 h 只能插秧 0.8 亩左右，而机械化栽插水稻 1 h 就能栽插秧苗 2～4 亩，每工日能栽插 20 亩左右，作业效率大大提高，劳动强度明显降低。

③能增加购机农民收入。据抽样测算，机插收费每亩目前是 40～50 元，而成本费用约 20 元，机械化栽插 1 亩水稻能获利近 30 元，1 台插秧机正常年作业量约 500 亩，年获纯利约 15 000 元，经济效益相当可观。

④能增强水稻的抗倒伏能力。插秧机栽插的水稻杆子粗壮，与传统方式栽插的水稻相比，抗倒伏能力大大增强，从而有利于收割机进行收割，并能减少谷物损失。

（3）机械化插秧技术的缺点。机具价格昂贵，机械结构复杂，造成插秧机现场调试烦琐，限制了其工作性能的发挥；同时设备利用率低，年利用率仅为6%；机插秧对育秧、整田等技术要求高，辅助用工量大，操作规范要求较多。

三、机械化插秧效益分析

经过多年的试验、示范、国家补贴推广，机械化插秧的技术优势越来越多地被广大农民接受，目前，机械化插秧已经成为水稻种植的主体。机械化插秧的经济效益和社会效益主要表现在增产、高效、节本、双赢、减灾等方面。

机械化插秧效益分析

1. 增产

水稻产量＝亩有效穗数×每穗粒数×千粒重。机械化插秧与传统的作业相比，每公顷可增产稻谷1 t，增产幅度为5%～10%，按我国现有水稻种植面积3 200万 hm^2 计算，完成45%的机插率，可增产稻谷1 440万 t，具有显著的经济效益。

机械化插秧增产的原因主要有：保证足够的基本苗数量；保证浅移栽、薄水层；保证有良好的通风条件；保证透光好，维管束粗，灌浆速度快。

2. 高效

机械化插秧能减轻劳动强度，作业效率大大提高。

3. 节本

机插秧育苗期易于集中管理，大大提高肥、水、药的使用效果，减少了施用量。大田期，采用薄水活棵、浅水促分蘖、间歇灌溉的管水方式，也可大量节省用水。适当调节用肥比例与用肥时机，可大大提高肥料的增产效果。

4. 双赢

发展水稻插秧机械化，首先是稻农得益，而且种植规模越大，效益越显著。为农机工作人员从事插秧机经营服务、增加收入开辟了渠道。

5. 减灾

减少稻瘟病、稻蓟马为害等发生的概率。由于机插秧采用的是中、小秧苗，其播期比常规育秧适当延迟，错开了条纹叶枯病等病害的高发期，有效降低了水稻遭病虫害的概率，且苗期有一段时间薄膜覆盖，切断了灰飞虱等病虫的侵染途径，移栽至大田时带病率低，因而发病率低，能减少用药次数。此外，机插秧宽行移栽，通风透光条件优越，也增强了水稻的抗逆性。在2003年、2004年江苏大面积发生水稻条纹叶枯病的情况下，机插水稻基本没有受到大的影响。通过典型调查看，机插水稻节水节肥节药优势明显，机插秧防治病虫害用药要比手工插秧少2～3次，对"无公害""绿色"稻米生产有显著作用，更能体现发展资源节约型和环境友好型农业的要求。

四、我国水稻插秧机发展现状

插秧机的分类及发展状况

水稻种植机械化的发展模式主要取决于水稻种植栽培技术。纵观世界水稻种植技术发展概况，水稻种植技术主要有两种模式，即水稻直播种植技术和水稻育秧移栽种植技术。采用直播种植技术的国家主要有美国、澳大利亚、意大利及其他欧美国家。亚洲地区以育秧移栽种植技术为主，水稻插秧移栽已有上千年的历史。

1. 我国水稻种植机械化发展

我国水稻种植机械化的发展大致经历了 3 个阶段。

(1) 20 世纪 50～70 年代，我国模仿人工移栽大苗的过程设计了水稻插秧机，但质量不过关，加之采用常规育秧，大苗需洗根移栽，费工耗时，植伤严重，终因效果差而自然终止。

(2) 20 世纪 80 年代，一些经济发达省市引进国外机具设备，并推广工厂化育秧。但由于国外机具价格昂贵，工厂化育秧成本过高(也不适合农村小规模生产)，农民难以接受，使水稻种植机械化发展又一次受挫。

(3) 2000 年至今，我国坚持农机与农艺结合，引进、吸收、创新、研发相结合，开始了新一轮水稻种植机械化育插秧的探索并获成功。

国家多次召开水稻生产机械化会议，并将水稻种植机械研制列入国家攻关项目，促进了水稻种植机械化的发展，成功走出了一条"先引进后消化吸收"的道路。

2. 国内主要插秧机企业及其产品

随着国内插秧机市场需求的启动，未来发展前景广阔，我国很多企业都介入插秧机的研发和生产。国外插秧机企业也改变过去单一的产品出口方式，纷纷在我国建立独资或合资企业进行插秧机生产，国内插秧机市场已经形成国际化的竞争局面。国内生产插秧机的企业主要有延吉插秧机制造有限公司、现代农装湖州联合收割机有限公司和南通柴油机股份有限公司等。

在我国投资生产插秧机的外资企业有韩国东洋、日本久保田、洋马和井关等公司。这些企业在我国成立的公司为江苏东洋机械有限公司、久保田农业机械(苏州)有限公司、洋马农机(中国)有限公司及井关农机(常州)有限公司等，它们以成熟的产品技术占据了我国插秧机市场的主导地位，但这些企业进入我国市场的时间和产品的侧重点不同，插秧机的发展情况差别很大。

3. 国内插秧机市场分布区域

我国种植水稻的重点区域为湘、赣、粤、鄂、桂、苏、皖、川、浙、闽、云、渝、贵、琼、沪，种植面积达 2 700 万 hm^2，水稻总产量达 1.7 亿 t，其面积和总产量双双超过我国水稻面积和产量的 85%，这些区域也是我国水稻生产过程机械化的重点区域。

按地理位置和耕作制度划分，我国水稻产区可分为以下三大类：

(1) 高寒温带一季稻区，主要包括黑、吉、辽、蒙、宁、新、冀、京、津部分地区。

(2) 麦稻轮作区，主要包括苏、赣、皖、鄂、川、鲁、豫等省区。

(3) 多季稻区，主要包括粤、闽、湘、桂、滇等地区。

五、世界水稻种植机械化水平

目前，世界上水稻种植机械化水平较高的国家有美国、意大利、澳大利亚、日本和韩国。其中，欧美国家以直播机械化为主，美国最具代表性；亚洲以育秧移栽为主，日本最具代表性。美国是最早实现水稻种植机械化的国家之一，水稻直播用种量是移栽用种量的 8～10 倍，对整地质量要求较高，一般应保证地表平整高度差在 20 mm 以内，大型的激光平地机械使水稻直播技术在欧美国家得以发展应用。

日本是水稻移栽机械化程度最高的国家。20 世纪 60 年代，日本在对我国水稻插秧机研究的基础上，特别结合对水稻种植工艺的研究，注重农机与农艺配套技术，从育秧到插秧综合考虑，解决了带土中、小苗的插秧农艺问题，并首先实现了工厂化育秧作业，为插秧机的使用提供了良好的秧苗条件。插秧机结构的简化,机械造价的降低,以及水稻插秧机工作效率、可靠率、可靠性的提高,使日本水稻种植机械化水平得以迅速提高。至 70 年代末,机械化插秧作业面积超过全国水稻种植面积的 90%。20 世纪 80 年代,日本全国基本形成了统一的水稻栽培模式,育秧、插秧机械已实现了系列化、标准化,水稻种植机械化水平有了进一步提高,达到 98%,居世界前列。

六、插秧机的分类

经过多年自主创新和引进、消化、吸收,目前生产上普遍推广应用的插秧机与传统的机动插秧机相比较,在先进性、适用性、可靠性、安全性等方面有了显著提高,同时根据不同的农艺条件和生产规模,形成了多样化和系列化产品。

1. 按操作方式分类

机动插秧机按操作方式可分为手扶步行式和乘坐式两类,如图 2-1-7 所示。

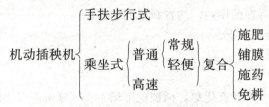

图 2-1-7 机动插秧机的类型

(1)手扶步行式插秧机,简称手扶插秧机,主要有东洋 PF455 插秧机、久保田手扶式(SPW-48C)型插秧机、福田雷沃谷神神郎 2Z-6S 手扶式等。

(2)乘坐式插秧机,包括久保田高速乘坐式(SPU-68C)插秧机、东洋牌 P600 型高速插秧机、洋马 VP8D、VP6、VP4C 系列高速插秧机、湖州 2ZG630A 高速插秧机、吉林延吉春苗牌 2ZT-9356 乘坐式插秧机、山东福尔沃 2ZT-9356 乘坐式插秧机、福田雷沃谷神神郎 2Z-6 乘坐式插秧机、中国一拖 2ZT-6/8 普通型插秧机、山东宁联 2ZJ-6 型机动插秧机、中国一拖 2ZK-630 快速插秧机。

2. 按栽插机构分类

插秧机按栽插机构分为曲柄连杆式与双排回转式两类。

曲柄连杆式栽秧机构的转速受惯性力的约束,一般的最高插秧频率限制在 300 次/min 左右,如果平衡块设计的完善,插秧频率较高。

双排回转式插秧机构,运动较平稳,插秧频率可以提高到 600 次/min,但在实际生产中,由于其他因素的影响生产频率只比普通乘坐式高 0.5 倍左右,曲柄连杆式栽秧机构被用于手扶式及普通乘坐式,高速插秧机则采用双排回转式插秧机构。

3. 按插秧机栽插行数分类

按插秧机栽插行数分为手扶式和乘坐式两类。

手扶式插秧机插行数主要有 2、4、6 行等。

乘坐式插秧机插行数主要有 4、5、6、8、10 行等。

4. 按栽植秧苗分类

插秧机按栽植秧苗分为毯状苗和钵体苗。由于钵体苗插秧机结构较复杂,需专用秧盘,使用费用高,常用的插秧机均为毯状苗插秧机。

任务实施

插秧机市场情况调研

自行设计调研表，开展以"我爱农机"为题目的农机调研活动。通过此项活动，促进学生全面的了解我国各个地区的农业发展现状以及农机市场情况，同时加强学生对自身专业的了解，增强学生学农机爱农机的精神。调研应包含(不限于)以下内容：

1. 主要收入分析

调研自己家乡主要种植的作物与效益情况，分析农村主要收入来源。

2. 调查农村对插秧机的需求状况

(1)了解当地合作社及种植大户现有农机具的保有量情况及需求，了解插秧机的使用情况，在插秧机使用过程中主要存在的困难，购置新机的动力。

(2)了解插秧机购买补贴状况。

(3)了解旧机回收情况。

3. 不同品牌的使用状况

了解不同品牌插秧机各有什么优势，插秧机市场主要区域份额占比情况。

4. 插秧机需求预测分析

根据插秧机市场情况的调研，写一份汇总报告，并就当前农业、农村、农民的具体情况进行插秧机需求预测分析。

任务二　育秧技术

任务要求

知识点：

1. 了解常见的育秧方式。
2. 掌握育秧各环节基本流程。
3. 了解机插秧基本技术流程。

技能点：

能够参照现代技术的发展不断改善育秧环节。

任务导入

俗话说"秧好一半禾，苗好七分收"，这充分说明了培育壮秧对水稻高产的作用。壮秧能够节省大田用肥，健壮的秧苗在秧田期就具有旺盛的生长能力，体内碳、氮等营养元素含量高，而且比例适宜。移栽之后，表现较强的发根能力，返青快，出叶迅速，分蘖早。早生的分蘖又因为接受的营养和光照条件较好，长势一般比较旺盛。因此，成穗率较高，而且穗头大、粒数多。

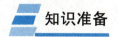

一、水稻机插秧育秧概述

育秧是机插秧技术体系中的关键环节,与常规育秧方式相比,机插水稻育秧播种密度大、标准化要求高。机插育秧方式有软盘育秧、双膜育秧和工厂化硬盘育秧等。工厂化硬盘育秧一次性投资较大,运行成本较高。软盘育秧与双膜育秧是吸收了工厂化硬盘育秧的优点而创新发展起来的,投资成本低,操作简便。硬盘育秧是目前普遍采用的机插秧育秧方式。

插秧机所使用的秧苗是以土壤为载体的标准化毯状秧苗,简称秧块。秧块的规格为长58 cm、宽28 cm、厚3 cm,要求秧块四角垂直且方正,不缺边角,其中,宽度的要求最为严格,只能在25.5~28 cm。在秧盘或软盘育秧技术中,用秧盘来控制秧块的长宽规格;在双膜育秧技术中,靠起秧栽插前的切块来保证秧块的长宽规格。在铺盖床土时通过人工或机械来控制秧块的厚度,床土过薄或过厚会造成伤秧过多、取秧不匀或漏插等问题。

插秧机使用的秧苗以中、小苗为好,要求秧龄18~22 d,叶龄2~4.5叶,适宜苗高10~25 cm。苗盘播种的密度要适中,一般情况下每盘播种量为杂交水稻80~100 g,常规水稻120~150 g,成苗1.5~3.0株/cm²,秧苗空格率要小于5%,均匀整齐,苗挺叶绿,青秀无病,根系盘结,提起不散。

二、育秧准备

1. 床土准备

(1)营养土选择。选择土壤肥沃、偏酸性或中性的菜园地或耕作熟化的旱地或经秋耕、冬翻、春耕的稻田表层土作营养土。土壤中应无硬杂质、杂草,病菌少,杜绝草木灰、石灰等碱性较重的物质。麦田使用除草剂的土壤、重黏土、砂土不宜作营养土。床土用量:每亩大田需备足合格床土100 kg左右。

(2)床土培肥。可以直接使用肥沃疏松的菜园地耕作层土壤作床土。对其他的适宜土壤,在取土前应对取土地块进行施肥,每亩均匀施用经高温堆制充分腐熟的人畜粪1 000~2 000 kg,以及25%氮、磷、钾复合肥60~70 kg;或者施用硫酸铵30 kg、过磷酸钙40 kg、氯化钾5 kg等无机肥。取土地块pH值偏高的可酌情增施过磷酸钙以降低pH值。施肥后应连续用机器旋耕2~3遍,取15 cm厚的表层土堆制并覆盖农膜,堆闷至床土熟化。提倡使用适合当地的旱秧壮秧剂代替无机肥,在过筛前施用,用量约为100 kg床土匀拌0.5~0.8 kg旱秧壮秧剂。

(3)床土加工。选择晴好天气及床土水分适宜时进行过筛。水分适宜是指床土含水率10%~15%,手捏床土成团,落地即散。过筛要求土粒径不大于0.5 cm,其中0.2~0.4 cm的土粒达60%以上,过筛后继续用农膜覆盖。床土的pH值为5.5~7。播种前10天,pH值大于7的床土应进行调酸处理。

要选择排灌方便、光照充足、土壤肥沃、运秧方便的地块作秧板。秧田、大田的比例为1∶80~1∶100。

在播种前10 d精做秧板,秧板的宽度为1.4~1.5 m,长度随定。秧板之间的沟宽为25~30 cm,深度为15~20 cm。板面应达到"实、平、光、直"要求,即秧板沉实不陷,板面平整,板面无残茬杂物，秧板整齐、沟边垂直。秧板四周开围沟，确保排灌畅通。播种时板面应湿润、沉实。

2. 种子准备

种子准备的作业流程如图 2-2-1 所示。

图 2-2-1 种子准备的作业流程

品种选择：应根据不同茬口、品种及安全齐穗期的特点，选择适合当地机械化栽插的优质、高产、稳产的大穗型品种。

种子用量：一般粳稻品种，软盘育秧每亩大田应备精选种子 3~3.5 kg，双膜育秧每亩大田应备足精选种子 4 kg。杂交稻、籼稻品种应酌情增减。

精选种子：可以采用风选、盐水选的方法选种。

盐水选种法的盐水比重为 1.06~1.12 g/mL。检测方法：把新鲜鸡蛋放入盐水中，浮出水面面积约为伍分硬币大小即可。盐水选种后应立即用清水淘洗种子，以清除谷壳外盐分（影响发芽），洗后晒干备用或直接浸种。要求种子的发芽率在 90% 以上，发芽达 85% 以上。建议使用种子部门供应的精选过的种子。

浸种催芽：在播种前 3~4 d 进行药剂浸种。可选用"使百克"或"施保克" 1 支（2 mL），加 10% "吡虫啉" 10 g，兑水 6~7 kg，可浸 5 kg 种子。

种子在吸足水分后进行催芽。种子吸足水分的标准为谷壳透明，可见腹白和胚，米粒容易折断而无响声。催芽的要求是"快、齐、匀、壮"。种子高温破胸时，种堆温度以不超过 38 ℃ 为宜，且内外温度一致，稻种受热均匀。破胸后即将温度降到 25~30 ℃ 进行适温催芽。催芽标准：破胸露白率达 90%。催芽后置阴凉处，摊晾炼芽 4~6 h 以备播种。

种子处理-网袋浸种

3. 其他材料准备

(1) 育秧软盘。一般每亩大田需要准备软盘 25 张左右。如果采用流水线机械播种，需要准备足够的硬盘用于脱盘周转。

(2) 育秧双膜。每亩大田要准备 1.5 m 幅宽的地膜 4 m 左右。地膜打孔方法：准备长 1.5 m、宽 15 cm 以上、厚 5 cm 的方木一块，将地膜整齐地卷在木方上划线冲孔。孔距一般为 2 cm×2 cm 或 2 cm×3 cm，孔径为 0.2~0.3 cm。同时，应备长度约为 2 m、宽度为 2~3 cm、厚度为 2 cm 的木条 4 根，切刀 1~2 把。此外，还需根据秧板面积准备适量的盖膜、稻草、芦苇秆或细竹竿等辅助材料。

(3) 育秧硬盘。采用硬盘育秧，需要每亩准备硬秧盘 25 张，虽然一次性投入价格稍高，但是使用寿命长。

三、育秧播种操作

根据水稻的品种特性、安全齐穗期及茬口确定育秧播种期。一般根据适宜移栽期，按照秧龄 15~20 d 倒推播种期，并依照栽插进度做好分期播种，避免秧苗超秧龄移栽。常见的育秧方式如下。

1. 软盘育秧

软盘育秧的作业流程如图 2-2-2 所示。

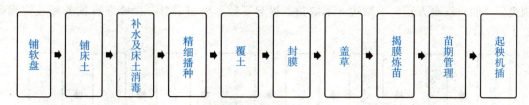

图 2-2-2　软盘育秧的作业流程

育秧播种操作步骤如下：
(1) 铺软盘。每块秧板横排两行，依次平铺，紧密整齐，盘底与秧板面密合。
(2) 铺床土。铺撒准备好的床土，土层厚度为 2～2.5 cm，厚薄均匀，土面平整。
(3) 补水及床土消毒。在播种前直接用喷壶洒水，也可在播种前 1 d，灌平沟水，待床土充分吸湿后迅速排水，播种时土壤含水量应达土壤饱和含水量的 85%～90%。在播种前浇底水的配置：用 65% 敌克松与水配制成 1∶1 000～1∶1 500 的药液，对床土进行喷洒消毒。
(4) 精细播种。播种分为手工播种和机械脱盘播种两种方法。播种量按盘称重，每盘均匀播破胸露白芽谷：常规水稻为 0.12～0.15 kg（约 330 mL）；杂交水稻为 0.08～0.1 kg。手工播种时要细播、匀播、分次播，力求播种均匀。
(5) 覆土。覆土厚度为 0.3～0.5 cm，以盖没芽谷为宜。
(6) 封膜、盖草。覆土后，在床面上等距离平放芦苇秆或细竹竿作为支撑物，平盖农膜。膜面上均匀加盖稻麦秸秆，盖草厚度以基本看不见农膜为宜，不宜过厚。秧田四周开好放水缺口。膜内温度宜控制在 28～35 ℃。雨后应及时清除膜上的积水，以避免闷种烂芽。早春播种时气温较低，必要时可搭建拱棚，利用日光增温。

2. 双膜育秧

双膜育秧与软盘育秧原理大致相同，操作上稍有差别。双膜育秧的作业流程如图 2-2-3 所示。

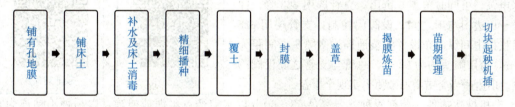

图 2-2-3　双膜育秧的作业流程

育秧播种操作步骤如下：
(1) 铺有孔地膜和床土。在秧板上平铺打孔地膜，并沿秧板两侧固定木条，然后铺放床土，并刮平，铺土厚度与秧板两侧固定的木条厚度一致，为 2 cm。
(2) 补水及床土消毒。操作要求与软盘育秧方式相同。
(3) 精细播种。播种方法有手工播种和田间育秧设备播种两种方法。播种量按秧板的面积称重，均匀播芽谷 0.74～0.93 kg/m^2。
(4) 覆土。
(5) 封膜、盖草。

3. 机插水稻微喷灌育秧

硬盘育秧操作要求与软盘育秧操作要求基本相同。现代硬盘育秧普遍采用微喷灌形式，秧块盘根良好,四角垂直方正,不缺边、不缺角,提起不散,秧苗健壮。微喷灌育秧的作业流程如图 2-2-4 所示。

图 2-2-4 微喷灌育秧的作业流程

育秧播种操作步骤如下:

(1)物资准备。

①育秧基质准备 100 L/亩,营养土做盖籽土的可准备 80 L/亩备用。

②硬盘每亩准备 25 张。

③幅度 1.6 m 的无纺布准备不少于 4 m/亩。

(2)种子准备。

①每亩备种 3~3.5 kg。

②采购的商品种要做好留样封存,索要购种凭证,并及时做好种子发芽率试验。

③自留种的,尽早开展自留种发芽率试验。若发现种子发芽率较低,应适当增加播种量或及时调剂种源。

④晒种增加种子的发芽势和整齐度。

(3)秧池制作。应选择排灌方便的田块制作秧池;标准秧池宽 25~30 m,长度适中;田埂路面硬化可循环,机耕道宽 2.5 m 左右,行走道宽 0.3 m,硬化路面与田块高度 0.15 m 为宜;秧板宽 2.9 m,沟宽 0.25 m,沟深 0.3 m;板面机械压实。

(4)微喷设备安装。配备动力为 QS30-36-5.5 型潜水电泵,可同时覆盖 6 亩田;总管选用 ϕ63 管,并埋设于田边田与田之间,设阀门控制;支管选用 ϕ25 管沿秧板中间纵向布设并安装地插式微喷头,间距为 2.6 m,亩用喷头约为 95 个,总管与支管之间设阀门控制。田边适当交错增加微喷头实现全覆盖。

秧池制作1　　秧池制作2

(5)机械化播种。药剂浸种,要浸足 48~60 h 以水定药;水泥地摊晾,以稻种不粘连为宜;机械播种量以芽谷 150~180 g/盘为宜;底土均匀,厚度为 1.5 cm,盖籽土 0.5 cm 为宜;浇足水,以秧盘底有渗水为宜。

叠盘暗化催芽

(6)叠盘暗化。叠堆高度 30~40 盘为最佳,不宜超过 40 盘。顶部需放一张有土、无种盘封顶;秧盘的排放务必做到垂直、整齐;盘堆要大小适中,堆与堆之间留一定空间,避免高温伤芽;顶部和四周用黑色农膜封闭,不可有漏缝和漏洞,做到保温保湿不见光,防止盘间与盘内温湿度不一致,影响齐苗;待 80% 芽苗露出土面 1.0~15 cm,暗化结束;室外温度大于 25 ℃,要揭去覆盖物,让堆与堆之间的空隙空气流通,防止烧苗、烧芽。

秧田

(7)移入秧田。如果晴天,应在上午 9 点之前、下午 3 点半之后摆盘,中午前后日光强烈禁止摆盘,以免伤害秧苗;摆放后,要及时喷足底水,然后覆盖无纺布,四周压实再次喷水半小时左右;阴雨天全天均可摆盘。

（8）苗期管理。晴天应在上午9点之前、下午3点半之后喷水，中午前后日光强烈禁止喷水；喷水时间，前期应确保每天1～2 h，后期根据需要喷水，确保盘根良好；每天应适时掀开无纺布检查不同位置的秧苗情况，确保不出现烧苗；无纺布覆盖7 d后揭布炼苗；揭布后及时打药；秧龄15～20 d，二叶一心到三叶一心适时进行机插。

四、苗期管理

秧苗素质的好坏，对水稻生育后期的穗数、粒数和粒重有重要的影响。机械化插秧对秧苗的基本要求是"群体质量均衡、个体素质健壮"，因此，必须加强苗期管理的技术性和规范性。

1. 揭膜炼苗

齐苗后，在第一完全叶抽出0.8～1 cm时揭膜炼苗。揭膜要求：晴天傍晚揭，阴天上午揭，小雨雨前揭，大雨雨后揭。若揭膜时最低温度低于12 ℃，可适当推迟揭膜时间。

2. 水分管理

揭膜当天补一次足水，之后缺水补水，保持床土湿润。秧田集中地块可灌平沟水，零散育秧可采取早晚洒水补湿。若晴天中午出现卷叶要灌水补湿护苗，雨天则要放干秧沟的水；如遇到较强冷空气侵袭，要灌拦腰水保温护苗，回暖期换水保苗。

在秧苗移栽前2～3 d排水，控湿炼苗，促进秧苗盘根，增加秧块拉力，便于起运与机插。

3. 追施断奶肥

应根据床土的肥力、秧龄和天气特点等具体情况给秧苗施断奶肥。一般在一叶一心期进行，每亩苗床用腐熟人畜粪400 kg兑水800 kg，或用尿素5 kg兑水500 kg在傍晚浇施或洒施。床土肥沃可免施断奶肥。

4. 适施送嫁肥

在移栽前3～4 d，要根据秧苗长势施用送嫁肥。每亩苗床用尿素4～5 kg兑水500 kg，在傍晚洒施。秧苗叶色浓绿，叶片下披可免施送嫁肥。

5. 防治杂草及病虫害

秧田期要根据病虫害的发生情况，做好螟虫、稻蓟马、灰飞虱、稻瘟病等常发性病虫害的防治工作。秧苗田管理期间，应经常灭除杂草，保证秧苗纯度。

6. 坚持带药移栽

由于苗小，个体较嫩，机插秧苗易遭受螟虫、稻蓟马及栽后稻象甲的危害，建议秧苗移栽前要进行一次药剂防治工作，做到带药移栽，一药兼治。

秧苗

经过规范操作和精心护理培育出的健壮秧苗才可以适时起运，上机移栽。起秧时先用薄铝片制作一个长160 cm、宽28 cm的框架，沿秧畦宽度方向放在秧畦上，然后用美工刀沿框架边切出宽28 cm的长条，切块深度以切断底层有孔地膜为准，然后再将其切成2～3段，切块务必要平整，切成58 cm×28 cm的标准秧块并将其卷成筒状，堆放以3层为宜，如起秧前秧苗高度超过20 cm，先用草剪将秧梢剪去，保留秧苗高度为10～20 cm即可。机插水稻微喷灌育秧技术流程如图2-2-5所示。

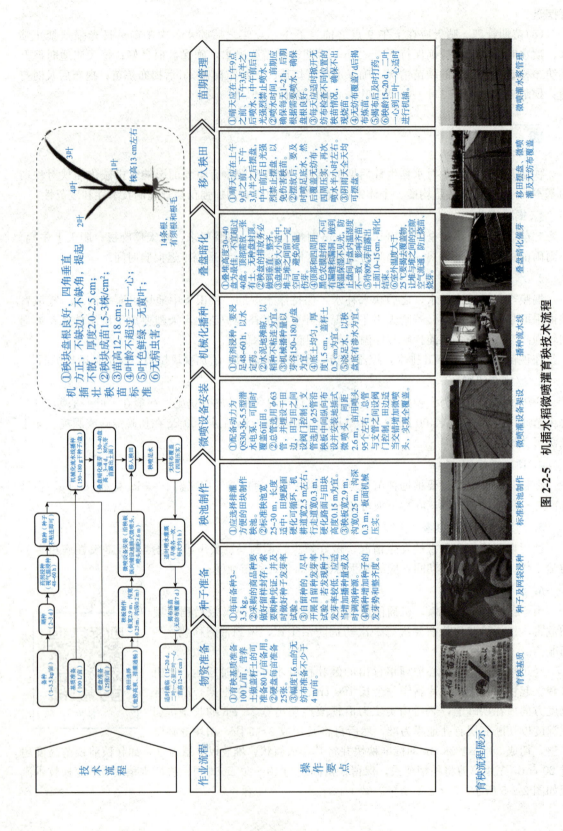

图 2-2-5 机插水稻微喷灌育秧技术流程

五、耕整大田

机插水稻采用中、小苗移栽，耕整地质量的好坏直接关系到机械化插秧作业质量，要求田块平整，高低差不超过 3 cm，泥脚深度小于 30 cm，田面整洁、上细下粗、细而不糊、上烂下实、泥浆沉实、水层适中。大田施用基肥碳铵 25～40 kg/亩（具体依土壤肥力和品种需肥特性而定）、过磷酸钙 25 kg/亩，综合土壤的肥力茬口等因素，也可结合旋耕作业施用适量有机肥和无机肥后立即进行耕耙作业，一般大田旋耕 2～3 遍，旋耕深度 10～15 cm，整地后保持水层 2 3 d，进行适度沉实，达到泥水分清。不宜现整现插，一般砂质田沉实 1 d，黏性土质田应沉实 2～3 d（深烂田及前茬蔬菜田要掌握沉实规律）并进行病虫草害的防治后，即可薄水（水深 1～3 cm）机插。

机插秧用秧苗为中、小苗，对大田的耕整质量和基肥施用等要求相对较高。

整地质量的好坏，直接关系到插秧机的作业质量。因此，机插秧大田精细耕整非常重要。要根据茬口、土壤性状采用相应的耕整方式，耕整时不宜采用深耕机械作业，以防耕作层过深影响机插效果。一般来讲，机械化插秧的作业深度不宜超过 30 cm。同时，要根据土壤的肥力、茬口等因素，结合旋耕作业施用适量的有机肥和速效化学肥料。建议氮肥的施用量一般在稻田总施用氮量的 20% 左右为宜，在缺磷钾的土壤中应适量增施磷钾肥料。

耕整后，大田的基本要求是田面平整，田块内高低落差不大于 3 cm，确保栽秧后"寸水"棵棵到；移栽前需泥浆沉淀，砂质土沉实 1 d 左右，壤土沉实 2 d 左右，黏土沉实 3 d 左右，达到泥水分清，沉淀不板结，水清不浑浊。

机插秧的移栽期不应迟于所选用品种在当地的人工移栽期。在茬口、气候等条件许可的前提下应尽可能提前移栽。切不可超秧龄移栽。因此，要适时耕整好待插大田，"宁可田等秧，不可秧等田"。

软盘育秧的秧苗在起秧时，要先慢慢拉断穿过盘底渗水孔的少量根系，连盘带秧一并提起，再平放，然后小心卷苗脱盘。

双膜育秧的起秧方法与软盘育秧不同，起秧前要将整板秧苗用刀切成长 58 cm、宽 25.5～28 cm 的秧块，切块深度以切破底层有孔地膜为宜，然后起板内卷秧块。

秧苗运至田头时应随即卸下平放，使秧苗自然舒展。做到随起、随运、随插，要采取遮阴措施避免日晒伤苗，防止秧苗失水枯萎。

六、机插水稻大田管理

机插秧秧苗与人工手栽秧苗的最大区别是秧苗弱小、秧龄短、可塑性强。因此，要在大田管理上根据机插水稻的生长规律，采取相应的肥水管理措施，发挥机插优势，稳定低节位分蘖，促进群体协调生长，提高分蘖成穗率，争取足穗、大穗，实现机插水稻的高产、稳产。

机插水稻的大田管理，可分为以下 3 个主要时期。

1. 返青分蘖期的管理

返青分蘖期是从移栽后到分蘖高峰前后的一段时间。这个时期的秧苗主要是长根、长叶和分蘖。栽培目标是创造有利于早返青、早分蘖的环境条件，培育足够的壮株、大蘖，为争取足穗、大穗奠定基础。

(1)机插后的水浆管理。薄水移栽，栽后及时灌浅水护苗，水层宜为 0.5～1.5 cm，栽后 2～7 d 间歇灌溉，适当晾田，扎根立苗。切忌长时间深水，造成根系、秧心缺氧，形成水僵苗甚至烂秧。

返青后应浅水勤灌，水层以 3 cm 为宜，待自然落干后再上水。如此反复，促使分蘖早生快发，植株健壮，根系发达。

(2) 施用分蘖肥及除草管理。分蘖期是增加穗数的主要时期，在施好基肥的基础上，分次施用分蘖肥，有利于攻大穗、争足穗。如果大田肥力水平高，则适当减少用肥数量，以免造成苗数过多，而成穗率低、穗型变小。

一般在栽插后 7~8 d，施一次返青分蘖肥，大田施用尿素 5~7 kg/亩，并结合使用小苗除草剂进行除草。但对栽前已进行药剂封杀处理的田块，不可再用除草剂，以防连续使用而产生药害。栽后 10~15 d 施尿素 7~9 kg/亩，以满足机插水稻早分蘖的需要；栽后 16~18 d 视苗情再施一次平衡肥，一般尿素 3~4 kg/亩或 45% 氮、磷、钾复合肥 9~12 kg/亩。

分蘖期应以氮肥为主，具体用量应按基肥水平而定，一般控制在秧苗有效分蘖叶龄期以后，秧苗能及时褪色为宜。

2. 拔节长穗期的管理

拔节长穗期是指从分蘖高峰前后，开始拔节至抽穗前这段时间。这是壮秆大穗的关键时期，要做好以下两项工作：

(1) 勤断水轻搁田。搁田又称烤田，是指通过水浆控制，对水稻群体发展和个体发育实行控制和调节的一种手段。机插秧秧苗的苗体小，初生分蘖比例大，对土壤水分敏感，应在有效临界叶龄期及时露田，遵循"苗到不等时，时到不等苗"的原则，强调轻搁、勤搁，高峰苗数控制在成穗数的 1.3~1.5 倍。每次断水应尽量使土壤不起裂缝，切忌一次重搁，防止有效分蘖死亡。断水的次数，因品种而定，变动在 3~4 次，一直要延续到倒 3 叶前后。

(2) 灵活施用穗肥。穗肥一般分为促花肥和保花肥两次施用。促花肥在穗分化始期施用，即叶龄余数 3.2~3.0 叶时施用。具体施用时间和用量要视苗情而定。一般施尿素 8~12 kg/亩。

保花肥在出穗前 18~20 d 施用，即叶龄余数 1.5~1.2 叶时施用，用量一般为尿素 5~5.5 kg/亩。对叶色浅、群体生长量小的秧苗可多施，但不宜超过 10 kg/亩；相反，则少施或不施。

3. 开花结实期的管理

开花结实期是决定饱粒数的关键时期。这一时期的技术关键和目标是养根保叶，防止早衰，促进籽粒灌浆，达到以根养叶、以叶饱粒的目的。这时期应抓好以下环节：

(1) 水分管理。一是灌水，水利条件较好的地方最好白天灌深水，夜晚排水，以满足水稻生理需水，以水调温，减少高温和"火南风"对抽穗开花的影响。二是抽穗后，应坚持"干干湿湿，以湿为主"的原则，即每灌一次水，让它自然干后，过 1~2 d 再灌水一次，循环往复，直至成熟，使田间保持干干湿湿状态。这样做，可解决土壤中的水气矛盾，提高根的活力，延长寿命，使更多的光合产物向籽粒中输送，促进籽粒充实饱满。三是不可过早断水，否则会使根系提前死亡，茎、叶得不到充足的水分和养分供给，而易死秆或染上小球菌核病，使籽粒不饱满，空秕增多。

(2) 看苗追肥。水稻抽穗开花以后，保持稻株适当的含氮水平，对提高叶片光合效能，延长叶片的功能期大有益处，这时对中期穗肥施用不足或没有施穗肥的田块，在抽穗初期要追施氮素粒肥，并配合磷、钾肥。撒施尿素 1.5~2.5 kg/亩；叶面施肥每次磷酸二氢钾 100~250 g/亩，或用尿素 0.5~1.0 kg，先溶于 20~30 kg 水中，浸泡 24 h 后滤渣，再加水 50 kg 喷施。叶面施肥，不仅可解决水稻生育后期根系吸肥力弱的问题，而且肥效高且快。叶面施肥，在晴天应选择傍晚或下午 3~4 时进行，这样，肥液黏附于叶面上时间长，而且吸收彻底。阴天则可整日喷施。水稻扬花期，应避开上午 9~12 时，以免影响开花授粉。

(3)及时防治病虫害。水稻抽穗后，还会发生叶枯病、纹枯病、稻颈穗病以及稻飞虱、粘虫等病害，应勤加检查，一旦发现病虫危害，及时防治。

七、水稻钵体育秧秧苗机插技术

水稻钵体育秧秧苗一般采用抛秧或摆栽的方法移植到水田中，需要使用专门的抛秧机或摆栽机，而传统的插秧机适用于盘式秧苗。下面介绍一种新插秧技术，就是用传统的水稻插秧机插栽钵体育秧的水稻秧苗。这种技术不但保留了钵体育秧秧苗栽植的优点，还增加了水稻插秧机的优势。可以说水稻钵体育秧秧苗机插技术开创了水稻插秧生产的新局面。

钵体苗育秧

1. 水稻钵体育秧秧苗机插技术的特点

(1)钵体育秧秧苗插秧机与盘式秧苗插秧机比较。

①由于钵体育秧秧苗各钵体秧苗间具有一定的间隙，插秧机的秧针尺寸可以比传统插秧机秧针尺寸做得稍大一些，以减少由于秧针过细对秧苗造成的伤害。

②钵体育秧秧苗插秧机的移距应与育秧钵盘中钵体间距相适应。

(2)机插秧钵体育苗与传统钵育秧苗比较。

传统的钵体育秧秧苗钵体彼此分离，完全独立。机插秧钵体育苗，钵苗下部分离，彼此独立，钵苗上部一小层相连，秧苗既具有传统机插秧钵体育苗的特点，又具有盘式秧苗的特点。

2. 水稻机插秧钵体育苗机插技术的效果

(1)缩短缓苗期。插秧后秧苗缓苗期短，可以有效增加5～7 d的生长期，实现增产增收。钵体育苗机插的秧苗缓苗期为1 d左右，苗壮、生根快、根系发达、分蘖早、有效分蘖率高。而人工或其他插秧机插的秧苗缓苗期要1周左右，苗小、根系稀疏、分蘖少。经测算，同一品种的水稻在同等条件下种植，用水稻钵苗插秧机的可增产30%以上，能有效提高粮食产量。

(2)机插秧钵体育苗的秧苗经机插后伤秧率低。插秧机插普通盘式秧苗，最大的问题就是伤秧率高。所谓伤秧是指秧苗茎秆基部有折伤、刺伤和切断现象。由于传统使用的插秧机插盘式秧苗，秧针取秧时是以一定的频率在秧盘内按顺次抓取秧苗，所以，极易造成秧针对秧苗茎秆或基部的刺伤。经过对一些产品的测试发现，有些插秧机伤秧率可在30%以上，而水稻钵体育秧机插，则解决了秧苗机插伤秧率高的问题。水稻秧苗经钵育后，钵与钵之间有一定的间隙，而且两钵之间距离固定，插秧机秧针取秧时基本上不伤及秧苗的茎秆及基部，伤秧率很小。

(3)钵体育秧秧苗经机插后均匀度合格率高。均匀度合格率是指秧苗经插秧后秧苗株数合格的穴数占总插秧穴数的百分比。秧苗株数合格穴是指根据当地农艺要求，每穴秧苗株数符合一定范围的穴，如当地农艺要求规定的每穴株数是3株，则每穴秧苗合格株数为2～5株。

①盘式秧苗。由于秧苗是在一定尺寸空间内密植，而且大多数为非均匀密植，秧苗密度不均匀，再加上插秧机秧针取秧位置的秧苗根系生长情况不一，土层厚度及土壤坚实程度不一致，所以秧针每次取秧数量不同造成插秧机插秧后均匀度合格率低。

②钵育秧苗。由于钵体尺寸固定，各钵间距离相同，在育秧时每钵内水稻种子数量可控，所以育出的秧苗密度基本一致。又由于插秧时，秧针是按钵取秧，秧苗经机插后秧苗均匀度很高。

(4)钵育秧苗经机插后，伤根率低。盘育秧苗根系在育苗土中彼此交错生长，插秧机秧针取秧时，需用力撕扯才能断掉相互盘结的根系，所以伤根情况严重。而钵体育秧秧苗仅上部一小层相连，秧针取秧后秧苗伤根现象很少。

知识拓展

随着机械化插秧面积的越来越大，工厂化育秧和冷棚育秧的规模也越来越大，育秧用的营养土取用问题也成为一个日益突出的矛盾，出现在育秧户和农机专业合作社面前，由于水稻育秧需取用客土，在以水稻生产为主的地区不仅取土量大，而且已经面临无土可取的地步，有的育秧户只得到外地购土，既增加经济支出又浪费时间，还因无法了解所取用的育秧土中有无药害，而造成不必要的经济损失，耽误农时，造成粮食减产，影响水稻的机械化插秧。所以，水稻基质育秧技术已成为加速推广水稻生产机械化技术的一个关键点。所谓的水稻育秧基质就是利用秸秆、稻糠、动物粪便等再生资源，经过多重生化处理，根据水稻生长的营养生理特性和壮秧机理，再添加黏结剂、保水剂和缓施肥料，经人工合成营养水稻育秧专用基质。

育秧场所

采用人工合成营养水稻育秧专用基质的主要好处：一是苗期无立枯、青枯等病害发生，种苗素质好，抗逆性好，可相对缩短秧苗期2～3 d；二是插秧后缓苗期短，发根力强，早期发苗快，有利于地块内的化学除草害；三是与插秧机技术兼容性强，因用育秧基质的每个育秧盘比用营养土的轻1/2～1/3，插秧速度快，比传统育秧的插秧速度要提高10%左右；四是技术简单、成本低，采用基质育秧较常规育秧的种植成本要低8～15元/亩，而且提高了育秧的安全性，降低了育秧过程的风险系数，还解决了秸秆焚烧的问题，有利于环保，且可以增加农民收入。

无论是软盘育秧还是硬盘育秧，都需要占用一定的育秧田，育秧田在大田插秧基本结束后要重新翻整土地插秧，这部分秧田的产量会有明显降低，这也是一直困扰育秧的问题。目前，在苏南一些区域开始尝试密植苗育秧和立体化育秧。

任务三　工厂化育秧设备

任务要求

知识点：
1. 了解育秧流程及发展趋势。
2. 分析讨论育秧机械的应用。

技能点：
1. 能够识别具体育秧播种流水线的类型和结构组成，并能指出各部分的主要功用。
2. 能够分析并排除常见故障。

任务导入

水稻秧盘育秧播种是工厂化育苗生产的重要环节，研制与抛、插秧栽植机械相配套的秧盘育苗播种机是实现水稻种植机械化的重要保障。水稻育秧播种技术发展迅速，简单实用的育秧设备相继涌现。目前，农村劳动力大量减少，且播种作业季短，为了进一步提高工作效率，减少用工量，增加农民收入，研究更加精密、更加简单实用和高效率的水稻育秧播种机是大势所趋。水稻育苗秧盘播种机向轻型化、高速化、精密化、高自动化和低成本的方向发展。大多数水稻育苗设备的生产效率都集中在400~600盘/h，如井关农机(常州)有限公司生产的2BZP-580A型育秧播种机的工作效率为550盘/h，久保田农业机械(苏州)有限公司生产的2BZP-800型育秧播种机的生产效率为800盘/h，洋马农机(中国)有限公司生产的YBZ600型育秧播种机的生产效率为600盘/h。

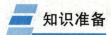

工厂化育秧流水线

基本结构及工作原理

水稻育苗秧盘播种机由置盘架、电机、机架主体、铺底土装置、耙平装置、淋水装置、播种装置、覆表土装置及取盘台等组成，如图2-3-1所示。播种机上共采用三个电机分段式前后排列。其中，置盘架、铺底土装置、底土耙平装置、淋水装置及秧盘输送轮杆的动力都来自电机；播种装置使用独立调速电机运行；覆表土装置、表土耙平装置及取盘台的动力来自电机，传动方式均为链传动。

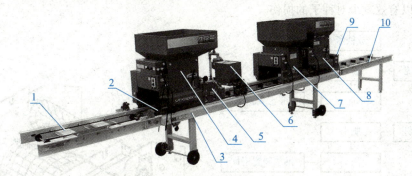

图 2-3-1　水稻育苗秧盘播种机结构

1—置盘架；2—电机；3—机架主体；4—铺底土装置；5—底土耙平装置；6—淋水装置；
7—播种装置；8—覆表土装置；9—表土耙平装置；10—取盘台

作业流程：人工将秧盘放在置盘架上，秧盘输送轮杆使秧盘首尾连续经过铺底土工位，铺底土装置在秧盘中先铺入一定厚度的底土，秧盘经过淋水装置均匀地喷洒底土水，进入播种工位，播种完成后进行覆表土和耙平压实作业，秧盘连续进入取盘台，最后由人工或秧盘传输机搬离播种机，播种工艺流程如图2-3-2所示。

1. 机架

机架由机架主体、置盘架、取盘台、减速电机、秧盘输送轮杆和秧盘导向器等组成。其中，置盘架中秧盘输送方式为带传动，其余为链传动。为方便运输，减小整机质量且保证机身的刚度，机架主体材料通常选用铝型材。在播种作业过程中，秧盘淋水后，泥水容易浸污秧盘输送轮杆的轴承，影响整机运转。因此，在淋水后到覆表土完成前选用尼龙轴承；在置盘架胶带传动中选用耐用度更好的含油轴承，使用寿命更长，更利于维护保养。

2. 铺底土及覆表土装置

铺底土及覆表土装置由土箱、传动机构、排土机构、搅土轴、土量调节机构和离合器等组成。为保证传动精准平稳，传动机构为链传动，排土机构结构形式为平胶带式，土量调节机构配有标尺，能精确控制覆土厚度。此外，为防止土壤堆积，土箱中安装搅土轴；为方便随时控制覆土装置动力通断，调整覆土量，安装凸轮—牙嵌式离合器。

3. 底土、表土耙平装置

底土、表土耙平装置由耙土转刷、压土辊、提梁和标尺组成。耙土转刷将秧盘中多余底土刷掉、刷平，以保证覆土厚度，再经压土辊压实。

4. 淋水装置

淋水装置由出水管、阀门、水源接口及溢流接水箱等组成。为了避免出水管锈蚀堵塞，影响机具正常运转，设计为两套淋水装置并行使用。

5. 播种装置

播种装置由种箱、调速器电机、链轮传动装置、排种辊、护种板、毛刷辊及清种器等组成，如图 2-3-3 所示。播种装置独立安装一台调速器电机，通过调整电机转速，可以实现播种量从 95～350 g 精准控制。种箱内的种子在重力及种子之间的作用力作用下，充入排种辊表面上的型孔内，当排种辊转动时，型孔内的种子随之运动，再分别经过毛刷辊、护种板，靠自身重力落入秧盘内，没有及时落入秧盘的种子由清种器强制脱落。排种辊直径过大，整体结构及种箱高度随之增大；直径过小，种箱内种子高度降低，转速高，填充时间和投种时间缩短，会出现漏播。护种板通常选用聚碳酸酯材质，耐磨性好，清种器选用 304H 不锈钢，具有良好的耐磨性和韧性，可以有效减少对种子的损伤。

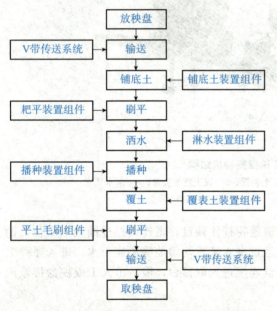

图 2-3-2 水稻育苗秧盘播种机工艺流程

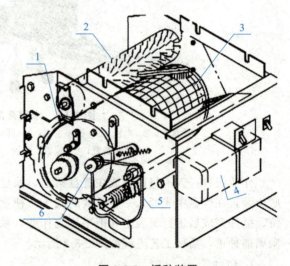

图 2-3-3 播种装置
1—导板；2—毛刷辊；3—排种辊；4—电机；
5—链条；6—链条离合轮

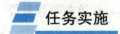

任务实施

一、育秧播种作业前的准备

1. 土的处理

由于从灌水到播种的时间是固定的，所以选择浸透性好的床土使用。用筛孔为 5 mm 的网筛筛下来的土作为床土,床土的含水量应该以用一只手轻轻握住再展开时成块状,用手指触碰后马上破碎的程度为宜。使用水分含量过高的土会发生拱堆(仓斗里的土不能顺滑流出)。床土宜选择菜园土、熟化的旱田土、稻田土或淤泥土,采用机械或半机械手段进行碎土、过筛、拌肥,形成酸碱度适宜(pH5~6)的营养土。培育大田用秧需备足营养土100 kg/亩,集中堆闷。

2. 稻谷种子的处理和清选

选择通过审定、适合当地种植的优质、高产、抗逆性强的品种,双季稻应选择生育期适宜的品种。每亩大田依据不同品种备足种子。种子需经选种、晒种、脱芒、药剂浸种、清洗、催芽、脱湿处理。机械播种的"破胸露白"即可,手工播种的芽长不超过2 mm。

影响播种均匀度的因素有:

(1)稻谷种子上的杂物、稻芒和枝梗未除尽。

(2)破胸状态下发芽,生长过长。

(3)未将稻谷种子阴干至不沾手程度后就播种。

3. 机器的放置

将机器放置在平坦坚实的地面上,有稳定的电源电压供应和稳定的自来水水压供应,使机体保持水平状态。如果放置的机体不保持水平状态,就会导致种盘倾斜,出现播种、灌水不均匀现象。

4. 水源的准备

应选用干净的水源,不可使用河水等不清洁的水,否则会导致灌水系统堵塞。

5. 秧盘的准备

选择标准尺寸、没有折弯和翘曲的水稻秧盘(软盘或硬盘)。根据不同水稻品种、不同地域,机插大田需软(硬)盘18~45张/亩。

二、机器的调试调节

为了确保规范化育秧质量,保证播种均匀、出苗整齐,应提前在育秧播种前做好机器下土量、下种量、出水量、输运速度的调试。

1. 底土

秧盘上铺放床土,土层厚度以2 cm左右为宜,床土的输出量过多会导致土层过厚,造成对后期插秧下秧不顺畅;铺放秧盘底土切记不能高低不平,否则会造成出苗不均匀,床土量可通过仓斗侧面的调节螺母进行调整,如图2-3-4所示。

铺土后,底土的厚度可通过平土毛刷组件刷平,调节平土毛刷组件上的槽孔或者松紧螺丝,就可以将平土毛刷组件调至合适的位置,如图2-3-5所示。

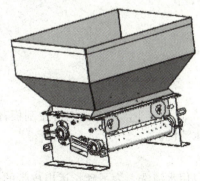

图 2-3-4 底土量的调节

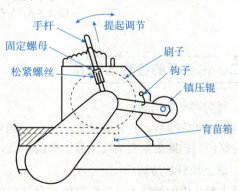

图 2-3-5 平土毛刷组件的调节

2. 洒水

对铺放床土的秧盘、载体进行洒水，灌水量应根据床土的种类和干燥情况的不同而调节，使水分达到饱和状态。需要调整时可打开进水管阀门的开关，调整水压阀门。水管接口可连接至任意供水处，通过调节任意供水处阀门即可控制单位时间内的供水量。

如果把土的极限含水量规定为 100%，种子发芽时所需的水分为 90%~100%，干土需要多灌水，潮湿的土则应该少加水。灌水过多将发生湿害，水量不足将导致稻种的根浮上。在播种作业之前，每次都应利用实际使用的土来进行试验性灌水。如果不经过确认就贸然作业，对于育苗危险性较大。灌水量的测定：灌水后经过 3~5 min，逐步稳定时，用火柴棒挖掘育苗土，观察水的渗透状态，此时，如果底面的土有的灌水，有的没有被灌水，这就是合格的状态（经过一定的时间水将会遍布），育苗床土如果呈泥浆状，则为灌水过多。

3. 播种

规范化育秧需精量播种。根据品种和当地农艺要求，选择适宜的播种量，要求播种准确、均匀、不重不漏。双膜育秧由于要切块切边，用量略高于盘育秧。

4. 覆土厚度

覆土厚度为 0.3~0.5 cm，以不见芽谷为宜，据此调节刷平的毛高度。

5. V 带松紧度调节

在皮带静止状态下，用手按压三角带张紧侧中间，皮带下沉如在 20~30 mm，基本上是正常的。太紧，张力过大会加剧轴承的磨损，并引起 V 带早期损坏；太松，张力不足会导致打滑和跳动，传动系统达不到额定的转速，引起柴油发动机过热，而且 V 带打滑会使 V 带摩擦生热，引起过早老化和损坏。通过调整 V 带松紧调节装置的螺栓，把皮带的张力调整到最佳的状态，如图 2-3-6 所示。

图 2-3-6　V 带松紧度的调节

三、作业后的检查与保养

1. 播种部分的清洁

播种作业完成后，打开脚踏板，使剩下的稻种掉下，卸下料斗，用毛刷把留在刮板背面等的稻种刷出，扫除集聚在滚筒刮板槽中的垃圾，然后用水清洗。

2. 进土部分的清洁

倒出料斗中的全部土，把黏附的土全部扫出；也可以用水清洗。为了延长运出皮带的寿命，应旋松张紧螺母，放松皮带；用水洗去黏附耙土刷子上的土。

3. 灌水部分的保养

保养时，使清水通过灌水部分的内部。使用药剂时，需要特别仔细清洗；拔出灌水部的白色橡胶栓，为了防止冻结，卸下泄水用的橡胶盖，把内部的水全部放出。用管道清洁器扫除内部，然后按照原样装好。

4. 保管

为防止灰尘，应盖上罩子，收放在干燥、没有阳光直射的场所；特别是播种部分务必防止老鼠进入，严密盖好盖子。

任务四　高速插秧机变速箱

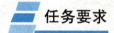 任务要求

知识点：
1. 了解高速插秧机的组成、结构、基本原理。
2. 掌握高速插秧机的动力传递路线。
3. 掌握高速插秧机变速箱的各挡位分析，以及转向、株距调节等各部分操作原理。

技能点：
1. 掌握高速插秧机变速箱的拆装步骤与检修方法。
2. 能够分析并排除高速插秧机变速箱部位的常见故障。

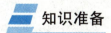 任务导入

一台高速插秧机启动后，副变速位于路上行走位置，操作主变速手柄，当主变速设置在中立位置时，插秧机仍然行走，这是由于液压无级变速器（Hydraulic Stepless Transmission，HST）中立位置没有调定。HST是变速箱重要的组成部分，本次任务为学习变速箱部位的构造与常见故障维修以及插秧机行走部分动力的分配。

知识准备

一、插秧机概述

高速插秧机是新型高效的机型，与步行式机型相比具有舒适、高效率的优点，且有驾乘汽车的趋势。高速插秧机有4、5、6、8、10行等机型，行数越多，效率越高，但机器较笨重、价格偏高。一般使用6行机型，发动机在7~12马力。

基本操作

高速插秧机的品牌比较多，目前市场上保有量比较大的品牌为久保田、洋马、东风井关、东洋、富来威、久富、星月神、沃得晓龙等，如图2-4-1所示。这些插秧机的结构组成基本相似，主要由发动机、行走部、插植部、液压部、电气部五大部分组成。

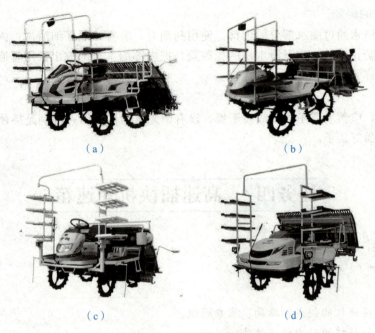

图 2-4-1 插秧机品牌
(a)洋马插秧机；(b)久保田插秧机；(c)东风井关插秧机；(b)星月神插秧机

插秧机是采用对秧块(58 cm×28 cm×3 cm)进行均匀分割的原理来完成分秧、送秧、插秧，实现定量苗插秧的目的，如图 2-4-2 所示。由于插秧爪是对秧毯等面积分割(不是针对秧苗)，所以，只要秧毯上的秧苗分布均匀，秧针切下的定量面积土块上的秧苗(每穴秧苗的数量)就是均匀的。为了保证不同地区的农艺要求，插秧机设计了多种不同规格的秧块面积可选用，以保证合理的穴株数。只要合理调整纵向、横向取苗量，就能够得到合适的穴株数。

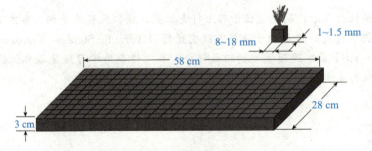

图 2-4-2 插秧基本原理

插秧机工作时，秧针插入秧毯后抓取定量秧块，并下移，当移至设定的插秧深度时，推秧器将秧苗从插秧爪上推出，插入大田，完成一个插秧过程，同时插秧机在大田行走一个穴距。插植臂的旋转速度(插植速度)与整机的行走速度合理匹配后，就产生了适应当地农艺要求的、不同的穴距。

为了保证不同地区的农艺要求，插秧机设计了多种插秧深度可供选用，以保证合理的插秧深度。只要合理调整插深调节手柄位置、浮板后端的连接孔，就能够适应当地的农艺要求。插秧机工作时浮板上下动作，驱动液压仿形机构，控制秧针与田面的相对高度，从而实现一致的、合理的插秧深度。

简单地说，插秧机的工作原理：通过改变秧块的面积来控制穴株数；通过插植速度与整机行走速度的合理匹配来达到农艺规定的穴距要求；通过调整并借助液压仿形机构来实现合理、一致的插秧深度。

二、变速箱

变速箱是行走部重要的组成部分。它的主要作用是将发动机的动力分成两部分，一部分通过变速箱传递给地轮行走；另一部分通过插秧轴传递给插秧工作部分，使插秧机一边行走，一边完成分插工作。

1. 变速箱的组成

变速箱作为行走变速机构又称液压油箱，主要由 HST、变速机构、差速机构、驻车制动机构、转向机构、株距调整机构等组成。

2. 变速箱的功用

在发动机转矩和转速不变的情况下，通过变换挡位，改变插秧机驱动力矩、行驶速度和方向，以及保持在发动机着火时长时间停车，具有 HST（HMT）、主变速（移动、中立、前进、后退）、主离合、刹车等功能。

发动机输出的动力通过变速齿轮箱驱动带传到 HST 和变速齿轮箱。主变速手柄通过棘爪机构变为有级变速，与齿轮式副变速（田间作业和路上行走两级）组合后，动力传递到左、右两端行走输出轴，由传动连杆将动力传递给车轮，然后通过装备前、后轮悬架夹，吸收田块的凹凸不平，控制车体的摇晃，稳定插秧部，从而实现高速插秧。

3. 变速箱的特点

插秧机的变速箱系统将由发动机和 HST 产生的动力传送到行走部和插秧部。

各种类型插秧机的变速箱动力传递一般有两种，一是行走和插植一体式变速箱；二是行走和插植变速分开的分开式变速箱。一体式变速箱应用较为广泛，下面以一体式变速箱为例进行讲述。

（1）行走动力传递路线。发动机产生的动力经过带传动到 HST 带轮，经 HST 输出轴传递到输入轴，副变速挡位切换形成插秧速度和路上移动两种速度，因此，副变速有三个位置：路上行走、插秧作业、中立，动力经 2 号轴、差速器到左右传动轴、左右前车轴、前车轮，带动前轮行走。同时，差速器轴动力经锥齿轮轴（花键、万向节）、传动轴、输入轴、左右传动轴、左右车轴，带动后车轮。详见附录。

（2）HST。它的优点是结构紧凑，且理论上可在正、反两个方向在 0～3 200 r/min 无级变速，这就为 HST 在农机上的广泛应用创造了很好的结合点。在 HST 中，固定在输入轴上的是斜盘式变量泵，其斜盘角度由斜盘轴控制；固定在输出轴上的是斜盘式定量马达，用于实现无级变速的目的。当斜盘轴在中立位置时，泵的排量为 0，马达输出转速也为 0。

在高速插秧机传动中，由于在变速箱前设置了 HST，大大简化了变速箱结构。但是，由于 HST 总传动效率在 80% 左右，因此与齿轮传动相比，其传动效率偏低；由于液压元件制造精度要求较高，其噪声和油温高的问题还没有彻底解决。同时，对液压用油清洁度要求也比传统的传动系用油高，其制造成本也相对传统齿轮变速系统要高。

HST 由一对变量泵和定量马达、单向阀等构成。液压油虽然与其他液压装置共用，但 HST 对油液清洁度要求较高，因此，特别安装了机油滤清器滤筒。

将 HST 应用于传动系，可以很大地提高机器的整体水平，其优点是明显的，具体如下：

①大大简化传递系结构，几乎可以省略传统的主变速箱；

②简化操作，采用踏板或手柄可实现区段式无级变速；

③可方便地获得爬行速度，有利于配置爬行速度要求的农机具；

④由于HST简捷的正反转变换这一重要优点，可在不增加任何机构的情况下，方便地满足如装载机等短距离往复行走的特殊需求。

缺点：

①由于HST总传动效率在80%左右，因此与齿轮传动相比，其传动效率低；

②由于液压元件制造精度要求高，从国外部分机器使用情况来看，其噪声和油温高的问题还没有彻底解决，目前仍然作为一个难题在研究；

③对液压用油清洁度要求也比传统的传动系用油要高。

液压装置的结构及回路如图2-4-3、图2-4-4所示。

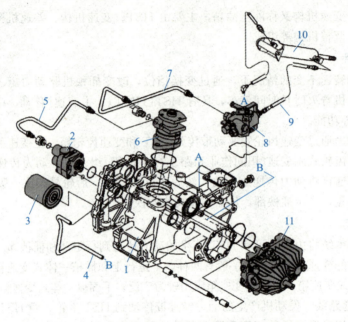

图2-4-3 液压装置的结构

1—变速齿轮箱；2—液压泵；3—机油滤清器；4—回油管；5，7—液压管；6—扭矩发生器；
8—升降控制阀；9—液压软管；10—液压缸；11—HST

HST主要由轴向变量柱塞泵、轴向柱塞定量马达、补油泵和液压控制阀组成，结构示意如图2-4-5所示。

轴向变量柱塞泵，是HST中的动力元件，它将电动机输出的机械能转化成液压能，斜盘式轴向变量柱塞泵由传动轴带动泵体旋转，斜盘和配油盘是固定不动的，斜盘相对于缸体轴线的倾角可以变化。柱塞均布于泵体内，柱塞的头部靠机械装置或在低压油作用下紧压在斜盘上。斜盘法线和缸体轴线的夹角为 γ。当传动轴旋转时，柱塞一方面随缸体转动，另一方面，在缸体内作往复运动。显然，柱塞相对缸体移动时工作容积发生了变化。当容积逐步变大时，泵吸油，油液经配油盘的吸油口被吸入；当容积逐步变小时，泵压油，油液经配油盘的压油口被压出。缸体每转一周，每个柱塞完成吸、压油一次。

斜盘式轴向柱塞定量马达是HST中的执行元件，在原理上与柱塞泵相反，它将输入的液压能转化成机械能；从轴向柱塞泵压出的油液通过配油盘内部通道进入柱塞马达，马达的斜盘固定不动，因此为定量马达。马达输出的转速随着输入油液流量的变化而改变，改变油液的方向就可以改变马达的转向。因此，改变柱塞泵的排量与方向，就可以改变柱塞马达的输出转速与转向。

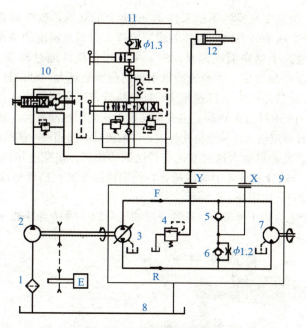

图 2-4-4 液压装置的回路

1—机油滤清器；2, 3—液压泵；4—供油溢流阀；5—单向阀(前进侧)；
6—单向阀(后退侧)；7—液压马达；8—变速齿轮箱；9—HST；10—扭矩发生器；11—升降控制阀；
12—液压缸；F—前进时工作油的流向；X—X端口；R—后退时工作油的流向；Y—Y端口

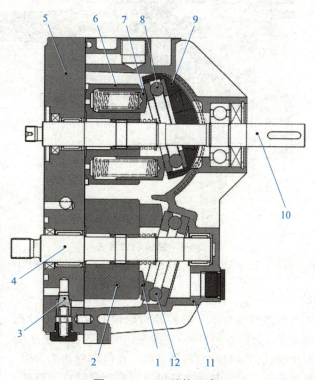

图 2-4-5 HST 结构示意

1—活塞；2—马达油缸体；3—供油溢流阀；4—马达轴；5—配油盘；6—油泵缸体；7—活塞；
8—推力球轴承；9—可变斜板；10—泵轴；11—外壳；12—推力球轴承

在高速插秧机上,由主变速操纵手柄来拉动 HST 上的耳轴,改变斜盘斜角的大小和方向,从而改变泵的排量和吸、压油的方向,以控制机器前进、后退及速度的快慢。

(3)行走变速。主变速手柄向前进侧移动时,主换挡金属件通过球头连杆拉动 HST 耳轴,从而使 HST 柱塞泵斜盘斜角改变;主变速操纵手柄向前推动越大,轴向柱塞泵斜盘斜角改变就越大,排量越大,柱塞定量马达输出转速越大,插秧机行走速度就越快;主变速手柄向后退侧移动时,主换挡金属件则向逆时针方向转动。主变速操纵手柄向后推动越大,轴向柱塞泵斜盘斜角改变就越大,排量越大,柱塞定量马达输出转速越大,油液流动方向相反,插秧机后退速度就越快。

(4)插植动力传递。发动机动力通过变速箱传递到插秧部。在变速箱内还包含一对株距调节齿轮,2号轴和插秧1号轴分别有6个齿轮啮合,使用株距变速换挡杆形成6级传动,这些级数对应6种类型的株距调节,如图2-4-6所示。

动力经液压无级变速后到1号轴→2号轴→插秧1号轴→插秧2号轴→插植部。

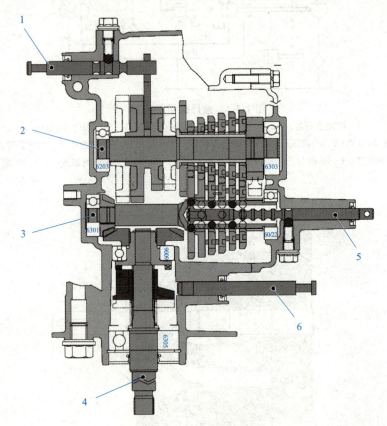

图 2-4-6 插植动力传递

1—副变速叉杆;2—2号轴;3—插秧1号轴;4—插秧2号轴;5—株距变速换挡杆;6—栽插离合器销

4. 驻车制动的功能

高速插秧机采用的是摩擦制动方式,螺旋锥齿轮轴上设置有通过花键连接而一起旋转的制动盘(前后方向自由),并在前后配置有固定在变速齿轮箱沟槽部的摩擦片(前后方向自由)和制动盘。在停车制动无效时,两者有间隙。踩下停车制动踏板后,制动叉杆轴通过制动联结杆而旋转。在制动叉杆轴的凸轮机构作用下,制动换挡杆被压入,制动变速器顶在固定的制动片、摩擦片上,在制动片和摩擦片间摩擦力的作用下,制动

高速插秧机
变速箱–刹车–总

盘使螺旋锥齿轮轴停止转动。制动系统结构如图 2-4-7 所示。

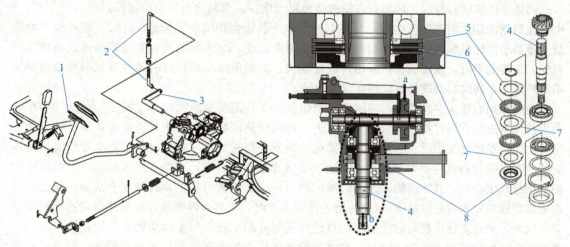

图 2-4-7 制动系统结构
1—制动踏板；2—制动联结杆；3—制动叉杆轴；4—螺旋锥齿轮轴；5—压盘；6—制动盘；7—摩擦片；
8—制动变速器；a—第 2 行驶轴；b—后桥

制动踏板和主变速可以实现连动，当主变速手柄位于前进或后退位置时，若踩下停车制动踏板，则在连杆机构的作用下，主换挡臂将主换挡金属件推回中立位置，此时，连接在主换挡金属件上的球头连杆使 HST 的耳轴返回中立位置，HST 无动力输出，实现停车制动。此外，在踩下停车制动踏板时，无法进行主变速手柄的前进或后退操作，如图 2-4-8 所示。

图 2-4-8 主换挡系统
1—主变速杆；2—主换挡金属件；3—球头连杆；4—耳轴；5—主换挡臂 2；6—主换挡杆；
7—主换挡臂 1；8—停车制动踏板

5. 差速器的功能

当插秧机转向或转弯时，如果驱动轴直接连接每个车轮，并以相同的速度旋转，则插秧机无法轻易地转向或转弯。引入差速器后，动力通过差速器传到车轮上，两轮以不同的转速转动，各车轮的轨迹将分别形成不同半径的圆形，使两边车轮尽可能以纯滚动的形式作不等距行驶，减少轮胎与地面的摩擦，保证顺利转向。

动力传递到螺旋锥齿轮，螺旋锥齿轮连接差速器中心的差速轮，差速轮自由进行两种旋转，一种与差速齿轮轴一起旋转，另一种围绕其自身轴一起旋转。差速轮与 2 个侧齿轮啮合，2 个侧齿轮分别通过其花键与右驱动轴和左驱动轴啮合，因此，动力传送到左右车轮。

当插秧机尝试右转时，施加到右轮的路面阻力增加。当制动力如上所述作用在右轮上时，2个差速器侧齿轮之间产生转速差，且其中一个差速器侧齿轮的旋转延迟。此时，差速轮开始围绕差速器小齿轮轴旋转，且差速器侧齿轮的左侧由差速器小齿轮的旋转差速器加速。当转弯时右轮的旋转变慢时，左轮的旋转以相同幅度变快。此现象将在插秧机右转时消除两侧驱动轴的不同转速。左转时，差速轮将以相反方向旋转。

当施加到右轮或左轮的阻力因耕种者和作业的条件而明显不同时，一侧（阻力较小侧）车轮会因差速器的操作而打滑，且可能无法前进。特别是使用插秧机的作业经常在贫瘠土壤条件下进行，容易发生此类情况。为补偿差速器这一缺点，当一侧车轮打滑时限制差速器功能且整体旋转左右行驶轮的机构即为差速锁。差速锁定轴连接爪离合器，安装在左驱动轴上。差速锁定轴的顶部有偏心销，且牢固插入爪离合器的槽口内。此结构可让爪离合器水平滑动，通过旋转差速锁定轴与差速齿轮轴啮合/分离。当差速锁工作时，爪离合器将移到右侧并与差速齿轮箱啮合。因此，来自差速齿轮箱的动力将被直接传递到左驱动轴，与左驱动轴啮合的左侧齿轮将以差速齿轮箱相同的速度旋转。同时，右侧齿轮也将以差速齿轮轴相同的速度旋转。最终，右驱动轴以左驱动轴相同的速度旋转。图 2-4-9 所示为差速器组成结构。

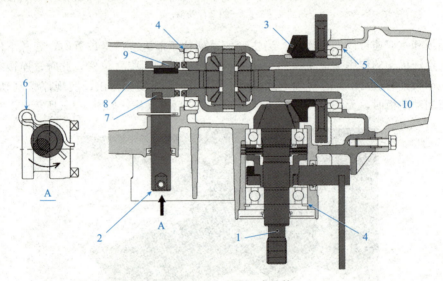

图 2-4-9　差速器组成结构

1—行走动力输出轴；2—差速锁定轴；3—T 螺旋锥齿轮；4—垫片 1；5—垫片 2；6—卡销；7—偏心销；8—左驱动轴；9—爪离合器；10—右驱动轴

6. 株距调整的功能

动力通过 1 号轴→2 号轴→插秧 1 号轴的株距齿轮，最后到插秧 2 号轴传向插秧部。

2 号轴和插秧 1 号轴的各株距齿轮为常时啮合状态，当插秧 1 号轴上嵌入的钢珠被插秧 1 号轴内的换挡杆推出而嵌入齿轮槽时（钢珠起到连接键的作用），插秧 1 号轴上的株距齿轮将 2 号轴的动力传递给插秧 1 号轴。由于株距通过嵌入株距齿轮槽中的钢珠的位置进行切换，因此，当操作株距变速换挡杆时，6 对齿轮啮合，就可以形成 6 种不同的株距。当切换手柄后换挡杆后，插植部不动作时，应该是株距变速换挡杆位置不对，没有将钢珠切合到位，正确的方法是使株

高速插秧机
变速箱-株距调整-总

距调节手柄对准数字，不能对准两株距之间的方格线，如果不能顺利扳动株距调节手柄，则启动发动机，使其低速运转，然后熄火，使株距齿轮、插秧1号轴旋转后就可以操作了，如图2-4-10所示。

高速乘坐式插秧机-插秧部不工作

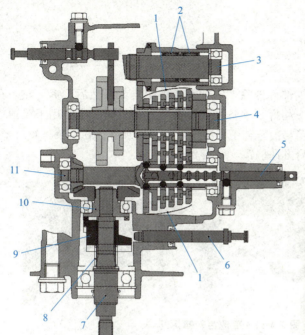

图2-4-10　株距调整

1—株距齿轮；2—单向离合器；3—1号轴；4—2号轴；5—株距变速换挡杆；6—栽插离合器销；7—插秧2号轴；8—栽插离合器弹簧；9—插秧爪离合器1；10—插秧爪离合器2；11—插秧1号轴

7. 栽插离合器的功能

在插秧2号轴上装有栽插离合器，通过栽插离合器销的推拉进行动作，来控制插植部是否有动力。栽插离合器"合"时，在栽插离合器弹簧的张力作用下，插秧爪离合器1、2的爪啮合。栽插离合器"离"时，通过栽插离合器杆将栽插离合器1推到下方，爪松开，动力被切断。与此同时，由于插秧爪离合器1的凹处嵌入的栽插离合器销对插秧爪离合器1进行位置限制，因此，插秧2号轴始终在相同的位置停止。

高速插秧机变速箱-插秧离合器-总

8. 后退离合的功能

后退时，为使插秧部停止，在1号轴上设置有单向离合器，当插秧机正常行驶的时候，1号轴带动2号轴上的常啮合齿轮，驱动插秧动力输出；当处于后退状态时，单向离合器将不能带动2号轴，插植部没有动力输入。因此，插秧机后退的时候是不能插秧的，这样可对插植部起到保护作用。

高速插秧机还设有后退上升装置，将主变速手柄操作至"后退"位置时，通过后退上升机构，利用缓冲器的作用力，通过拉杆的连动作用，机械性地将栽插离合器手柄由"栽插"或"下降"位置切换至"上升"位置，使插秧部自动上升，栽插离合器也将断开。

9. 助力转向的功能

在变速箱内有转向轴与转向盘，这部分内容将在悬架系统任务中讲述。

任务实施

一、变速箱的拆装

1. 分离前车轴臂箱、前车轴箱

要拆除变速箱，首先，应将外围部件拆除，拆下预备秧架支架；然后，拆下左、右预备秧架，拆下支架的安装螺栓后与支架一起拆下预备秧架，拆下发动机时一定要用千斤顶等切实支承发动机架；最后，拆除前车轴臂箱与前车轴箱、液压管与液压泵等。在组装车轮时要注意左、右车轮各不相同，不要将轮胎的胎肩方向搞错，如图2-4-11所示。

图 2-4-11 变速齿轮箱拆卸

1，4—预备秧架；2—前轮；3—拉杆；5—螺栓；6—秧架支架；7—前车轴臂箱；8—发动机架；
9—拉杆；10—前车轴箱；11—前车轴

2. 分离变速齿轮箱

当拆卸变速箱时，首先拆下所有棘轮球，否则会导致设备或财物损坏。

(1)拆下副变速手柄的棘轮塞，然后拆下内部的弹簧和钢球，如图2-4-12所示。

(2)拆下株距切换杆的棘轮塞，然后拆下内部的弹簧和钢球，如图2-4-13所示。

(3)不同的机型，内部结构稍有差别，有的机型在株距切换手柄及防陷手柄的部位也装有棘轮塞，在拆装的时候首先要仔细检查，坚决避免暴力拆卸，损伤内部零件。

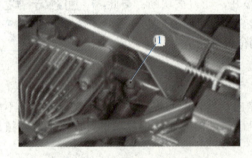 

图 2-4-12 副变速手柄的棘轮塞　　　图 2-4-13 株距切换杆的棘轮塞

外部零件及各棘轮塞拆卸后，拆下变速箱上的安装螺栓，然后拆下变速箱盖，依次拆卸内部各个齿轮轴。

向箱体组装各轴时，按照以下步骤操作，比较容易安装。同时，不要忘记将垫片装入差速齿轮箱旁边的轴承和变速齿轮箱之间，在右变速齿轮箱接合面的密封槽涂抹密封胶。

插入1号轴相关部件,将插秧1号轴相关部件和2号轴相关部件组装在一起后插入(将株距变速杆插入插秧1号轴的内部)。此时,一边将箱体内的副变速叉杆组装在2号轴的副变速齿轮上,一边插入2号轴相关部件。插入差速齿轮相关部件。

3. 变速箱的拆装注意事项

(1)1号轴组装。在组装1号轴时,将滚轮离合器压入刻印侧方向后组装,压入时,不得压缩离合器(尤其要注意衬套产生的压缩);衬套不能高出单向毂端面;与毂端面为一个平面;在17T齿轮和单向毂的爪啮合的状态下,组装垫圈后压入轴承,如图2-4-14所示。

(2)2号轴组装。在组装2号轴时,株距轴套、株距齿轮、41T齿轮、各齿轮的凸起部应按图2-4-15所示方向正确组装。

(3)插秧1号轴组装。在组装插秧1号轴时,应首先在轴上涂抹黄油,然后装入钢珠,防止钢球脱落,然后组装株距齿轮,株距齿轮、各齿轮的凸起部应按图2-4-16所示方向正确组装。

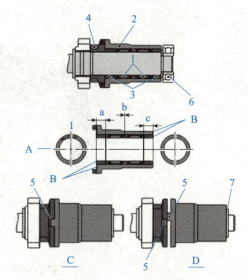

图 2-4-14 1号轴组装

1—滚轮离合器;2—单向毂;3—衬套;
4—17T齿轮;5—爪;6—轴承;7—垫圈;
A—刻印侧;B—同一平面;C—良好;D—不良;
a—10~10.2 mm;b—约1 mm;c—10~10.2 mm

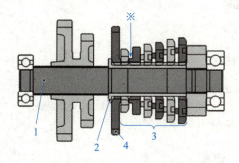

图 2-4-15 2号轴组装

1—2号轴;2—株距轴套;3—株距齿轮;
4—41T齿轮;※—凸起部

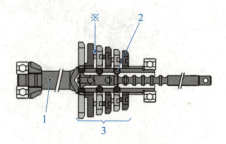

图 2-4-16 插秧1号轴组装

1—插秧1号轴;2—钢珠;3—株距齿轮;
※—凸起部

(4)行走动力输出轴组装。从变速齿轮箱后方取出9T螺旋锥齿轮相关部件,组装时用垫片调整20T螺旋锥齿轮和9T螺旋锥齿轮的齿隙(垫片有0.2 mm、0.5 mm的2种厚度),如图2-4-17所示。

(5)插秧2号轴拆装。插秧2号轴结构如图2-4-18所示,组装后,插秧爪离合器1应该能顺利动作。

(6)插秧爪上限停止位置的调整。插秧爪在停止的时候,有确定的位置,称为安全位置,避免维修和停止的时候造成碰伤或者插秧爪抓地,损伤秧爪。上限停止位置范围:正转侧停止位置为c;将取苗量调节手柄置于最多的位置,从导苗器前端开始,插秧爪的伸出量须在20 mm以内;反转侧停止位置为b;插秧爪须通过滑动板,如图2-4-19所示。

上限停止位置超出范围时,按以下要领进行调整:将栽插离合器置于"离"的位置,旋转插秧爪,直至插秧爪在正转方向上停止;将花键毂移向后方;转动插秧爪,对准正转侧停止位置c;组装花键毂。此时,对准标记必须朝上。此外,插秧爪的上限停止位置在图2-4-19所示a位置。

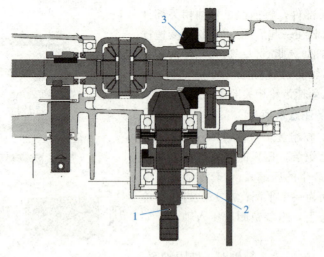

图 2-4-17　行走动力输出轴组装
1—9T 螺旋锥齿轮；2—垫片；3—20T 螺旋锥齿轮

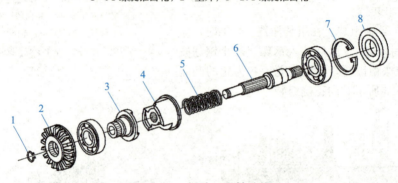

图 2-4-18　插秧 2 号轴结构
1—外卡环；2—25T 锥齿轮；3—插秧爪离合器 2；4—插秧爪离合器 1；5—栽插离合器弹簧；
6—插秧 2 号轴；7—内卡环；8—油封

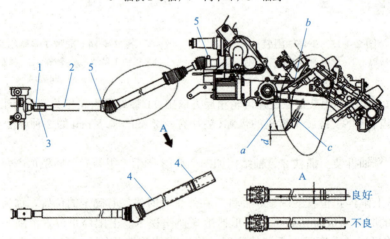

图 2-4-19　插秧爪上限停止位置的调整
1—插秧 2 号轴；2—插秧推进轴；3—花键毂；4—对准标记；5—软管箍；
A—从 A 方向看到的对准标记；
a—上限停止范围位置（取苗量调节手柄"最多"位置）；b—插秧爪必须通过滑动板；
c—从导苗器开始插秧爪的伸出量 d；d—伸出量在 20 mm 以内

二、任务分析

对于任务导入提出的故障现象，即使主变速手柄处于空挡位置，插秧机也不会停止，这是由于 HST 中立位置没有调定，组装时，球头连杆的组装尺寸为 77～79 mm，如图 2-4-20 所示。如果组装尺寸在标准范围内，HST 中立时，插秧机仍然行走，则进行以下调整。因为调整是在发动机启动中进行的，所以一定不能在 HST 输入轴的风扇附近放置物品，或用手等触摸。进行中立调整过程中，必须确保能随时踩下停车制动踏板。

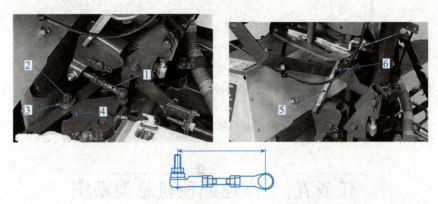

图 2-4-20　HST 中立位置调整

1—球头连杆；2—轴承螺栓；3—中立固定用轴承；4—操作臂凹陷部；5—螺丝扣；6—主变速杆

调整步骤如下：

(1) 旋松轴承螺栓，中立固定用轴承为自由状态。

(2) 按照以下要领调整主变速杆的螺丝扣：

①主变速手柄"中立"位置。

②副变速手柄"田间作业"位置。

③启动发动机，将停车制动踏板置于自由状态。

④先松开螺丝扣的锁紧螺母，朝主变速杆长的一侧转动螺丝扣，使机体微速后退。

⑤然后再朝主变速杆短的一侧转动螺丝扣，使机体停止。从机体停止的位置朝主变速杆短的一侧再将螺丝扣转动 1/2 圈后，锁紧螺丝扣的螺母。

(3) 使操作臂凹陷部切实对准中立固定用轴承，然后紧固轴承螺栓。

(4) 反复进行机体的前进、后退操作，确认可在"中立"位置停止。此外，还要确认即使主变速手柄置于后退的"中立"位置，机器也可停止。不能停止时，再次调整。

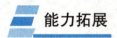 能力拓展

踏板制动力的调节

在未装载秧苗的状态下，把插秧机停止置于角度大约 11.3° 斜坡上，从刹车锁上方将制动踏板置于第 2 挡时，确保插秧机保持静止，如果插秧机无法在斜坡上保持静止，则需要重新调整刹车杆螺丝扣。

调整的方法如下：

(1)拆下卡销，整体拆下连接板和自动变速杆，拆下制动弹簧。

(2)将踏板踩下至刹车锁的第 1 挡时，应调节刹车杆的螺丝扣，测量踏板中心的负载，使踏板压力在 170～190 N。

(3)调节后，切实安装制动弹簧、自动变速杆、连接板和卡销，如图 2-4-21 所示。

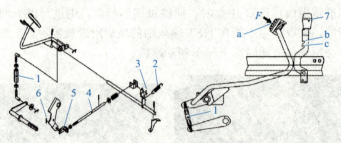

图 2-4-21　踏板制动力的调节

1—螺丝扣；2—制动弹簧；3、6—卡销；4—自动变速杆；5—连接板；
F—踏板压力；a—负载测量点；b—第 1 挡；c—第 2 挡

任务五　高速插秧机悬架系统

任务要求

知识点：

掌握高速插秧机悬架系统的构造及工作原理。

技能点：

1. 学会高速插秧机悬架系统的拆装要点。
2. 能够进行插秧机侧离合器的调整。

任务导入

高速插秧机可以适应不同田块的要求，与拖拉机相比较，转弯半径很小，这是因为它具有独特的转向机构。高速插秧机是四轮转向，前轮依靠液压助力转向，后轮依靠离合器拉杆切断一侧动力实现换向。本次任务学习高速插秧机悬架系统的基本结构与原理。

知识准备

一、悬架系统概述

悬架系统是插秧机的车架与车轮之间的一切传力连接装置的总称。其作用是传递作用在车轮和车架之间的力和力扭，并且缓冲由不平路面传给车架或车身的冲击力，并衰减由此引起的振动，以保证插秧机能平顺地行驶。

二、悬架系统的结构与原理

插秧机的支撑部位结构与一般底盘稍有不同,分为前桥、后桥,在后桥还有转向结构。

1. 前桥

前桥由发动机通过差速齿轮箱、驱动轴、前桥箱、车轴等组成。在前桥臂箱内有前驱动轴,前驱动轴上装有软硬两个弹簧,以适应软硬不同的地块,对插秧机前部起到有效的缓冲减振的效果,使驾驶操作变得更加舒适。前桥结构如图2-5-1所示。

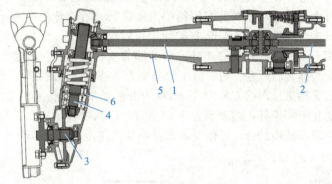

图 2-5-1　前桥结构

1—左驱动轴；2—右驱动轴；3—前车轴；4—前驱动轴；5—前桥臂箱；6—前桥箱

2. 后桥

后桥由锥齿轮左右传动轴、离合器箱左右后轮等组成,其结构如图2-5-2所示。变速箱输出的动力经过传动轴传递到12T锥齿轮轴,与8T锥齿轮啮合,经左右驱动轴传递到离合器箱,驱动后轮转动。由于右驱动轴和左驱动轴连接到同一个8T锥齿轮上,因此两侧后桥的速度相同。离合器箱内设有摩擦式离合器,以切断一侧动力,当插秧机转弯或改变其方向时,离合器箱将以前轮的特定倾斜角度分离传送到对应后轮的动力,以便平稳地转弯/改变方向,而不会使田块/地面粗糙。

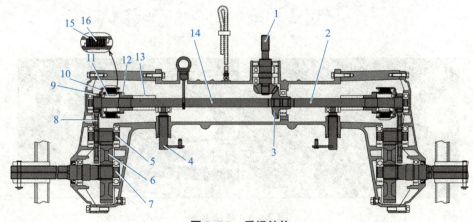

图 2-5-2　后桥结构

1—12T锥齿轮轴；2—右驱动轴；3—8T锥齿轮；4—左侧离合器臂轴；5—8T齿轮轴；6—39T齿轮；
7—左后轮轴；8—40T齿轮；9—11T齿轮轴；10—离合器箱；11—转向离合器弹簧；12—花键轴套；
13—轴环；14—左驱动轴；15—离合器片；16—离合器盘

3. 悬架系统

插秧机的悬架系统有螺旋弹簧及扭杆弹簧等形式，是插秧机中的一个重要总成，将车架与车轮弹性地联系起来，改善了插秧机的使用性能。插秧机的工作环境比较恶劣，悬架系统既要满足舒适性要求，又要满足操纵稳定性的要求，而这两方面又是互相对立的。比如，为了取得良好的舒适性，就需要缓冲振动，这样弹簧就要设计得软一些，但弹簧软了却容易发生制动"点头"、加速"抬头"及左右侧倾严重的不良倾向，不利于转向，容易导致操纵不稳定等。

高速插秧机独立悬挂的车轴分成两段，每只车轮由螺旋弹簧独立安装在车架下面，当一边车轮发生跳动时，另一边车轮不受影响，两边的车轮可以独立运动，提高了平稳性和舒适性。

前轮悬架系统可上下伸缩，左右前车轮箱中内置弹簧，后轮悬架系统通过5个连杆使后车轴箱悬起，并用弹簧进行弹性支撑，悬架支架固定在后车轴箱上，上部连杆、下部连杆、悬架支架通过各支点连接。上部连杆和下部连杆的前端部与主机架结合，这3个部件构成的结合体位于左、右两侧，安装弹簧后，左、右、后车轮分别上下移动。如图2-5-3所示，后轮朝a方向旋转时，将产生把后车轴箱推向前方的力b。该推力b从悬架支架传递到上部连杆与下部连杆，使机体前进。通过加长下部连杆，当弹簧上下动作时，可减少转动支点前后移动的现象。后部悬架拉杆与主机架、后车轴箱结合，可限制后车轴箱朝机体左右方向移动。

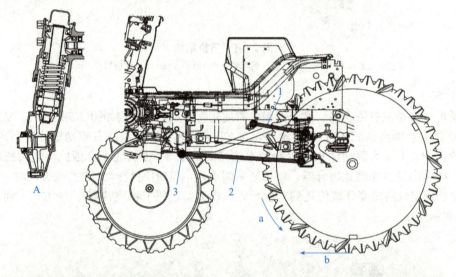

图 2-5-3 悬架系统

1—上部连杆；2—下部连杆；3—后部悬架拉杆；
A—前车轴箱截；a—后轮旋转方向；
b—来自地面的驱动反作用力

4. 转向系统

自动转向系统是指仅操作方向盘即可切断旋转方向的后轮的动力，不必进行制动操作便能顺利转弯的机构。因此，可轻易地将插秧机移动到相邻的插秧开始位置。

（1）前轮转向机构。操作方向盘，通过扭矩发生器助力作用，推动转向轴、带动转向齿轮，而使转向摇臂旋转，转向摇臂通过连杆与左、右前车轮连接，形成四杆机构，从而带动前轮转向，如图 2-5-4 所示。

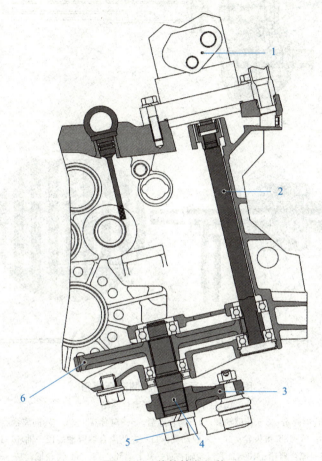

图 2-5-4　前轮转向机构

1—扭矩发生器；2—7T 转向轴；3—转向摇臂；4—摇臂轴；5—螺母；6—转向齿轮

（2）后轮侧离合器转向。侧离合器采用湿式盘型，既坚固耐用，又能在操作时减轻振动。当插秧机直线前进/后退时，离合器箱中离合器片和离合器盘之间在转向离合器弹簧的张力作用下紧紧地压在一起，靠摩擦力作用带动离合器箱转动，通过齿轮带动两个后车轴转动，如图 2-5-5 所示。

后车轴转向原理

转动方向盘时，通过转向轴和转向齿轮使转向摇臂转动。转向摇臂的转动力通过转向离合器杆和连接板使转向离合器臂转动，如图 2-5-6 所示，通过离合器臂轴转动，按压花键轴套，离合器片和离合器盘内部将相互分开，切断从变速箱传送到后轮的动力。当方向盘将前轮转至特定角度时，侧转向离合器将分离。

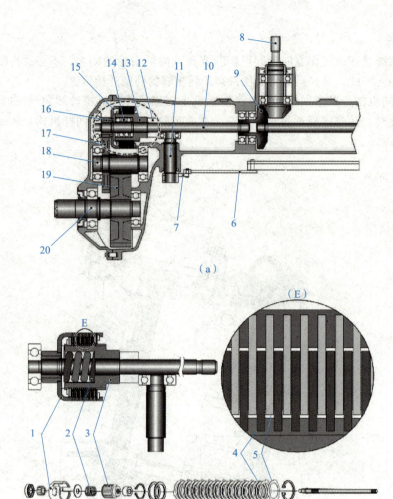

图 2-5-5 后车轴箱和侧离合器箱
(a)后车轴箱；(b)侧离合器箱

1—离合器箱；2—转向离合器弹簧；3—花键轴套；4—离合器盘；5—离合器片；6—转向离合器杆；7—转向离合器臂；
8—12T 锥齿轮轴；9—18T 锥齿轮；10—左驱动轴；11—左侧离合器臂轴；12—轴环；13—花键轴套；
14—转向离合器弹簧；15—离合器箱；16—11T 齿轮轴；17—40T 齿轮；18—8T 齿轮轴；19—39T 齿轮；20—后车轴

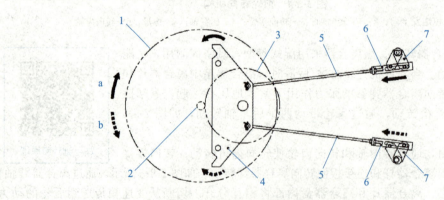

图 2-5-6 高速插秧机自动转向系统

1—方向盘；2—转向轴；3—转向齿轮；4—转向摇臂；5—转向离合器杆；6—连接板；7—转向离合器臂；
a—右旋转；b—左旋转

任务实施

一、拆装训练

1. 分离前车轴

分离前车轴,首先要排出变速齿轮箱机油,然后用千斤顶等支撑发动机架,最后拆下前轮。注意插秧机左、右车轮各不相同。在组装时一定不要将轮胎的胎肩方向搞错;在前轮安装螺栓时,要涂抹螺纹密封胶。

前车轴的拆装

2. 侧离合器部的拆卸

(1)后轮的拆卸。降下插秧部,用千斤顶等支撑后车轴箱,拆下后轮。注意组装时轮胎胎肩的朝向,正确组装左、右后轮。

从侧离合器臂上拆下侧离合器杆;拆下外卡环,再从下方取出侧离合器臂。注意组装时,侧离合器臂的左、右不同,确认侧离合器臂上的刻印 L(左)、R(右)后再组装,如图 2-5-7 所示。

后车轴部的拆装

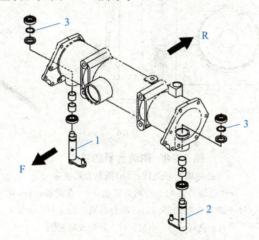

图 2-5-7 侧离合器臂组装
1—侧离合器臂 R;2—侧离合器臂 L;3—外卡环;F—前侧;R—后侧

(2)侧离合器的分解。侧离合器的结构如图 2-5-8 所示。组装侧离合器时,应按以下要领进行(必须在离合器盘上涂抹黄油):首先,向传动轴上安装从离合器片到 11T 齿轮的部件,如不先安装 11T 齿轮,则无法确定离合器箱的轴心;安装结束后,传动轴和 11T 齿轮必须能顺畅通过。其次,组装内卡环时,在将内卡环装入拉码内侧的状态下,挂上拉码进行压缩,直至内卡环被压入,内卡环的两个端部不得伸出离合器箱槽。侧离合器转矩的测定:固定侧离合器部,刚开始时特意旋转 1 圈,进行离合器片与离合器盘的磨合,左侧离合器顺时针旋转,右侧离合器逆时针旋转,测量转动转矩标准值 235~285 N·m,按照以上方向旋转,转动转矩低于标准值时,检查离合盘、离合片的磨损量(离合器盘的厚度使用限度是 1.20 mm,标准值是 1.30~1.50 mm;离合器片的厚度使用限度是 0.70 mm,标准值是 0.74~0.85 mm),如果均在使用限度内,则更换离合器弹簧。

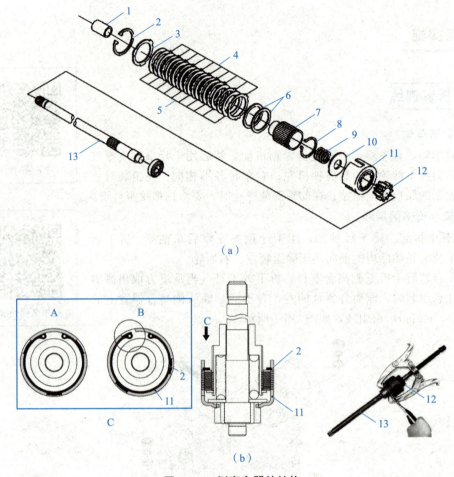

图 2-5-8　侧离合器的结构
(a)侧离合器组件；(b)侧离合器组装
1—轴环；2—内卡环；3—离合器片；4,5—离合器盘；6—花键板；7—花键毂；8—外卡环；
9—离合器弹簧；10—侧离合器轴环；11—离合器箱；12—11T 齿轮；13—传动轴；
A—良好；B—不良；C—箭头方向视图

二、任务分析

高速插秧机在转弯时，后轮一侧地轮出现原地扒泥现象，这是由后轮侧离合器不能有效地控制与后轮结合和分离而造成的，此时，应按照以下方法调整：

(1)首先将前轮置于前进位置，此时，转向摇臂呈图 2-5-9 所示状态。启动发动机，并将方向盘沿要测量的一侧转到底。然后，将方向盘转回至直线前进位置，关停发动机后进行调节。对相反侧进行相同的调节。将侧离合器杆置于后方，将侧离合器臂置于前方，在有游隙的状态下，测量臂销与连接板的长孔的间隙(在拆下侧离合器臂的卡销和平垫圈的状态下进行测量)。对相反侧进行相同的调节。

(2)通过侧离合器杆的双头螺母部分进行调整，直到 A 和 B 在 7.5~9.5 mm。

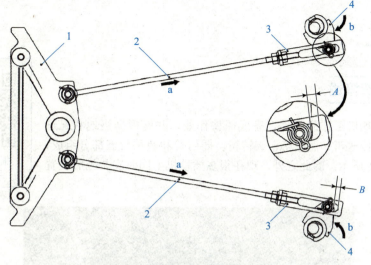

图 2-5-9 转向离合器的检查和调整

1—转向摇臂；2—侧离合器杆；3—连接板；4—侧离合器臂；
A—臂销和连接板长孔之间的间隙（右侧）；B—臂销和连接板长孔之间的间隙（左侧）；
a—拧紧朝后的游隙；b—拧紧朝前的游隙

任务六　高速插秧机传送箱

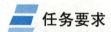 任务要求

知识点：

1. 掌握高速插秧机传送箱的结构和动力传递原理。
2. 掌握高速插秧机传送箱故障诊断分析与排除的具体方法。

技能点：

1. 能够按职业标准进行正确组装传送箱。
2. 能够分析并排除传送箱部位常见故障。

任务导入

有一机手在插秧的时候出现栽秧台不移动现象，经检查，插植臂可以正常旋转，栽秧台纵向送秧正常工作。这是什么原因引起的呢？如何维修？栽秧台的移动是由于横向传送丝杠的转动，横向传送丝杠内套有月牙形卡销，从而带动栽秧台横向移动。本次任务学习插秧机工作部分动力的分配以及传送箱的构造与常见故障维修。

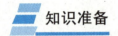

一、插植部概述

插植部是插秧机工作的部件,完成插秧作业,并能根据当地状况进行调节,主要由传送箱、插秧箱、旋转箱、插植臂和栽秧台五部分组成,其结构如图 2-6-1 所示。除此之外,现在很多插秧机上同时安装施肥装置和喷药装置。

插秧作业准备与作业方法

图 2-6-1 插植部结构
1—传送箱;2—插秧箱;3—旋转箱;4—插植臂

1. 插植部动力传递路线

从发动机产生的动力经过变速箱后,经插秧 2 号轴由 PTO 轴传递到插植部分,首先进入传送箱,在传送箱完成动力的分配,一部分动力带动插植臂旋转,完成取秧动作,另一部分通过螺旋传递带动栽秧台横向移动,还有一部分驱动栽秧台上的输送带完成纵向送秧,保障插秧的连续性,如图 2-6-2 所示。

2. 插秧性能要求

插秧性能是指水稻秧苗插植在大田内是否达到农业技术要求的质量评价标准。评价插秧性能的指标有均匀性控制指标、深度一致性指标和秧苗损伤率指标,也可把各种不合格插秧穴数占插秧总穴数的百分比总计起来作为评价性能的指标,并统计漏两穴或连续漏两穴以上的出现次数(出现率),以说明插秧机性能。此外,为了判断作业的精确度,还要测定插秧行距和插秧穴距。

(1)均匀性控制指标。均匀性控制指标是评定插植秧苗的每穴株数是否均匀一致的指标。均匀性控制指标包括均匀度合格率和漏插率。

①均匀度合格率(R_j)。均匀度合格率是指所测各穴秧苗株数符合农业技术要求株数合格范围的穴数所占百分比,即

$$R_j = \frac{X_h}{X} \times 100\%$$

式中 X_h——合格穴数(以穴计);

X——测定穴数,取 500 穴。

带土秧苗通常采用相对均匀度合格率,以穴计。

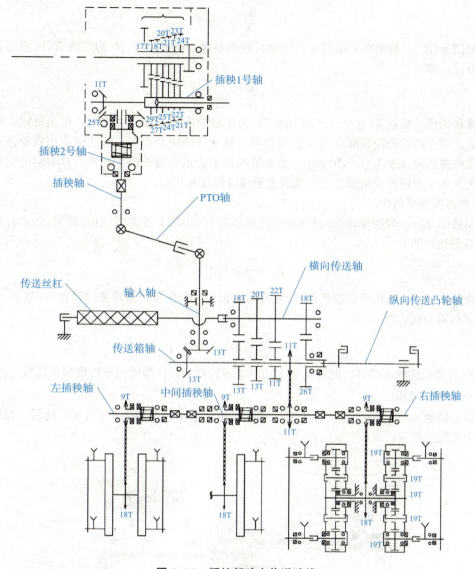

图 2-6-2 插植部动力传递路线

②漏插率(R_l)。漏插率是指机插后穴无苗即株数为零的穴数所占百分比,即

$$R_l = \frac{X_l}{X} \times 100\%$$

式中 X_l——漏插穴数;

X——测定穴数,取 1 000 穴。

带土秧苗的漏插率还应再减去空格数。

(2)深度一致性指标。

①漂秧率(R_p)。漂秧率是指漂秧(插后漂浮在水或泥面,即插秧深度为零的秧苗)株数 Z_p 占总检查株数 Z 的百分比,即

$$R_p = \frac{Z_p}{Z} \times 100\%$$

②全漂率(R_{pq})。全漂率是指整穴秧苗漂浮于水面的穴数 X_p 所占百分比,即

$$R_{pq} = \frac{X_p}{X} \times 100\%$$

③翻倒率(R_f)。翻倒率是指带土苗定植后秧苗与地面夹角小于 30°的穴数 X_f 占测定总穴数 X 的百分比,即

$$R_f = \frac{X_f}{X} \times 100\%$$

④插秧深度。拔取苗(包括无土育秧小苗)的插秧深度以田泥面为基准,量至每穴大部分秧苗生根处。带土苗的插秧深度以田泥面为基准,量至小秧块上表面。插秧深度按农业技术要求而定,拔取苗插秧深度为 10~70 mm,无土苗和带土苗则尽量浅插。此外,日本的测定指标中还有以角度表示的秧苗栽植后的直立度和秧根掩埋程度和状态。

(3)秧苗损伤率指标。

①勾秧率(R_g)。勾秧率是指勾秧(插后叶鞘基部有 90°以上弯曲的秧苗)株数 Z_g 占总检查株数 Z 的百分比,即

$$R_g = \frac{Z_g}{Z} \times 100\%$$

②伤秧率(R_s)。伤秧率是指伤秧(叶鞘基部有折伤、刺伤或切断现象的秧苗)株数 Z_s 占总检查株数 Z 的百分比,即

$$R_s = \frac{Z_s}{Z} \times 100\% - R_{sq}$$

式中,R_{sq} 为插前伤秧率(%)。此外,日本还测定埋秧百分比,即被泥土掩埋的秧苗数所占比例。

3. 插植部的结构

插植部的动力经 PTO 轴到传送箱输入轴,插植部的结构如图 2-6-3 所示,此后,在传送箱内将动力分为三部分:

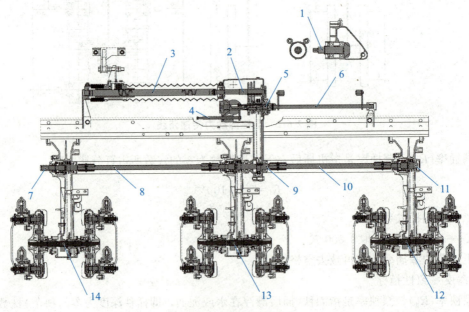

图 2-6-3 插植部的结构

1—输入轴;2—横向传送轴;3—横向传送丝杆;4—横向传送换挡杆;5—传送箱 1 号轴;
6—纵向传送凸轮轴;7—左插秧轴;8—左传动轴;9—中央插秧轴;10—右传动轴;
11—右插秧轴;12—右旋转驱动轴;13—中旋转驱动轴;14—左旋转驱动轴

(1)插植臂旋转取秧。此动力路线完成取秧动作。路线:传送箱1号轴→(链传动)→中央插秧轴→

$\begin{cases}(链传动)→中旋转驱动轴\\ 右传动轴→(链传动)→右旋转驱动轴→旋转箱→插植臂\\ 左传动轴→(链传动)→左旋转驱动轴\end{cases}$

(2)横向传动。此动力路线完成栽秧台横向移动。路线:传送箱输入轴(滑键、齿轮结合)→传送箱1号轴→横向传送轴→(弹簧销)→横向传送丝杆→栽秧台。

(3)纵向传动。此动力路线推动秧毯向下输送,保证秧苗供给连续性。路线:传送箱输入轴(滑键、齿轮结合)→传送箱1号轴→横向传送轴→纵向传送凸轮轴(通过与单向离合器支架结合)→单向离合器→栽秧台输送带。

二、传送箱的结构与原理

高速插秧机传送箱位于栽秧台的下方,是联系变速箱与插秧箱的机构,是完成动力分配的机构。

传送箱

1. 横向传送次数调整机构

在高速插秧机插秧过程中,机体行走的同时插植臂旋转,插秧爪通过取苗口切取一个小秧块,随着插植臂的旋转,插入大田,这时,栽秧台要向一侧移动一个小秧块的宽度,只有保证下一个插植臂能够在取苗口取到秧苗,才能保障插秧的连续性。因此,在插秧过程中,栽秧台左右移动秧毯的宽度,秧毯宽度一般可以进行多种选择,目前广泛使用的插秧机有两种情况:一是18、20、26三种切取次数,二是16、18、20、26四种切取次数。不同的机型,也有其他次数的调整,所对应的小秧块的宽度;如果横向取秧次数为26,则秧毯宽度为28 cm,分26次切取,对应小秧块的宽度约为1.1 cm;如果横向取秧次数为18,则秧毯宽度为28 cm,分18次切取,对应小秧块的宽度约为1.56 cm。因此,通过调整横向传送次数,就可以改变小秧块的面积,从而改变插入大田的每穴秧苗的数量。

横向取秧量的切换是在传送箱内完成的,如图2-6-4所示,动力经PTO轴、输入轴传入传送箱后经过一对锥齿轮传递,改变传递方向后,到传送箱1号轴,传送箱1号轴上套有滑键和3个齿轮,3个齿轮分别和横向传送轴上的3个齿轮结合。因此,横向传送轴得到3种不同的传动比,横向传送轴左端与横向传送丝杆相连,横向传送丝杆上刻有正、反转的双向螺旋凹槽,半月形卡销卡在凹槽内,卡销通过支架带动栽秧台横向移动,从而实现18、20、26三种横向取秧次数变换,切换横向切换手柄后,通过横向传送换挡杆使横向传送换挡键滑动。该横向传送换挡键在切换时,在换挡键弹簧的作用下,向传送箱1号轴的轴径方向避让。在换挡键弹簧的作用下,横向传送换挡键进入齿轮中其中一个的键槽中,3对齿轮中的一个将与传送箱1号轴连接,以传递动力。传递该动力的齿轮将驱动横向传送轴和横向传送丝杠,使栽秧台左右移动,而其他两对齿轮只是啮合空转。横向切换手柄在栽秧台的下面,上面标有横向取秧次数。因此,可以通过改变小秧块的宽度来调整每穴取秧数量。

2. 纵向传送机构(取苗量连动式)

如图2-6-4所示,当横向传送轴转动的同时,轴上右侧的齿轮转动,带动空套上传送箱1号轴右侧的带毂齿轮转动,带毂齿轮通过双重弹簧销与驱动纵向传送凸轮轴相连,当栽秧台到达右端或左端时,纵向传送凸轮顶起滚轮离合器支架,滚轮离合器支架被顶起后,滚轮离合器将驱动纵向传送轴,使纵向传送带动作,这样,栽秧台上的秧苗便被传送到下方,从而推动传送带向下推进一个小秧块的长度,保障了插秧的连续性。

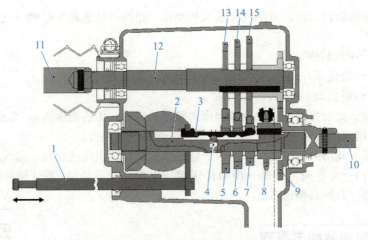

图 2-6-4 传送箱机构

1—横向传送换挡杆；2—传送箱1号轴；3—横向传送挡键；4—换挡键弹簧；5, 6—13T 齿轮；
7—11T 齿轮；8—链条链轮；9—带毂齿轮；10—纵向传送凸轮轴；11—横向传送丝杆；
12—横向传送轴；13—16T 齿轮；14—20T 齿轮；15—22T 齿轮

为使插秧爪的取苗量和纵向传送带的秧苗纵向传送量始终保持相等，与栽秧台的上下位置（取苗量）连动，改变纵向传送带的动作量。纵向传送凸轮轴在插秧部被驱动时始终旋转，当栽秧台到达右端或左端时，纵向传送凸轮顶起滚轮离合器支架，滚轮离合器支架被顶起后，滚轮离合器将驱动纵向传送轴，使纵向传送带动作。这样，栽秧台上的秧苗便被传送到下方，滚轮离合器支架被顶到头后，在复位弹簧的作用下返回下方；此时，由于在滚轮离合器内部空转，动力不会被传递到纵向传送轴上，因此纵向传送带不动作。操作取苗量调节手柄，根据操作方向和操作量，通过取苗量调节杆、滑动板和栽秧台上下移动。同时，由于取苗调节支架也沿着取苗量调节杆的牵制杆上下动作，因此，滚轮离合器支架被纵向传送凸轮顶起的开始点会改变，导致动作行程发生变化，从而使纵向传送带的动作量也发生改变，如图 2-6-5 所示。

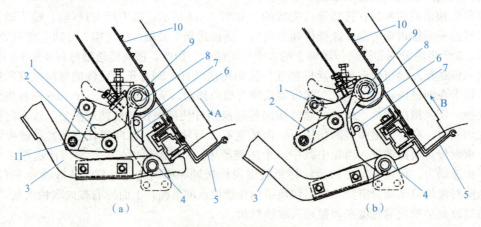

图 2-6-5 纵向传送机构

(a) 取苗量增加；(b) 取苗量减少

1—滚轮离合器支架；2—纵向传送凸轮；3—取苗量调节手柄；4—取苗量调节杆；5—滑动板；
6—取苗量调节支架；7—牵制杆；8—滚轮离合器；9—纵向传送轴；10—纵向传送带；11—纵向传送凸轮轴；
A—栽秧台下降；B—栽秧台上升

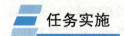

一、传送箱拆装

1. 拆卸输入轴

用一字起和锤头配合拆下输入轴的油封,用卡钳取出内卡环,将锥齿轮、轴承组件与输入轴整体拆下。组装时,应将输入轴的销孔对准传送箱的对准标记;用垫片将锥齿轮的齿隙调节为标准值(垫片厚度:0.2 mm、0.3 mm,齿隙标准值为0.1~0.3 mm);组装输入轴的油封时,应将封唇弹簧朝向传送箱的外侧,将油封上有字的一面朝向传送箱内侧进行组装,如图2-6-6所示。

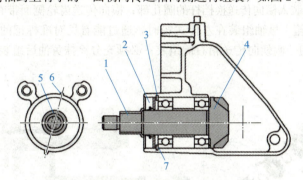

图 2-6-6 传送箱输入轴
1—输入轴;2—油封;3—内卡环;4—锥齿轮;5—销孔;6—对准标记;7—垫片

2. 分解传送箱

用12号扳手旋出右传送箱螺栓(M8 螺栓×7 根、M8 铰孔螺栓×2 根),将传送箱1号轴、链条和横向传送轴与相关部件一起拆下,如图2-6-7所示。

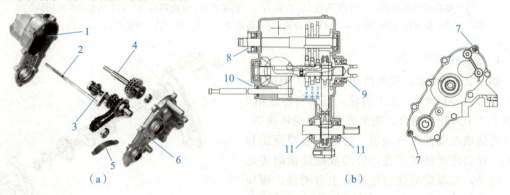

图 2-6-7 传送箱分解和组装
(a)传送箱分解;(b)传送箱组装
1—左传送箱;2—横向传送换挡杆;3—传送箱1号轴;4—横向传送轴;5—链条张紧器;6—右传送箱;
7—铰孔螺栓;8~11—油封

组装时应注意:左传送箱的横向传送次数应设定在26次的位置。此时,横向传送换挡杆为推到底的位置;各齿轮的齿面、各滑动部、横向传送换挡杆滑动部外周、链条部及轴承应充分涂抹黄油;组装新品时,传送箱内的黄油装入总量为120~170 g;组装右传送箱时,应在右传送箱接合面的密封槽内涂抹密封胶;装入传送箱1号轴与横向传送轴时,注意轴上的齿轮标记。同时,相啮合的齿轮也要对准标记；组装右传送箱时，有两根固定箱体位置的 M8 铰孔螺栓，应先紧固铰孔螺栓后再紧固其他 M8 螺栓；组装油封时，应将封唇弹簧朝向传送箱的外侧，使油封上有字的一面朝向传送箱内侧进行组装；组装传送箱后，应调整传送箱对准标记的位置。

3. 组装传送箱 1 号轴

标记点对齐–
传送箱1号轴

传送箱 1 号轴上有 3 个齿轮(13T/13T/11T 齿轮，分别取秧 18/20/26 次用)，用来改变横向送秧次数，通过横向传送换挡杆带动横向传送换挡键，当横向传送换挡键的凸起部与齿轮毂槽对准时齿轮起作用，横向传送换挡键下端有一个小弹簧和一个钢球，用以保证能够顺利进行横向取秧次数的改变；传送箱 1 号轴上装有一个链轮，用以向插植臂传递取苗动力。组装传送箱 1 号轴时应切实注意：在传送箱 1 号轴键槽中先放入弹簧后放入钢球，在横向传送换挡键的槽内装入横向传送换挡杆的圆孔部；横向传送齿轮侧面带有对准标记，对准标记(箭头)侧组装(将传送箱 1 号轴组装在左传送箱时，通过能看见对准标记的方向)；11T 链轮正反面不同。将毂部较长的一侧朝向传送箱右侧组装；必须充分涂抹黄油后组装，如图 2-6-8 所示。

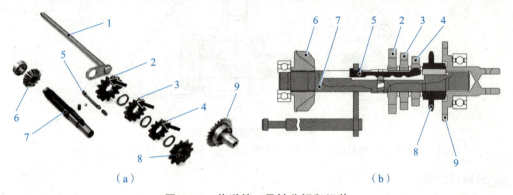

图 2-6-8 传送箱 1 号轴分解和组装
(a)传送箱 1 号轴分解；(b)传送箱 1 号轴组装
1—横向传送换挡杆；2—13T 齿轮(18 次用)；3—13T 齿轮(20 次用)；4—11T 齿轮(26 次用)；
5—横向传送换挡键；6—13T 锥齿轮；7—传送箱 1 号轴；8—11T 链轮；9—26T 齿轮

4. 组装横向传送轴

如图 2-6-9 所示，横向传送轴上有 3 个齿轮：18T 齿轮、20T 齿轮、22T 齿轮，分别与传送箱 1 号轴上 3 个齿轮相啮合，用来改变横向送秧次数。横向传送轴左端伸出传送箱，通过双重弹簧销和挡圈与横向传送丝杠相连，带动双螺旋横向传送丝杠转动，双螺旋横向传送丝杠上有滑块，滑块支架与横向传送支架相连，从而把旋转运动转化为栽秧台的横向移动。横向传送轴右侧有 18T 齿轮，与空套在传送箱 1 号轴上的 26T 齿轮啮合，同样 26T 齿轮通过双重弹簧销和挡圈与纵向传送凸轮轴相连，实现栽秧台纵向送秧。

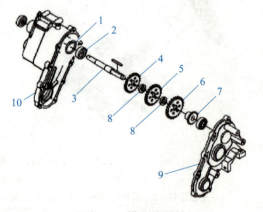

图 2-6-9 横向传送轴
1—内卡环；2—轴承；3—横向传送轴；4，7—18T
齿轮；5—20T 齿轮；6—22T 齿轮；
8—横向传送轴环；9—右传送箱；10—左传送箱

在组装横向传送轴时，横向传送次数变速用的 18T 齿轮、20T 齿轮、22T 齿轮上有冲压标记。在装入左传送箱上时，应使冲压标记朝向可以看见的方向进行组装；传送箱侧的球轴承和内卡环应预先组装好且充分涂抹黄油后组装,轴承内也应充填黄油。

5. 传送箱内部位置的对准

(1)传送箱1号轴和横向传送轴。使传送箱1号轴的3个齿轮的所有对准标记朝向导向键,使所有横向传送轴上的齿轮啮合轴后,整体组装到传送箱上。此时,传送箱1号轴上的标记与横向传送轴上的齿轮标记对齐,如图2-6-10所示。

对准标记1

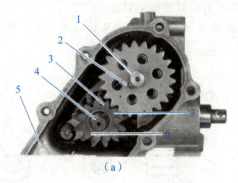
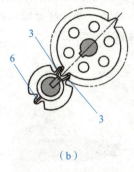

(a)　　　　　　　　　　(b)

图 2-6-10　对准标记 1
(a)组装后对准标记;(b)对准标记
1—横向传送轴;2—导向键;3,6—对准标记;4—传送箱1号轴;5—左传送箱

(2)链条与11T链轮。组装链条与11T链轮时应注意两个标记:一是组装传送箱链条时传送箱1号轴的键和横向传送轴的键位置相对;二是插秧轴侧的11T链轮的键槽与传送箱的对准标记对准。

组装传送箱1号轴的11T链轮和插秧轴的11T链轮(2个)时,应将毂部较长的一侧朝向传送箱右侧,如图2-6-11所示。

对准标记2

对准标记3

(3)纵向传送驱动相关齿轮(26T齿轮、18T齿轮)。传送箱1号轴和横向传送轴上分别有一个齿轮,两齿轮相啮合实现纵向送秧传递。组装时,将横向传送轴上18T齿轮的标记与传送箱1号轴26T齿轮的标记(冲压标记)对准,如图2-6-12所示。

图 2-6-11　对准标记 2
1,2—键;3—传送箱链条;4—对准标记;5—键槽;
6—11T链轮;7—传送箱1号轴;8—插秧轴

图 2-6-12　对准标记 3
1—18T齿轮;2—对准标记;3—26T齿轮;
4—对准标记(冲压标记);5—链条张紧器

(4)确认组装后的传送箱。将传送箱1号轴组件、横向传送轴组件、链轮组件、纵向传送驱动相关齿轮等装入左传送箱后,右传送箱与左传送箱对齐,先装入两根固定箱体位置的M8铰孔螺栓,再装上其他M8螺栓。此时,仔细检查壳体外部的对准标记,标记有4处,如图2-6-13所示:

标记1:输入轴的销孔方向应与传送箱的对准标记对准。

标记2:横向传送轴的倒角销孔方向应与传送箱的对准标记对准。

标记3:插秧轴侧的11T链轮的键槽应与传送箱的对准标记对准。

标记4:26T齿轮的倒角销孔方向应与传送箱的对准标记对准。

注意:各标记对齐并转动输入轴,确保转动灵活,如果不按照标记点对齐,则会导致横向传送和纵向传送时间不吻合。

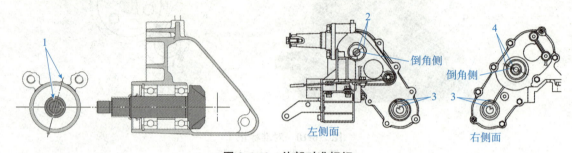

图 2-6-13 外部对准标记
1—标记1;2—标记2;3—标记3;4—标记4

二、任务分析

在前文的任务导入中,机手在插秧的时候出现栽秧台不移动现象,经检查,插植臂可以正常旋转,栽秧台纵向送秧正常工作。可能产生的故障点是横向传送丝杆或半月形卡销磨损严重,如图2-6-14所示。

排除方法:

(1)检查半月形卡销,如果磨损严重,更换卡销。

(2)检查横向传送丝杆,若丝杆磨损严重,则更换丝杆。

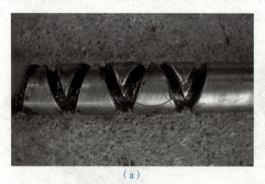

图 2-6-14 磨损严重
(a)横向传送丝杆磨损;(b)半月形卡销磨损

注意事项:

(1)如果是半月形卡销磨损严重,则要更换。维修时,尽量不要拆卸支架螺栓和横向调整螺栓,拆卸这两个部件要进行横向分配量的调整,比较麻烦。可以拆下滑块支架螺栓,用尖嘴钳取出半月形卡销。更换新件组装时，要把栽秧台移至一侧，让助手协助拉紧，滑块座也推至丝杆一端，对齐滑块座与滑块支架，拧紧滑块支架螺栓，如图 2-6-15 所示。

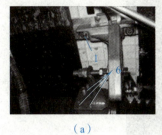  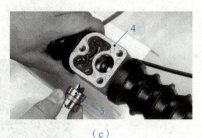

(a) (b) (c)

图 2-6-15　拆装注意事项

(a)横向传送支架；(b)横向调整螺栓；(c)组装半月形卡销

1—支架螺栓；2—横向调整锁紧螺母；3—横向调整螺栓；4—滑块座；5—半月形卡销；
6—滑块支架螺栓；7—滑块支架

(2)组装横向传送丝杆和横向传送轴时，在横向传送丝杆所有的槽内、横向传送轴的接合部涂抹黄油；将有倒角孔的位置对准横向传送轴的冲压标记后组装；将卡环接缝的位置与弹簧销孔错开 90°组装；将双重弹簧销的开口部朝向轴的直角方向压入；将弹簧销(小)开口部与弹簧销(大)开口部的方向错开 180°压入，如图 2-6-16 所示。

 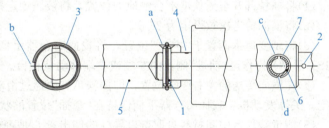

图 2-6-16　横向传送对准标记

1—双重弹簧销；2—轴环；3—卡环；4—冲压标记；5—横向传送丝杆；6—弹簧销(小)；7—弹簧销(大)；
a—倒角孔；b—卡环接缝；c—弹簧销(小)开口部；d—弹簧销(大)开口部

(3)横向传送支架处安装了黄油嘴，要定期加油保养，添加优质锂基黄油，要做到"少吃多餐"，不能在橡胶套内加注太多黄油。加注过量，会导致橡胶套损坏，容易进入泥水，造成丝杆、转子的异常磨损，影响栽秧台的移动。

能力拓展

栽秧台横向分配量的调整

1. 栽秧台横向分配调节螺栓的组装

上下操作取苗量调节手柄时，横向分配调节螺栓应能在横向传送支架的长孔部上下轻轻活动，从而实现栽秧台的上下移动，进行纵向取秧量的调整。如果横向传送连接架处螺栓卡死，易造成横向轴套早期磨损，此时，应利用螺母进行调节，使横向传送支架和横向分配调节螺栓的间隙(松动量)为标准值。横向传送支架和螺栓的间隙 S 的标准值为 $0 \text{ mm} < S < 0.3 \text{ mm}$，如

图 2-6-17 所示。

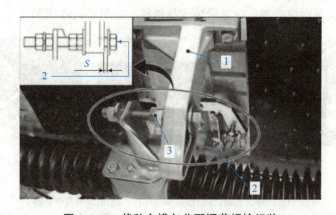

图 2-6-17 栽秧台横向分配调节螺栓组装
1—横向传送支架；2—横向分配调节螺栓；3—螺母；
S—间隙

2. 栽秧台的横向分配调节

栽秧台在导轨上移动至最左侧或最右侧时，插秧爪能保证顺利通过，如果出现一侧通行不舒畅，应进行以下调整：

(1) 将插秧部升至插秧爪不会触地的位置，将液压锁定杆置于"锁定"位置。

(2) 将横向传送次数设定为 26 次。

(3) 将副变速手柄置于"中立"位置，将栽插离合器手柄置于"栽插"位置，再将主变速手柄（HST 手柄）操作至"前进"侧，向左端或右端移动栽秧台。

(4) 在横向传送的左右终端位置，即插秧爪将要通过滑动板的位置，踩下停车制动踏板进行锁定，关停发动机。栽插离合器手柄保持在"栽插"位置的状态。

(5) 测量栽秧台中间材料自取苗口导杆的伸出量 L 是否在标准范围内（$L<1.2$ mm）。以相同的方法测量另一侧。

(6) 超出标准值时，旋松锁紧螺母，转动横向分配调节螺栓进行调节。调节后，应切实紧固锁紧螺母。

栽秧台的横向分配调节如图 2-6-18 所示。

图 2-6-18 栽秧台的横向分配调节
1—栽秧台中间材料；2—取苗口导杆；3—横向传送支架；4—横向分配调节螺栓；
5—锁紧螺母；L—伸出量

任务七　高速插秧机插秧箱

任务要求

知识点：
掌握高速插秧机插秧箱的构造及工作原理。

技能点：
1. 能够按照职业标准进行正确组装插秧箱。
2. 能够排除插秧箱部位常见故障。

任务导入

插秧机工作时，突然出现"咔嗒"响声，同时部分插植臂不工作，这是由什么原因引起的？这是安全离合器在起保护作用，本次任务通过学习插秧箱内各部件的结构和原理，掌握插秧箱的构造与常见故障维修。

知识准备

一、插秧箱概述

高速插秧机的插秧箱是动力传送的中间传递机构，连接传送箱和旋转箱，主要由插秧轴组件、旋转驱动轴组件，以及它们之间的传动链条组成；在插秧轴上设有安全离合器，在旋转驱动轴上设有插秧离合器，如图 2-7-1 所示。因此，插秧箱的主要作用是传递动力、安全保护、插秧行数的调整。

图 2-7-1　插秧箱
1—插秧轴；2—旋转驱动轴

二、插秧箱的结构与原理

1. 安全离合器

安全离合器设置在各插秧箱内前侧的插秧轴上，如图 2-7-2 所示。安全离合器主要由插秧轴、扭矩限位器弹簧、扭矩限位器、主动链轮等组成。其中，插秧轴与扭矩限位器通过花键连接，插秧轴与扭矩限位器啮合，通常情况下，扭矩限位器和主动链轮的爪部在限位器弹簧的张力作用下啮合，以传递动力。动力按照插秧轴→扭矩限位器→主动链轮→插秧箱链条的顺序传递，驱动旋转驱动轴，旋转驱动轴驱动旋转箱及插植臂。如果插植臂的插秧爪碰到石头等而使旋转驱动轴侧承受过大的负荷，扭矩限位器和主动链轮克服弹簧扭力而脱开，动力也随之断开，嵌合部相对滑动产生"咔嗒咔嗒"的响声，从而保

插秧箱工作原理

护轴及齿轮等免遭损坏,防止重大损失。当发生这种情况时,要马上停下插秧机,断开插秧离合器,关闭发动机,停车检查。其原理与手扶机安全离合器相同。

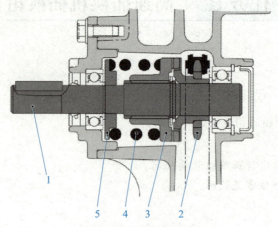

图 2-7-2 安全离合器

1—插秧轴;2—主动链轮;3—扭矩限位器;4—扭矩限位器弹簧;5—扭矩限位器轴环

2. 插秧离合器

各行的离合器设置在插秧箱后侧的旋转驱动轴上,也称为埂边离合器。如图 2-7-3 所示,使用的是爪形离合器,主要由旋转驱动轴、离合器弹簧、爪离合器、从动链轮组成,用来传递或切断传向插植臂的动力。每个埂边离合器控制两行插秧,当在路上行走时,插植臂要停止转动,因此要断开插秧离合器。当埂边离合器置于"离"的位置时,埂边离合器拉索拉动扭力弹簧,迫使离合器销伸出,埂边离合器销的前端接触插秧爪离合器的倾斜部分,由于爪离合器轴向厚薄不同,随着插秧爪离合器转动,埂边离合器销推动爪离合器压缩弹簧,向一侧移动,嵌合部逐步脱离,直至较厚部分嵌合完全脱离,动力被切断。

插秧箱埂边离合器动画

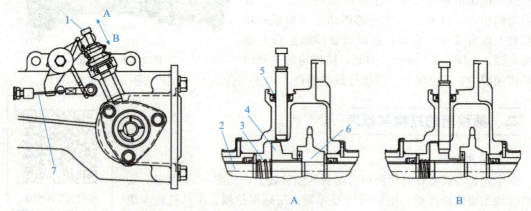

图 2-7-3 插秧离合器

1—离合器销;2—旋转驱动轴;3—离合器弹簧;4—爪离合器;5—油封;6—从动链轮;7—埂边离合器拉索;A—离合器"合";B—离合器"离"

当埂边离合器置于"离"的位置时,离合器销的前端在各行爪离合器凸起部的作用下强制停止。此时,插植臂一定在该位置停止,此时的位置称为插植臂的安全停止位置,如图 2-7-4 所示。

当埂边离合器置于"合"的位置时，各行爪离合器在各行离合器弹簧的推动下与从动链轮啮合，驱动旋转驱动轴转动，从而带动旋转箱和插植臂转动，完成取秧动作。

手扶插秧机的结构原理与高速插秧机相似，只不过手扶插秧机旋转驱动轴一周上有一次停止位置，而高速插秧机上有两个停止位置。

图 2-7-4　插秧离合器"离"状态

3. 中间插秧箱

中间插秧箱与两侧的插秧箱不同，驱动第一、二行插秧；同时，中间插秧箱内的插秧轴又连接左、右传动轴，把动力传递到左、右插秧箱的左、右插秧轴，驱动第一、二行和第五、六行插秧。其结构如图 2-7-5 所示，中间插秧轴上共有 3 个键，组装时要涂抹黄油，组装油封时，应将油封夹（弹簧）侧朝向传送箱的外侧，通过端盖压入插秧轴，直至油封切实插入传送箱。

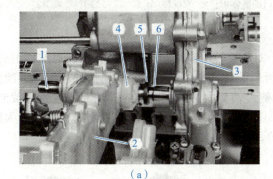 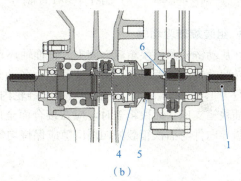

（a）　　　　　　　　　　　　（b）

图 2-7-5　中间插秧箱结构

（a）中间插秧箱与传送箱；（b）中间插秧轴结构

1—插秧轴；2—插秧箱；3—传送箱；4—外盖；5—油封；6—外卡环

任务实施

一、插秧箱拆装

插秧箱的拆装

1. 分解插秧箱

分解插秧箱：首先，要拆下排油螺栓，排出机油。然后，拆下插秧箱盖；拆下左、右两侧插秧箱毂，拔出旋转驱动轴；拆下键、插秧箱支座，拔出插秧轴组件。最后，从插秧箱后方取出箱体内的部件，如插秧箱链条、链轮、插秧爪离合器、链条张紧器等。

组装时应注意，在组装插秧箱链条或链轮、插秧爪离合器前，将链条张紧器装入插秧箱；将对准位置的插秧箱链条和主动链轮、从动链轮组装在插秧箱内，并注意链轮的正反面朝向。

2. 组装插秧箱链条

在组装插秧箱链条和主动链轮、从动链轮时，应对准插秧箱链条的白油漆部位和各链轮的对准标记（插秧箱链条的白油漆标记消失时，在 12 环链节间做好两处标记后组装）。同时，组装插秧箱时，应注意各链轮的正反面朝向。

在竖起插秧箱的状态下，先将链条张紧器装入插秧箱内，对准主动链轮、从动链轮和插秧箱链条的对准标记后，用手指按住从动链轮和插秧箱链条的对准位置，将插秧箱链条和主动链轮向下垂下。此时，主动链轮和插秧箱链条的对准标记位置会发生错位，但并无影响。将主动链轮、插秧箱链条及从动链轮装入竖起的插秧箱内，将插秧箱左侧朝上横向放倒，对准主动链轮和插秧箱链条的对准标记，如图 2-7-6 所示。

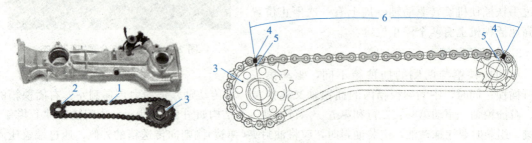

图 2-7-6　组装插秧箱链条

1—插秧箱链条；2—9T 链轮；3—18T 链轮；4—白油漆标记；5—对准标记；6—12 环链节（外链节）

3. 组装旋转驱动轴

在从动链轮和插秧箱毂之间夹入止推轴环，对准旋转驱动轴和插秧爪离合器的对准标记后，将旋转驱动轴插入插秧箱。组装应注意：各油封组装时，应将封唇弹簧朝向插秧箱内侧。油封压入量为 1.7～2.5 mm。在油封唇部、链轮内侧、轴套内侧、花键等的滑动部位应涂抹黄油。组装插秧箱支座、插秧箱盖时，应在接合面全周涂抹密封胶，应使密封胶渗出插秧箱盖；太阳轮密封导向件与插秧箱毂的四周间隙应保持均匀，如图 2-7-7 所示。

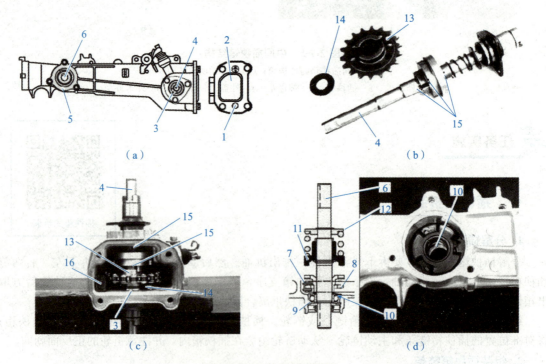

图 2-7-7　组装旋转驱动轴

(a)插秧箱组成；(b)插秧轴；(c)旋转驱动轴；(d)旋转驱动轴装配

1—排油螺栓；2—插秧箱盖；3—插秧箱毂；4—旋转驱动轴；5—插秧箱支座；6—插秧轴；7—插秧箱链条；8—主动链轮；9—轴承；10，14—止推轴环；11—扭矩限位器；12—弹簧座；13—从动链轮；15—对准标记；16—链条张紧器

4. 组装插秧轴组件

在插秧轴上有安全离合器，组装的时候一定要对准标记，如图 2-7-8 所示，否则会造成 6 个旋转箱不同步。组装插秧轴的步骤：在插秧轴上装入止推轴环（一般可放入 0～2 个）和弹簧座，用外卡钳把外卡环装入插秧轴，装入弹簧、扭矩限位器，注意此处应将扭矩限位器的对准标记与插秧轴的键槽对准，用台虎钳夹持安全离合器，用外卡钳装入外卡环，这样安全离合器就组装好了。

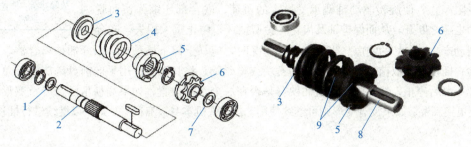

图 2-7-8　组装插秧轴组件

1—止推轴环（1 mm）；2—插秧轴；3—弹簧座；4—弹簧；5—扭矩限位器；6—9T 链轮；
7—止推轴环（1.5 mm）；8—键槽；9—对准标记

5. 确认组装后的插秧箱

将旋转驱动轴组件和插秧轴组件装入插秧箱后，组装各油封。此时，应将封唇弹簧朝向插秧箱内侧，并在油封唇部、链轮内侧、轴套内侧、花键等滑动部、O 形环、O 形环组装部等部位涂抹黄油；油封在插秧箱壳体压入量 $H=1.7\sim2.5$ mm；组装插秧箱支座、插秧箱盖时，应在接合面全周涂抹密封胶，涂抹密封胶时，应使密封胶渗入插秧箱盖；太阳轮密封导向件与插秧箱毂的四周间隙 S 应保持均匀（间隙 S 的偏差在 0.15 mm 以下）。最后确认对准标记，将插秧轴键槽与插秧箱对准标记的位置对准时，确认旋转驱动轴的铣削面朝向图示方向 a，如图 2-7-9 所示。

插秧箱拆装技能考核试卷及评分标准

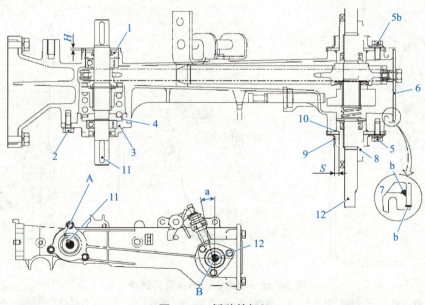

图 2-7-9　插秧箱标记

1—油封；2—自攻螺栓；3—插秧箱支座；4—弹簧座；5—不锈钢螺栓；6—插秧箱盖；7—涂抹密封胶；
8—插秧箱毂；9—太阳轮密封导向件；10—O 形环；11—键槽；12—旋转驱动轴；A—对准标记；B—铣削面

二、任务分析

在前文的任务导入中,插秧机在插秧作业中发出很大的"咔哒"声,部分插植臂无法运转,这是因为插植臂碰到混入秧苗中或田块中的石块等异物,插植臂受阻停止,使旋转驱动轴侧承受过大的负荷,嵌合部压缩弹簧而脱开,动力也随之断开,从而保护轴及齿轮等免遭损坏,防止重大损失,嵌合部相对滑动产生"咔哒"的响声。当发生这种情况时,应马上停下插秧机,断开插秧离合器,关闭发动机,检查插植臂的取苗口,找到隐藏的石块或障碍物,将其清除。用手向前盘动旋转箱总成,听到"咔哒"一声后停止,然后检查几组插秧臂是否在一个水平位置,如果插秧爪已经严重变形,不可校正,要更换新品;如果没有变形则可继续使用。若插秧机本身没有问题,则可以继续进行插秧作业。

故障排除-插秧部异响

能力拓展

埂边离合器拉索的调整

插秧机在田里插秧,将近结束时,需要调整行数,关闭两行。扳动埂边离合器手柄时会发现,即使把埂边离合器手柄置于关的位置,这两行仍然插秧,这是什么原因造成的呢?

分析上述现象:即使把埂边离合器手柄置于关的位置,这两行仍然插秧,这是由于埂边离合器无法控制,而控制埂边离合器"合"和"离"的是埂边离合器手柄通过钢索牵动插秧离合器销切入引起的,离合器弹簧和拉索前端部的头部游隙太大,导致无法拉动插秧离合器销,不能迫使插秧爪离合器与从动链轮分离,离合器弹簧和拉索前端部的头部游隙标准值为 0~2 mm。超出标准值时应该调整,如图 2-7-10 所示。

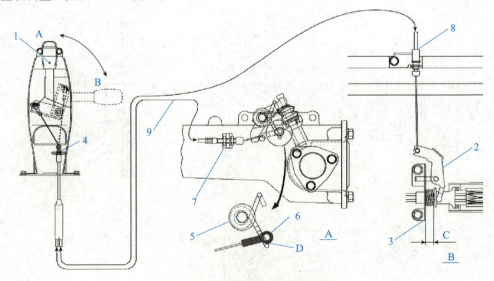

图 2-7-10 埂边离合器拉索的调整

1—各行离合器手柄;2—插秧爪离合器;3—轴承;4—调节部;5—弹簧;6—各行离合器拉索前端部;7—调节部;
8—纵向传送拉索;9—各行离合器拉索;
A—"合"的位置;B—"离"的位置;C—间隙;D—游隙

调整的步骤如下：

(1)将各行离合器手柄置于"合"的位置，测量弹簧和各行离合器拉索前端部的头部游隙。

(2)超出标准值时，用两个10号扳手调节调节部的调整螺母。在各行离合器手柄处于"合"的位置状态下，确认内部钢丝没有绷紧。

(3)调节后，通过各行离合器手柄的"合""离"位置确认插秧爪的"旋转""停止"。此外，在栽秧台的横向传送往返时，确认各行离合器拉索没有绷紧。

任务八　高速插秧机旋转箱

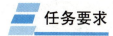 任务要求

知识点：
1. 掌握高速插秧机旋转箱的构造及工作原理。
2. 了解高速插秧机旋转箱齿轮传动原理。

技能点：
1. 掌握高速插秧机旋转箱的拆装步骤，牢记对准标记。
2. 学会分析高速插秧机旋转箱常见故障，进行诊断并排除。

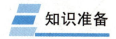 任务导入

水稻高速插秧机是一个复杂的机械系统。分插机构(旋转箱和插植臂的总称)是插秧机的核心工作部件，它是从秧群中分取一定数量的秧苗插入土中的机构，其性能决定插秧质量、工作可靠性和插秧的效率，从而决定插秧机的整体水平和竞争力。因此，分插机构一直以来都是插秧机研究的重点内容之一。

知识准备

一、分插机构概述

插秧机(图2-8-1)主要分为步行式插秧机和乘坐式插秧机两大类。乘坐式插秧机适合大田作业，插秧速度快、效率高，但价格高；步行式插秧机适合小田作业，价格低。根据分插机构、插秧箱和人三者在插秧机上的排列方式不同，分插机构分为前插式和后插式。若分插机构、插秧箱与人三者从后到前排列，则称为前插式，反之则称为后插式，如图2-8-2所示。步行式插秧机和乘坐式插秧机的作业方式具有明显的区别，从作业方式上来看，步行式插秧机属于后插式作业，即分插机构的插秧爪指向和插秧机的前进方向相反；乘坐式插秧机属于前插式作业，即分插机构的插秧爪指向和插秧机的前进方向相同。从作业速度上来看，步行式插秧机的前进速度比乘坐式插秧机慢很多。作业方式和作业速度决定了步行式插秧机和乘坐式插秧机对相对运动轨迹要求的不同。

乘坐式插秧机与步行式插秧机因对分插机构所形成的工作轨迹要求不同，所以，其各自配

备的分插机构不同。应用在乘坐式插秧机上的分插机构多为高速分插机构，具有两个插植臂且成180°对称分布，插秧效率高，所形成的运动轨迹为"腰子形"，如图2-8-3所示。

图 2-8-1　插秧机

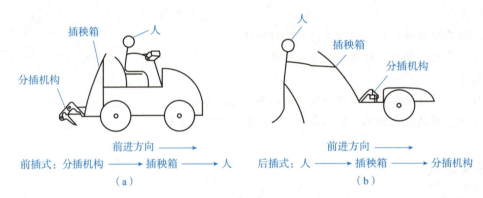

图 2-8-2　插秧方式示意
(a)乘坐式插秧机(前插式)示意；(b)步行式插秧机(后插式)示意

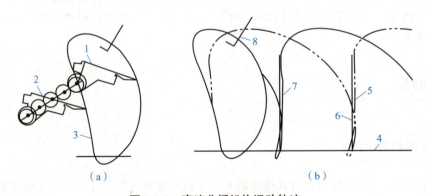

图 2-8-3　高速分插机构运动轨迹
(a)插植臂运动轨迹；(b)绝对运动轨迹
1、2—插植臂；3—"腰子形"轨迹(相对运动轨迹)；4—地面；5、7—绝对运动轨迹；
6—秧苗；8—插秧箱

应用在步行式插秧机上的分插机构称为后插式分插机构，具有一个插植臂，所形成的运动轨迹一般为"海豚形"，如图2-8-4(a)所示。在保持轨迹上部圆弧状(为满足取秧和插秧要求)的同时，要使轨迹下部尽量变得窄小(为满足插秧穴口宽度)。而用于乘坐式插秧机的旋转式分插机构，具有双插植臂结构，由于考虑双插植臂在插秧过程中会发生干涉这一因素，因此，其并不能通过优化得到满足步行机的"海豚形"运动轨迹。

后插旋转式分插机构的一个工作周期分为取秧、送秧、推秧、回程四个阶段。如图 2-8-4(b)所示，a 为取秧点，b 为插秧点，c 为插秧爪出土点，ab 是送秧过程，bc 是插秧过程，cd 是回程。

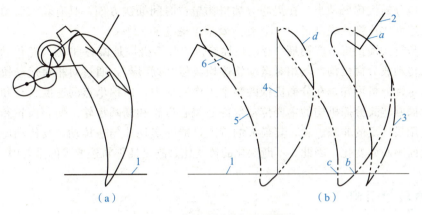

图 2-8-4　步行式插秧机运动轨迹

(a)"海豚形"轨迹(相对运动轨迹)；(b)绝对运动轨迹

1—地面；2—插秧箱；3—相对运动轨迹；4—秧苗；5—绝对运动轨迹；6—插秧爪

对分插机构形成的轨迹有多个约束限制条件：

(1)为保证插后秧苗的直立性，插秧爪取秧时与水平线的夹角(取秧角)应为 $10°\sim25°$，而在推秧时与水平线的夹角(推秧角)应为 $65°\sim80°$。

(2)插秧穴口长度(即 bc 线段距离)要尽量小(不大于 30 mm)，太大会导致所插秧苗倒伏或漂秧。

(3)插植臂的轴心(即行星轮轴心)轨迹不能与已插秧苗的中底部接触，以免碰伤已插的秧苗。

(4)插秧爪达到最低点之前完成推秧动作。

(5)插植臂在取秧时插秧爪的支撑部位不能碰撞秧门。

(6)推秧角与取秧角的角度差为插秧箱的倾斜角。

(7)为了减少伤根，理想的取秧块应该近似为矩形，插秧爪轨迹要与插秧箱的方向垂直或近似垂直。

从 1980 年起，国外开始致力于新型分插机构的研究，用以代替传统的曲柄摇杆式分插机构。日本农机化研究所开发的偏心齿轮行星式分插机构和椭圆齿轮行星式分插机构就是其中的代表。1986 年，日本开始研制带有旋转式分插机构的高速插秧机，代表机型有 YamarRR60 高速插秧机。我国从 1990 年起也开始研究高速分插机构，目前研究的主要有偏心齿轮行星式分插机构(图 2-8-5)、椭圆齿轮行星式分插机构、差速式分插机构、正齿行星式分插机构、偏心-非圆齿轮行星式分插机构。

非圆齿轮分插机构由日本率先发明，并在中国申报专利，共采用 5 个偏心齿轮，半径相同，其工作原理是太阳轮(齿轮Ⅰ)固定不动，对称两边分置两对齿轮，靠近太阳轮的为中间轮(齿轮Ⅱ)，两端齿轮为行星轮(齿轮Ⅲ)，其插植臂结构形式与曲柄

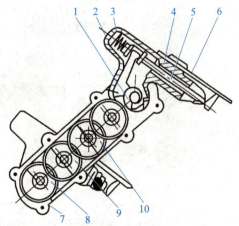

图 2-8-5　偏心齿轮行星式分插机构示意

1—推秧凸轮；2—拨叉；3—推秧弹簧；4—插植臂；
5—推秧杆；6—秧爪；7—行星架；8—行星轮；
9—惰轮；10—太阳轮

摇杆式分插机构相近。由于插植臂的两端分别配置秧爪，驱动轴旋转一周，插秧两次。但齿隙变化引起振动，需增加防振装置，结构较复杂。我国学者也对该机构进行了研究与改进，在对该机构进行运动分析的基础上，用解析法建立了该分插机构的运动学模型。与曲柄摇杆式分插机构比较，该分插机构振动小，在提高分插机构单位时间插次方面，具有较大潜力。实测这种插秧机插秧速度比连杆式提高了50%，作业效率也提高了32%。

  目前，步行式插秧机上应用最广泛的后插旋转式分插机构是偏心-非圆齿轮传动式分插机构和椭圆齿轮传动式分插机构，其相对运动轨迹均类似"海豚形"，通过对相对运动轨迹和绝对运动轨迹进行定性分析可知，在分插机构的整个工作周期内，插秧爪点的速度大小和方向时刻发生变化。后插旋转式分插机构的主要传动部件是偏心齿轮和椭圆齿轮。偏心齿轮和椭圆齿轮是最常见且应用最广泛的非圆齿轮，其最大的特点是能够实现非匀速传动，其传动比随主动齿轮转角的变化而不断的变化，因此，不断变化的传动比是满足插秧轨迹要求的重要因素。

二、旋转箱结构

  NSPU68C插秧机采用非圆形齿轮，改变了偏心齿轮的转速。同时，采用非圆形齿轮后，齿轮数减少到了5个，这样提高了动力传递性，实现了轻量化，可进行高速插秧。其旋转箱结构如图2-8-6所示。

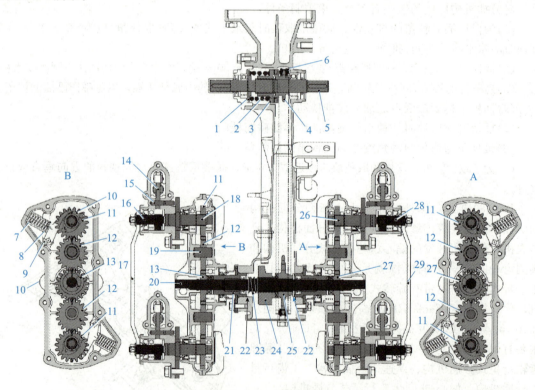

图 2-8-6　旋转箱结构

1—轴环；2—扭矩限位弹簧；3—扭矩限位器；4—9T链轮；5—插秧轴；6—插秧箱链条；
7—防摆弹簧；8—弹簧座；9—防摆手柄；10—防摆凸轮；11—偏心齿轮；12—中间齿轮；
13—左太阳轮；14—推出臂；15—支点销；16—左凸轮轴；17—左旋转驱动臂；18—左偏心齿轮轴；
19—平行销；20—旋转驱；21—插秧箱毂；22—止推轴环；23—各行弹簧；24—各行爪离合器；
25—18T链轮；26—左偏心齿轮；27—右太阳轮；28—右凸轮轴；29—右旋转驱动臂

任务实施

一、分解与组装旋转箱

1. 分离旋转箱

旋松带销螺栓的 M8 螺母，将螺母与带销螺栓端面接合。用锤子和铜棒敲打螺母和带销螺栓端面，松动带销螺栓后将其拆下。从旋转驱动轴上拔出旋转箱。以组件状态安装插植臂和旋转箱时，应调整好插秧爪和取苗口导杆的间隙；对准带销螺栓和旋转驱动轴的平面部，紧固带销螺栓；将旋转箱插入旋转驱动轴，旋转驱动轴端面与旋转箱相比，间隙 S 超过 2 mm 时，会导致插秧箱毂凹凸部的啮合不充分，因此，必须对准凹凸啮合部后再插入旋转箱，如图 2-8-7 所示。

旋转箱的拆装

旋转箱的保养

(a)

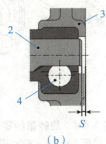
(b)

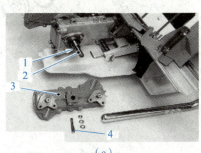
(c)

图 2-8-7　旋转箱的分离
(a)分离旋转箱；(b)旋转驱动轴铣削端面；(c)旋转箱装配
1—插秧箱毂的凹凸部；2—旋转驱动轴；3—旋转箱；4—带销螺栓

2. 分解旋转箱

旋转箱主要由 5 个齿轮和 2 个防摆手柄组成，如图 2-8-8 所示。
拆卸步骤如下：
(1)先将旋转箱上的螺钉拧下。
(2)打开旋转箱。
(3)分解箱内各部件。

3. 组装旋转箱

组装旋转箱如图 2-8-9 所示。

(1)组装轴：依次装上油封、轴承、卡环、轴。注意：封唇弹簧朝向旋转箱内侧，且压入深度应为 2.3～2.6 mm；组装的两个偏心齿轮轴，轴上标记要朝向同一侧。

旋转箱对准标记

(2)组装防摆凸轮：组装时应注意，防摆凸轮的两面都印有字母"R"与"L"，组装时，先检查旋转箱盖上的字母是"L"还是"R"，装上防摆凸轮后面向上面的字母与旋转箱上的字母标记一致，且防摆凸轮上的标记点与偏心齿轮轴上的标记点对齐。

(3)组装防摆臂：组装 2 个齿轮和 2 个轴上的标记同时处于一条直线上，且 2 个轴上的点必须同时朝一个方向，同时一组弹簧处于松弛状态，另一组处于压缩状态。

(4)组装齿轮：偏心齿轮上的标记与偏心齿轮上较远的那个标记对齐，中间齿轮上的标记要对准偏心齿轮上的标记，最后装入太阳齿轮，同时所有的标记都处于一条直线上。

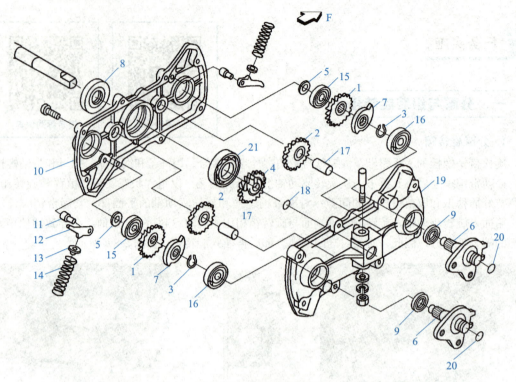

图 2-8-8　旋转箱的零件

1—偏心齿轮；2—中间齿轮；3—轴用卡环；4—右太阳轮；5—垫片；6—右偏心齿轮轴；7—防摆凸轮；8，9—油封；10—右侧内部旋转箱；11—防摆手柄支点销；12—防摆手柄；13—弹簧座；14—防摆弹簧；15，16，21—轴承；17—平行销；18，20—O 形环；19—右外旋转箱；F—前侧

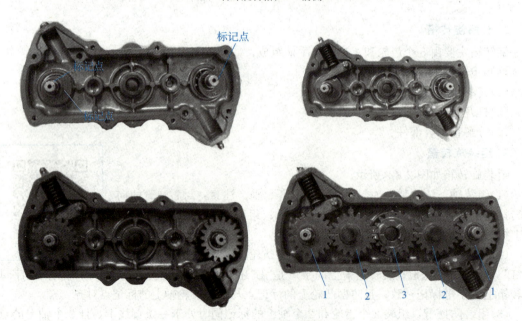

图 2-8-9　旋转箱的组装

1—偏心齿轮；2—中间齿轮；3—右太阳轮

(5)组装旋转箱盖子：向旋转箱内充填约 70 g 黄油，在旋转箱盖子两端装入调整垫片后装入轴承，目的是调整间隙。若间隙较大，则用垫片进行调节，使间隙 $S\leqslant 0.3$ mm；在旋转箱的接合面涂抹密封胶，倒角部四周也要涂抹，使密封胶渗出箱体。

二、插秧爪居中性的调整

在插秧过程中，插秧爪一定要居于秧门口的中间位置，如果插秧爪不居中，会造成无法顺利取秧，插秧爪居中性的调整应按照以下步骤进行：

(1)升起栽秧台至合适的位置，将油压锁定手柄置于"闭"的位置。

(2)将栽插离合器接通，旋转一下旋转箱使插秧爪位于取苗口的位置，检查同一旋转箱上的两个插植臂是否偏向同侧，如果偏向同侧，旋松旋转箱紧固销子，用橡胶锤向左或向右击打旋转箱，直到插秧爪位于取苗口中间；如果插秧爪不是偏向同侧则要单独调整。组装时要注意销的安装方向，销上有平面的一面要对准轴上有平面的一面，如图 2-8-10(a)所示。

(3)如果不是偏向同侧，则要分别调整，方法是用扳手旋松两个固定螺栓，通过加减垫片进行调整，直到插秧爪能顺利通过秧门口，如图 2-8-10(b)所示。

 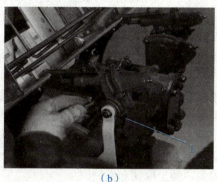

(a)　　　　　　　　　　　　　　(b)

图 2-8-10　旋转箱的装配

1—固定螺栓；2—紧固销子

任务九　高速插秧机插植臂

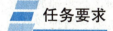 任务要求

知识点：
掌握高速插秧机插植臂的构造及工作原理。

技能点：
1. 学会插植臂的拆装与维护。
2. 能够进行标准取苗量调整。

任务导入

有一机手在插秧过程中,突然出现部分行不插秧的现象。经检查,旋转箱可以带动插植臂正常旋转,但是推秧器不能伸出,插植臂上的塞子丢失。这是插植臂的内部零件损失导致的。本次任务通过学习插植臂内各部件的结构和原理,掌握插植臂的构造与常见故障维修。

知识准备

插植臂的结构与工作原理

插植臂是完成取秧的装置,安装在旋转箱的两端,插植臂有左、右之分,在外壳上印有字母"L"和"R","L"装在左侧的旋转箱上,"R"装在右侧的旋转箱上。旋转箱每旋转一周,插植臂就会完成两次取秧,所以,插秧效率高,每小时可以完成5~7亩。插植臂内部主要由凸轮轴、推出臂、推出弹簧、链条、插秧爪和推杆等组成。凸轮轴通过凸轮驱动轴安装在插植臂中,凸轮轴轴端与行星架做固定连接,行星架为凸轮轴的动力源,推秧凸轮始终与推出臂相接触。推出臂通过推出臂销轴与插植臂壳体进行固定,且推出臂可以围绕推出臂销轴转动,推出臂的一端与凸轮轴接触,中间安装压缩弹簧,另一端通过链条和推杆连接,这样就可以使推秧杆在拨叉的带动下沿着插植臂壳体做伸缩运动。链条上的压缩弹簧起蓄能的作用,插秧爪通过螺栓固定在插植臂壳体上,插秧爪的端部比较尖,便于取秧和插秧。

插植臂工作原理

取秧时,行星架带动凸轮驱动轴转动,此时,推出臂位于推秧凸轮的最大半径处,使推秧杆位于插秧爪的后方,推出弹簧被压缩,在推秧开始前,推出臂都一直位于凸轮轴的最大半径处,推杆位于插秧爪最后方,推出弹簧一直处于压缩状态。此时,插秧爪随着旋转箱的转动逐渐靠近秧门口,并在秧门口抓取秧苗,夹在插秧爪和推杆之间。随着凸轮驱动轴的转动,当开始推秧时,推秧凸轮的半径突然变小,凸轮轴对拨叉的支撑力突然消失,被压缩的推出弹簧开始推出并带动推杆,当插秧爪接近竖直状态时,因凸轮轴的回转半径突然变小,推出臂在压缩弹簧作用下突然推出。秧苗被弹出,脱离插秧爪,栽插到泥土中。将插秧爪上的秧苗推入土壤中,实现强制性插秧。随着凸轮轴的继续转动,凸轮轴的半径又开始慢慢变大,推出臂将又一次带动推杆逐渐向后运动,弹簧逐渐被压缩。当推秧凸轮半径达到最大时,推秧杆运动到插秧爪的最后方,一直到达取秧位置,然后再次完成插秧,即推秧凸轮每转动一周,推秧装置完成一次工作循环。由于插植臂经常接触泥水,因此,密封性能要好,同时每天工作前要仔细检查,并加入软黄油润滑。插植臂的结构如图2-9-1所示。

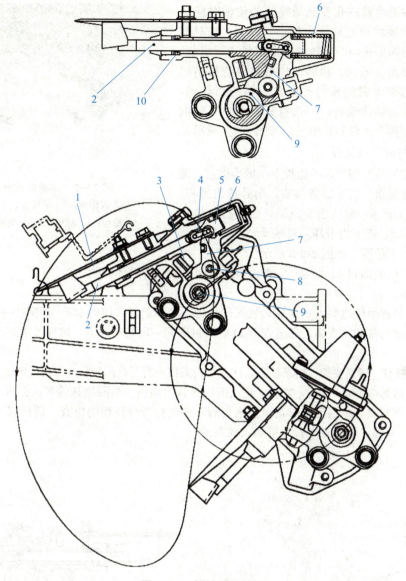

图 2-9-1 插植臂的结构
1—插秧爪；2—推杆；3—缓冲橡胶；4—链条；5—弹簧支架；6—推出弹簧；7—推出臂；
8—支点销；9—凸轮轴；10—油封

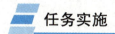
任务实施

插植臂拆装

一、插植臂拆装

1. 分离插植臂与组装

拆下旋转驱动臂（M8 螺母×2 根）；拆下插植臂安装螺栓（M8 螺母×2 根），拔出插植臂；插植臂与偏心齿轮轴之间装有适量的调节垫片。

133

组装旋转驱动臂的孔和插植臂的凸轮轴时应注意，由于凸轮轴的截面形状为梯形，因此，应对准旋转驱动臂的梯形孔与凸轮轴的梯形形状进行组装。在推杆处于取苗、缩回、栽插的位置时确认推出状态，先将旋转驱动臂的梯形孔嵌入一侧的凸轮轴，然后一边转动旋转驱动臂，一边将其嵌入另一侧的凸轮轴中，这样会比较容易组装，如图2-9-2所示。

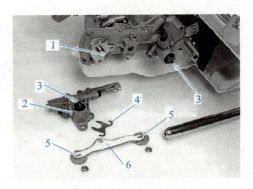

图2-9-2　插植臂的分离

1—偏心齿轮轴；2—插植臂；3—凸轮轴；
4—垫片；5—梯形孔；6—旋转驱动臂

2. 分解与组装插植臂

一边按住插植臂盖罩，一边拆下4根小螺钉，然后拆下插植臂盖罩。拆下链条接头，向外拔出推杆。用虎钳等与O形环一起拔出支点销，然后拆下推出臂。拔出油封2，拆下内卡环。将轴承与凸轮轴一起拔出，最后拆下垫圈，如图2-9-3所示。

应注意，组装油封1、2时，应将封唇弹簧朝向插植臂箱体内侧。

步骤如下：

（1）向插植臂组件内装入平垫片，装入凸轮轴与轴承组件，用内卡环固定轴向位置。

（2）装上推出臂和支点销，注意带有O形密封圈的一段朝向外侧，这样才能起到密封保护的作用。

（3）装入推杆、弹簧支架、链条接头。注意，链条接头将开口部与行进方向反向组装。

（4）向插植臂内充填约10 g黄油，装入推出弹簧，向整个线圈涂抹约8 g黄油。

（5）涂抹密封胶，组装插植臂盖罩。组装后，要进行推杆行程的检查。插植臂在每天工作前都要检查是否缺油，缺少时用黄油枪加入软黄油。

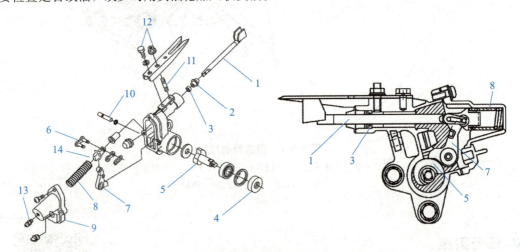

图2-9-3　插植臂的分解

1—推杆；2—主尘封；3—油封1；4—油封2；5—凸轮轴；6—链条接头；7—推出臂；8—推出弹簧；
9—插植臂盖罩；10—支点销；11—双头螺栓；12—螺栓、螺母；13—黄油嘴；14—弹簧支架

若插植臂加注润滑油过多，则其工作会造成塞子被插植臂内膨胀的气体顶飞，从而造成插植臂内部进入泥水，插植臂损坏。正确操作方法应该是，插植臂加注软黄油（锂基黄油与机油1∶1比例充分搅拌），在保养插植臂时要先检查，进行适量添加。如果出现塞子丢失，要尽快补充配件，不要用其他产品替代。

二、任务分析

在前面的任务导入中，突然出现部分行不插秧的现象，旋转箱可以带动插植臂正常旋转，推秧器不能伸出，插植臂上的塞子丢失，此时可能产生的故障为插植臂内部零件损坏，应立即停车，拆下旋转箱组件，然后拆下插植臂检修，如图2-9-4所示。

拆下插植臂盖罩上面的3个螺栓，打开盖子，可能的损坏情况为推出弹簧断裂、弹簧座损坏、链条断裂、推出臂磨损严重、推杆变形、凸轮轴磨损严重，检查对应零件，如有损坏，则必须更换。

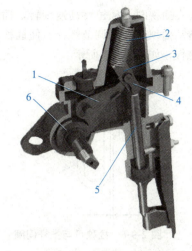

图 2-9-4 插植臂检查
1—推出臂；2—推出弹簧；3—弹簧座；
4—链条；5—推杆；6—凸轮轴

能力拓展

插植臂的检查与调整

1. 插秧爪长度的检查

插秧爪在出厂的时候，从第一个螺纹孔到针尖的长度为 83 mm，使用限度为 80 mm，如果超过使用限度，就需要更换，如图2-9-5所示。

2. 测量插秧爪与推杆的间隙

插秧爪与推杆存在一定的间隙，如图2-9-6所示，A 处间隙为 0.05～1.5 mm，B 处间隙为 0.1～0.6 mm。超出标准值时，要检查插秧爪或推杆、插植臂内的链条接头等是否变形，若有异常部件，要及时进行更换。

3. 推杆的行程检查

推杆从伸出的位置到完全推出的距离称为推杆行程。在推杆刚刚伸出的位置，测量插秧爪前端推杆的伸出量 A，推杆的伸出量 A 参考值为 $-2\sim 1$ mm（插秧爪长的一方为负）。在取苗位置测量推杆的推出行程 B，推杆的推出行程 B 为 20 ± 1 mm，如图2-9-7所示。超出标准值时，要检查插秧爪或推杆、插植臂内的链条接头等是否变形，若有异常部件，需及时更换。

图 2-9-5 插秧爪长度

4. 标准取苗量的调整

调整的方法和步骤如下：

(1)启动发动机，升起栽秧台至合适位置，方便操作调整。

(2)将锁定液压手柄置于"关"的位置，锁定栽秧台，防止下降。

(3)将栽插离合器手柄置于"插秧"位置，关停发动机。

(4)将取苗量调节手柄调整到在标记点的位置，或者从上往下数第6个刻度线的位置。

(5)将取苗量规放在滑动板的取苗口位置，用手转动旋转箱，使秧针轻轻地与取苗量规接触，用12号扳手旋松插植臂上的两个锁紧螺栓，用手抬起插植臂前端，切勿下压插植臂前端，因为在插秧时,插植臂高速旋转,插植臂在离心力的作用下外甩,会造成插秧量变大。用十字起转动插秧爪高度调节螺栓,使插秧爪针尖与取苗量规的取苗量对齐,再拧紧插植臂的两个锁紧螺栓,如图 2-9-8 所示。

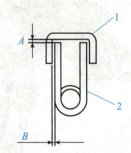

图 2-9-6　插秧爪与推杆间隙

1—插秧爪；2—推杆；
A—间隙 1；B—间隙 2

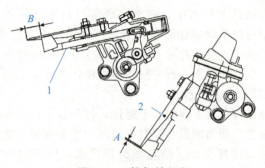

图 2-9-7　推杆的行程

1—插秧爪；2—推杆；
A—间隙 1；B—间隙 2

图 2-9-8　标准取苗量的调整

1—锁紧螺栓；2—调节螺栓；3—取苗量规

(6) 对 6 行 12 个秧针依次进行调整,使各秧针取苗量一致,秧苗下秧就一致了。

任务十　高速插秧机栽秧台

任务要求

知识点:

1. 能够描述高速插秧机栽秧台的结构与原理。
2. 能够描述纵向传送滚轮离合器的传送原理。

技能点:

1. 能够按职业标准正确地组装栽秧台。
2. 学会分析并排除插秧机栽秧台部位常见故障。

任务导入

有一台高速插秧机启动后,闭合插秧离合器,插植臂动作,但是秧苗纵向传送不良,造成漏插现象，推动主变速，插秧机能够前进和后退。拿掉秧毯后检查发现，栽秧台能够左右移动，插植臂旋转，但是纵向传送带不动作。通过本次任务学习插秧机栽秧台的结构、原理、常见故障分析及排除方法。

 知识准备

栽秧台的结构与原理

高速插秧机栽秧台是支撑秧毯的机构，同时保证栽秧台始终处于水平状态，使秧苗栽插深度稳定，栽插痕迹整齐、美观。它主要由栽秧台、纵向传送带、单向离合器、埂边离合器、划线杆等组成。

1. 主要功能

（1）承载秧苗。栽秧台被分割成6、7或8个区域，每个分区形成一行插秧。

（2）带动栽秧台横向移动。在传送箱的左侧，连接横向传送丝杆，横向传送丝杆上刻有正反各13圈双向螺旋凹槽，半月形卡销卡在凹槽内，卡销通过支架带动栽秧台横向移动。

（3）驱动传送带纵向送秧。当栽秧台到达右端或左端时，与传送箱右侧输出动力相连的纵向传送凸轮顶起辊轴离合器支座，辊轴离合器支座被顶起后，辊轴离合器将驱动纵向传送轴，使纵向传送带动作，这样，栽秧台上的秧苗便被传送到下方，从而推动传送带向下推进一个小秧块的长度，保障了插秧的连续性，如图2-10-1、图2-10-2所示。

插秧机插秧送秧系统

图 2-10-1　栽秧台
1—纵向传送凸轮；2—辊轴离合器支座；
3—纵向传送轴；4—纵向传送带

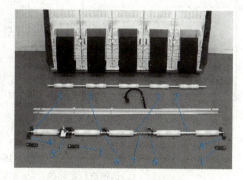

图 2-10-2　纵向传送轴
1—支架；2—带轮连接管1；3—带轮连接管2；
4—右侧纵向传送轴支座；5—纵向传送轴支座1；
6—纵向传送轴支座2；7—纵向传送轴；
8—左侧纵向传送轴支座

（4）栽插行数的控制。栽秧台的背面设有埂边离合器手柄，每个埂边离合器手柄控制一个插秧箱上的两行插秧，当插秧将近结束时，需要根据插秧的剩余宽度进行行数的调整。比如：6行高速乘坐式插秧机，在剩余田块宽度大约为10行时，应该提前做好调整，先插一个4行，后插一个6行，这样就可以保证最后一次为完整的6行，防止先插6行形成秧苗的覆盖，造成浪费。

2. 结构

在纵向传送轴上设置单向离合器，使插秧只能向下传送，不至于造成秧门口堵塞。结构如图 2-10-3 所示。

纵向传送凸轮顶起辊轴离合器支座，辊轴离合器支座被顶起后，辊轴离合器将驱动单向离合器，带动辊轴离合器毂，辊轴离合器毂内壁为正六边形，驱动纵向传送带动作，使轴只能按照 A 箭头的方向转动，反向则不能带动，如图 2-10-3 所示。

3. 插秧行数的调整

插秧机下田地后，先进行低速试运转，待机体温度升高后再开始正式作业；作业中，要按规程操作。在开始插秧之前，应根据地块形状和位置，确定插秧路线。插秧时先留出田边空地（约 1 个往返的面积）后再开始插秧，如图 2-10-4(c) 所示。开始插秧时，从与

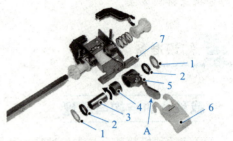

图 2-10-3 单向离合器结构
1—密封轴环；2—油封；3—辊轴离合器毂；
4—单向离合器；5—辊轴离合器支座；
6—取苗量调节支架；7—纵向传送轴支座1

田块长边方向的田埂平行的一侧开始插秧。先进行一定距离的试插，插秧机边前进边插秧，距池埂不要太近，一般距池埂 22～26 cm 插秧，以防碰坏机体。插秧机在作业中，不要重复插秧，避免覆盖已插的秧苗。当插秧将近结束时，需要根据田块剩余的宽度进行行数的调整，保证最后一次为完整的插秧行数，防止把先前的插秧覆盖，造成浪费。插秧路线如图 2-10-4 所示。

不良操作现象

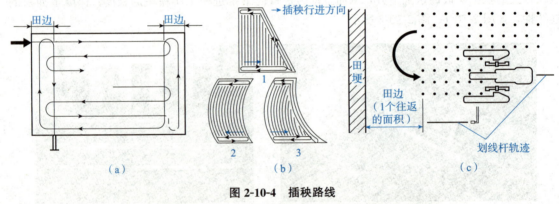

图 2-10-4 插秧路线
(a)插秧机行走路线；(b)不规则田块行走方法；(c)埂边行驶方法

任务实施

一、栽秧台的拆装

1. 分离栽秧台

(1) 平衡弹簧的拆卸。将栽秧台从插秧机上分离，首先要摘除平衡弹簧，启动发动机，将栽秧台向左端移动，拆下右平衡弹簧。同样，栽秧台向右端移动，拆下左平衡弹簧。组装时应注

横向分配量技能考核

意：将平衡弹簧挂钩较长的一侧朝向栽秧台端部（板侧），将挂钩开口的一侧朝上进行组装；将平衡弹簧装在原来的安装孔中；水平控制拉索端部的销安装到辊轴上，缠绕在辊轴的沟槽内，然后挂上弹簧。注意拉索的缠绕圈数，在挂钩部及辊轴和拉索的接触部位涂抹黄油。

(2)各行离合器拉索及离合器手柄的拆卸。从插秧箱的调节部上拆下各行离合器拉索，并将各行离合器拉索装回原位。注意：各行离合器拉索穿过线箍时应穿过白环的内侧及线夹。拆下各行离合器手柄的安装螺栓后，再拆下各行拉索的卡销、各行离合器手柄。

(3)横向传送支架的拆卸。拆下安装螺栓，再拆下横向传送支架。组装后，要进行调节栽秧台的横向分配。

2. 分解栽秧台

(1)纵向传送轴、横梁的拆卸。首先，拆下拉伸弹簧，拉伸弹簧有两种，每种各有 2 个。将线径细的弹簧组装在纵向传送轴的左、右两端，线径粗的弹簧组装在纵向传送轴的中间。然后，从纵向传送间以纵向传送带轮组件拔出纵向传送轴；拔出秧苗用尽传感器的连接器；拆下横梁的安装螺母、自攻螺钉，从纵向传送带间将横梁和插秧线束一起拔出，如图 2-10-5 所示。

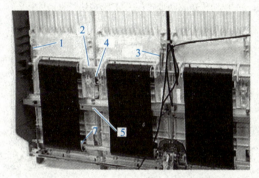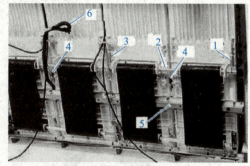

图 2-10-5　栽秧台 1

1—弹簧(细)；2—纵向传送轴；3—弹簧(粗)；4—秧苗用尽传感器；5—横梁；
6—插秧线束；7—纵向传送带轮

(2)纵向传送轴、带轮相关分离。首先拆下右侧纵向传送轴支座、纵向传送轴支座 1、纵向传送轴支座 2、左侧纵向传送轴支座的安装螺母，与纵向传送轴一起分离。将纵向传送带的单面从中间折弯，然后从栽秧台的间隙中向后拔出，如图 2-10-6 所示。

组装时应注意：纵向传送轴和各部件的接触面上应涂抹黄油，但应注意不要让黄油粘到纵向传送带上；将纵向传送驱动带轮插入带轮连接管时，应对准端面后组装；组装至栽秧台后，需确认纵向传送驱动带轮不会接触到栽秧台。

(3)纵向传送单向离合器的分离。拆下纵向传送支座 1 组件，可按图 2-10-7 所示分离纵向传送单向离合器。

组装时应注意：单向离合器侧面刻印有表示驱动方向的箭头，请将刻印箭头按图 2-10-7 所示组装。此外，按住该刻印面，从辊轴支座的端面压入，距辊轴支座的端面距离为 4.2～4.4 mm；组装油封时需将尘封朝向外侧；应将油封装入至内侧，距单向离合器支座端面的尺寸为 0～0.2 mm；向单向离合器支座内侧涂抹黄油后，压入单向离合器、油封；还应在油封的唇面涂抹黄油。纵向传送凸轮和单向离合器支座的接触部 A 部、隔片的内、外侧也要涂抹黄油。

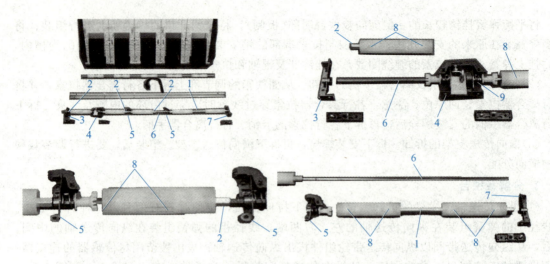

图 2-10-6　栽秧台 2

1—带轮连接管 1；2—带轮连接管；3—右侧纵向传送轴支座；4—纵向传送轴支座 1；5—纵向传送轴支座 2；6—纵向传送轴；7—左侧纵向传送轴支座；8—纵向传送驱动带轮；9—E 形挡块

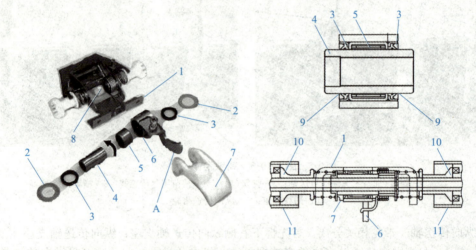

图 2-10-7　单向离合器的分离

1—纵向传送支座 1 组件；2—密封轴环；3—油封；4—单向离合器轴套；5—单向离合器；6—单向离合器支座；7—取苗量调节支架；8—隔片；9—尘封；10—各行插秧爪离合器；11—唇部

二、任务分析

在前文的任务导入中，机手在插秧的时候出现纵向输送带不动作现象，可能产生的故障点是栽秧台。

启动后，插植臂动作，说明插植部有动力；栽秧台能够左右移动，插植臂旋转，但是纵向输送带不动作，说明故障点在栽秧台。首先，检查各滚轮，若滚轮磨损严重，摩擦力不足，则无法带动输送带；其次，检查输送带的张紧度是否合适，纵向传输杆上的弹簧是否丢失或弹力不足，输送带是否磨损严重，若磨损严重则需要进行更换；最后，检查埂边离合器，由于作业后保养不当，或者没有及时清理上面的泥土，造成埂边离合器锈蚀，从而不能正常推送，这就需要维修或者更换埂边离合器。因此，插秧作业完成后、入库前，要彻底清洗机器，并涂润滑油保养。

能力拓展

极限位置的调整

插秧机插秧部高度有一定范围，插秧部上升过高会造成机体不稳定，过低会使插秧爪容易碰到地面，造成秧针的损坏。因此，需要调整最高和最低的位置，调整时，须将插秧机停放在平坦的场所。

1. 插秧部最高上升位置

（1）将插秧深度手柄置于"最深"位置。
（2）测量将插秧部升至最高上升位置时的浮舟底面的高度 H，标准值为 630～660 mm。
（3）超出标准值时，在中立复位杆的孔位置插换卡销进行调节，如图 2-10-8 所示。

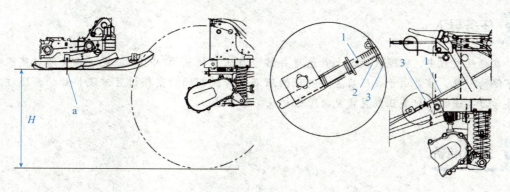

图 2-10-8　插秧部最高上升位置
1—中立复位杆；2—孔位置；3—卡销；a—测量位置

2. 插秧部最低下降位置

（1）将插秧深度手柄置于"最深"位置。
（2）测量将插秧部降至最低下降位置时的浮舟底面的高度 H，标准值为 25～75 mm。
（3）超出标准值时，利用油缸杆的双头螺母进行调节并锁定，如图 2-10-9 所示。

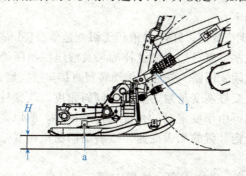

图 2-10-9　插秧部最低下降位置
1—双头螺母；a—测量位置

任务十一　高速插秧机液压装置

任务要求

知识点：
1. 掌握高速插秧机液压装置的工作原理。
2. 理解并学会分析液压动力传递路线。
3. 掌握中浮板的液压仿形原理。

技能点：
1. 学会液压操作手柄控制原理及检修。
2. 学会高速插秧机仿形控制装置调整方法。
3. 能够根据液压控制原理进行高速插秧机液压装置的故障检修。

任务导入

在插秧过程中，出现栽秧台上升速度异常，液压手柄置于"中立"位置，插秧部仍然能够自动下降的现象。这是由于液压装置中液压油泄漏或者控制阀的空挡位置错误导致的。通过本次任务学习高速插秧机液压装置常见故障分析及排除方法。

知识准备

一、液压装置概述

高速插秧机液压装置主要用来控制栽秧台的升降，并根据秧田的实际状况自动进行升降调整；实现液压无级变速；产生较大的转矩，具有方向盘的游隙小、稳定性好、直线行走性能优越等优势，是实现插秧作业的关键部件。

1. 功能

液压装置的主要功能如下：

（1）使用 HST，实现了无级变速。HST 是液压无级变速器（Hydraulic Stepless Transmission）的简称，它由柱塞变量泵、柱塞定量马达、摆线补油泵及液压控制阀等几部分组成，是多种功能液压元件的组合体，并形成闭式回路。它通过传动装置直接串接在底部行驶系统动力传输链中，这样便可以通过操纵手柄改变柱塞变量泵的变量盘倾斜角度，改变柱塞变量泵的排量，从而改变柱塞定量马达的输出转速。由于变量盘的角度可连续调整，所以，柱塞定量马达输出转速也是连续变化的，进而实现行走装置的无级变速，以满足插秧机在复杂工况条件下对行驶系统的要求。

由于 HST 具有结构简单、操作省力、维护方便，以及能很好地实现无级变速等优点，因此，应用也日益广泛。

(2)使用扭矩发生器,实现助力转向和稳定的直线控制。

(3)使用升降控制阀的插秧部升降控制,用来控制栽秧台的升降,并根据秧田的实际状况自动进行升降调整。

部分机型的插秧机上使用了自动水平控制装置 UFO,当车身由于泥角深浅不同造成栽秧台发生倾斜时,插秧部也能保持水平,保证插秧质量。

2. 基本结构

高速插秧机中液压装置的结构如图 2-11-1 所示。

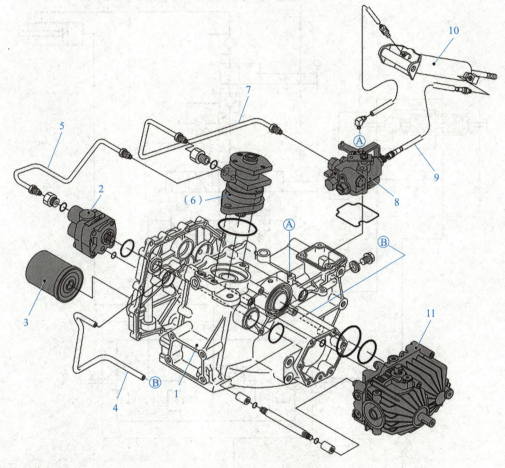

图 2-11-1 液压装置的结构

1—变速齿轮箱;2—液压泵;3—机油滤清器;4—回油管;5,7—液压管;6—扭矩发生器;
8—升降控制阀;9—液压软管;10—液压缸;11—HST

(1)动力部分。液压泵是液压系统的动力元件。它可以将机械能转化为液压能,为液压系统提供一定流量和压力的液体。

(2)执行部分。液压缸和扭矩发生器是执行元件。它将液压能转化为机械能,输出转矩和转速。它们的主要作用是控制栽秧台的升降和实现助力转向。

(3)控制部分。各种控制阀是液压系统中的控制元件。它主要控制液体的压力、流量和方向,保证执行元件完成预期的动作要求。在插秧机中,液压控制元件主要有液压无级变速器、扭矩发生器和升降控制阀。

(4)辅助元件。辅助元件主要有油管、滤清器、压力表、油箱等,主要起连接、储油、过滤、测量等作用。

二、液压回路分析

1. 液压回路

液压回路如图2-11-2所示。

液压系统

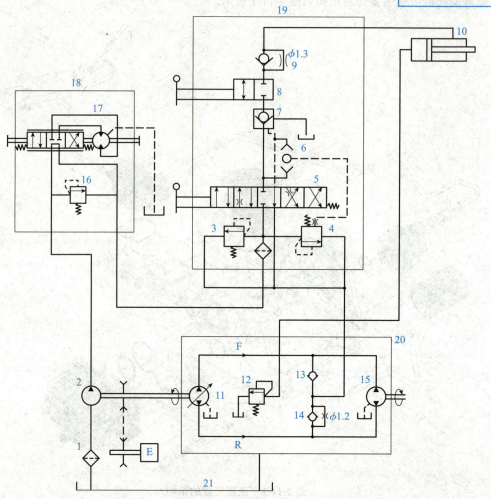

图2-11-2　液压回路

1—机油滤清器；2，11—液压泵；3，16—溢流阀；4—卸载阀；5—控制阀；6—单向梭阀；7—先导单向阀；
8—截止阀；9—节流阀；10—液压缸；12—供油溢流阀；13—单向阀（前进侧）；14—单向阀（后退侧）；15—液压马达；
17—助力转向器；18—扭矩发生器；19—升降控制阀；20—HST；21—变速齿轮箱

2. 液压无级变速器

元件11、12、13、14、15组成元件20，称为液压无级变速器（图2-11-2所示液压回路中线框20）。工作机器的转速在高效率情况下大幅度地进行无级调节是容积式液压传动最显著的优点。所以，具有容积式调速的传动装置获得了广泛的应用。它采用径向柱（球）塞式变量泵和定量马达，最基本的工作原理就是液压传动的容积式调速。通过原动机带动变量泵产生高压油，经液压管路进入定量马达。定量马达在高压油的驱动下转动，完成能量转换后的高压油从定量马达排油孔经低压油管路流回变量泵,依次往复循环,由于泵为变量泵,通过调节变量泵的定子相对转子的偏心,从而改变变量泵的排量,进而改变流量的输出,使进入定量马达里的高压油的流量发生变化,使定量马达输出转速发生变化,以达到调速的目的。

3. 集成式动力转向器

元件16、17组成元件18扭矩发生器(图2-11-2所示液压回路中线框18),是一种使用了扭矩发生器的集成式动力转向器,方向盘的游隙小,稳定性、直线行走性能优越。

4. 插秧部的升降

元件3、4、5、6、7、8、9组成元件19升降控制阀(如图2-11-2所示液压回路中线框19)。

三、集成式动力转向

在方向盘和转向轴之间装有扭矩发生器。扭矩发生器可以通过液压装置将用手转动方向盘的力(低输入扭矩)转换为高扭矩输出。输入轴和输出轴处于一条直线上,可按1∶1的旋转比例转换扭矩。整个扭矩发生器由一个控制阀和计测装置(内齿轮油泵总成)组成。控制阀部分包含输入轴、阀柱、套筒、阀套和溢流阀。移动中心弹簧的微小操作力仅能切换液压油流向。切换控制阀后,来自IN端口的高压油即被输送到计量装置(计量阀),由于计量阀作为液压马达而工作,因此,输出轴(动力端驱动器)将产生很大的转矩。液压油将从流出端口流向插秧部升降控制阀,控制栽秧台的上升和下降。

在发动机熄火或液压泵故障时,即使液压源中断,扭力也会以机械方式从输入轴传向输出轴,因此,可执行手动操作。扭矩发生器内置有溢流阀,用于限制液压通道的压力,并在转动方向盘时出现负载过大的情况下保护设备,如图2-11-3所示。

四、栽秧台升降控制

栽秧台的升降通过切换控制阀中的阀柱升起和降下插秧部。插秧部的上升和下降取决于插秧离合器手柄的操作位置。在插秧期间,插秧部根据中央浮舟角度和液压灵敏度调节手柄的设定状态而自动升起和降下,如图2-11-4所示。

1. 上升回路:插秧离合器手柄B位置

当插秧离合器手柄置于上升位置B时,动作支点板、阀柱臂逆时针旋转。阀柱杆使阀柱手柄向外逆时针旋转。阀柱手柄推动阀柱,形成上升回路,插秧部开始上升。当插秧部升到最高位置时,制动支点板2将向下滑动,并因弹簧和制动杆上的卡销的限制而停止,动作支点板和插秧离合器手柄通过制动支点板1强制返回到空挡位置A,使阀柱移出足够形成空挡回路。因此,插秧部停止上升。

2. 下降回路:插秧离合器手柄C位置

当插秧离合器手柄置于下降位置C时,动作支点板顺时针转动,也使阀柱手柄通过阀柱杆顺时针转动,如果中央浮舟上浮,则会通过控制阀内的弹簧推动阀柱并形成下降回路,插秧部开始下降。中央浮舟下降,直到其接触到地面,中央浮舟端部将被向上推,传感器拉索的芯线将从中央浮舟侧面被拉动,传感器拉索的另一侧拉动阀柱板并使其逆时针转动,此移动也会迫使阀柱臂逆时针转动,阀柱手柄通过阀柱杆逆时针转动,阀柱手柄推动阀柱,形成上升回路。插秧部停止上升,直到以规定力(由软硬度传感器手柄设置的液压灵敏度值)顶起中央浮舟为止。

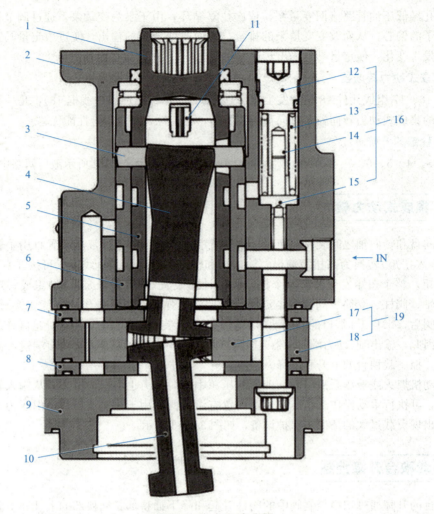

图 2-11-3 扭矩发生器
1—输入轴；2—阀套；3—销；4—控制驱动器；5—阀柱；6—套筒；7—隔板1；8—隔板2；
9—法兰；10—动力端驱动器；11—中心弹簧；12—调节塞；13—溢流弹簧；14—缓冲轴环；
15—溢流提升阀；16—溢流阀；17—内齿轮油泵星形转子；18—内齿轮油泵环；
19—内齿轮油泵总成

3. 插秧离合器手柄：插秧位置

在插秧作业过程中，中央浮舟接触地面并滑动，将从地面接受反作用力，该反作用力将被通过传感器拉索、阀柱板、阀柱杆传递到阀柱手柄，并且使其根据由软硬度传感器手柄设置的规定力顺时针或逆时针旋转，阀柱手柄将迫使阀柱从控制阀移入和移出，分别形成上升和下降回路。插秧部将停止上升和下降，直到地面的反作用力达到规定力为止。

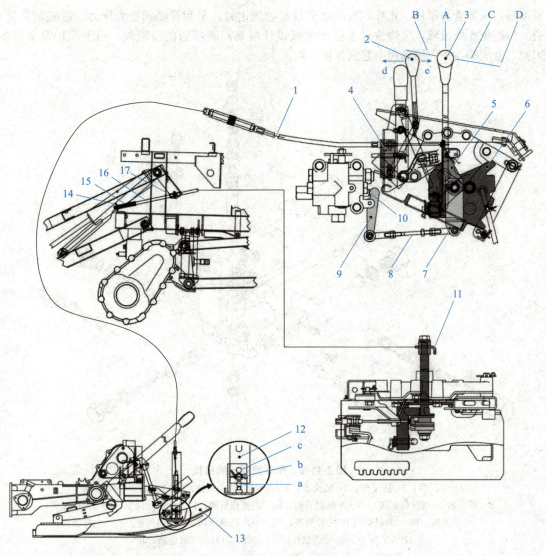

图 2-11-4　载秧台升降控制图

1—传感器拉索；2—软硬度传感器手柄；3—插秧离合器手柄；4—检测臂；5—阀柱板；6—动作支点板；
7—阀柱臂；8—阀柱杆；9—阀柱手柄；10—阀柱；11—制动支点板 1；12—传感器导件；13—中央浮舟；
14—卡销；15—弹簧；16—制动杆；17—制动支点板 2；
A—空挡位置；B—上升位置；C—下降位置；D—插秧位置；
a—迟钝；b—标准；c—敏感；d—硬；e—软

4. 升降控制阀

升降控制阀具有流量控制功能，由单向阀、溢流阀、梭阀、卸载提升阀、节流阀、液控单向阀等多个控制阀集中在一起，可根据阀柱的位移量变化控制流向上升或下降回路的油量。因此，当浮舟的位移量较大时，可使插秧部迅速升降；当位移量较小时，可使其缓慢升降。升降控制阀的结构如图 2-11-5 所示。

分配阀

液压回路的控制阀内有一个非常重要的阀——溢流阀，用于限制最大压力保护插秧机。只要泵运转，即让液压油从泵流入油缸。因此，当油缸活塞杆移至最终端时，由于液压油没有通道泄漏，泵和管将损坏。此外，当油缸负载超过规定时，泵和管受到很大压力，造成泵和管破裂。为避免此类故障，应释放过多液压油或设计限制回路压力的溢流阀，用于保护泵和设备。因此，溢流阀在压力控制阀中起到首要作用。

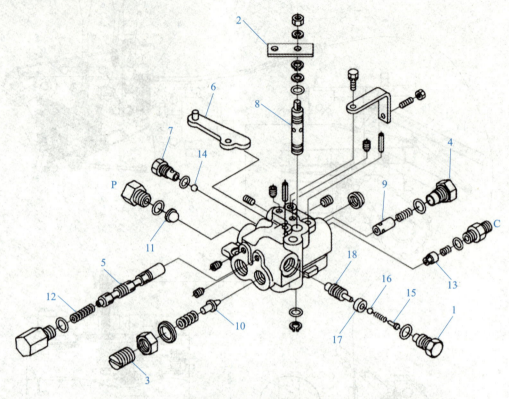

图 2-11-5　升降控制阀的结构

1—单向塞；2—转子板；3—溢流塞；4—补偿塞；5—阀柱；6—阀柱杆；7—梭阀塞；
8—锁定转子(液压锁定阀)；9—卸载提升阀；10—溢流提升阀；11—油路滤清器；12—阀柱弹簧；
13—节流阀；14—梭阀钢球；15—弹簧座；16—单向阀钢球；17—单向座；18—先导活塞；
P—泵端口(液压油进油孔)；C—油缸端口(与油缸连通的孔)

(1) 上升时。升降控制阀上升状态如图 2-11-6 所示。将栽插离合器手柄操作至上升位置时，阀柱杆经由阀柱连杆向顺时针方向转动，将阀柱压入阀中，从 P 端口流入的液压油流过油路滤清器；此后，液压油通过 B 腔的通路 D 端口，顶开止回的液控单向阀钢球，经液压锁定阀和节流阀，从 C 端口被输送到油缸的有杆腔，液压缸回缩，带动栽秧台上升，如图 2-11-6 油路图中深色线所示。同时，从 D 端口流入的液压油顶开梭阀钢球。流经 G 端口的液压油流入卸载提升阀背后，向顶压方向流动，与卸载提升阀的前后始终承受相同的压力，因此，卸载提升阀在弹簧力的作用下保持关闭状态，如图 2-11-6 油路图中浅色线所示。

(2) 中立时。升降控制阀中立状态如图 2-11-7 所示。输送至 P 端口的液压油经主阀阀芯中立位置，顶开卸载提升阀，再通过 T_1 端口返回变速齿轮箱。由于油缸内的油被单向阀钢球阻断，因此插秧部保持当前的位置。

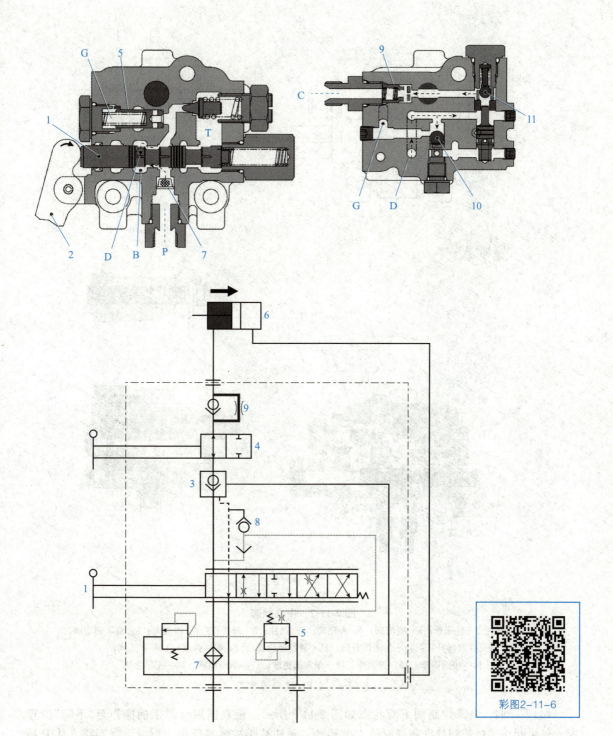

图 2-11-6 上升状态

1—阀柱；2—阀柱杆；3—液控单向阀；4—液压锁定阀；5—卸载提升阀；6—液压缸；
7—油路滤清器；8—梭阀；9—节流阀；10—梭阀钢球；11—单向阀钢球

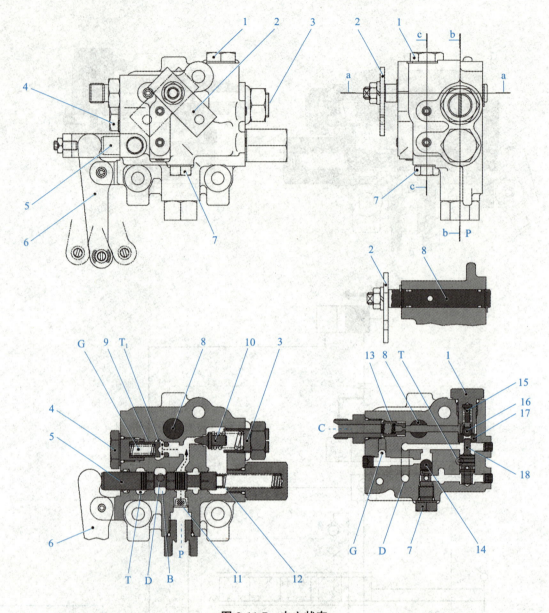

图 2-11-7 中立状态

1—单向塞；2—转子板；3—溢流塞；4—补偿塞；5—阀柱；6—阀柱杆；7—梭阀塞；8—液压锁定阀；
9—卸载提升阀；10—溢流提升阀；11—油路滤清器；12—阀柱弹簧；13—节流阀；
14—梭阀钢球；15—弹簧座；16—单向阀钢球；17—单向阀座；18—先导活塞
b—截面 b—b；c—截面 c—c

(3) 下降时。升降控制阀下降状态如图 2-11-8 所示。将栽插离合器手柄操作至"下降"位置时，经由阀柱连杆使阀柱杆向逆时针方向转动，阀柱被阀柱弹簧顶出，形成下降回路。从 P 端口流入的液压油流过油路滤清器后经 E 端口顶起梭阀的梭阀钢球，并从液控单向阀的 T_2 端口返回变速齿轮箱。同时，液压油顶推液控单向阀的先导活塞，单向阀钢球即被打开；流经 G 端口的液压油流入卸载提升阀背后，向顶压方向流动，与卸载提升阀的前后始终承受相同的压力，因此，卸载提升阀在弹簧力的作用下保持关闭状态，如图 2-11-8 中粗线所示。由于阀柱始终被阀柱弹簧压向阀柱杆一侧,因此,阀柱的位置取决于阀柱支点金属件。如前所述,中央浮舟悬空时,安装在阀柱的金属件处于自由状态,因此,阀柱被全行程顶出。油缸内的液压油从C端口经过节流阀、先导活塞的间隙流过D端口、阀柱A的切口部,再从T_3返回变速齿轮箱,如图2-11-8中粗线所示,至此,插秧部下降。

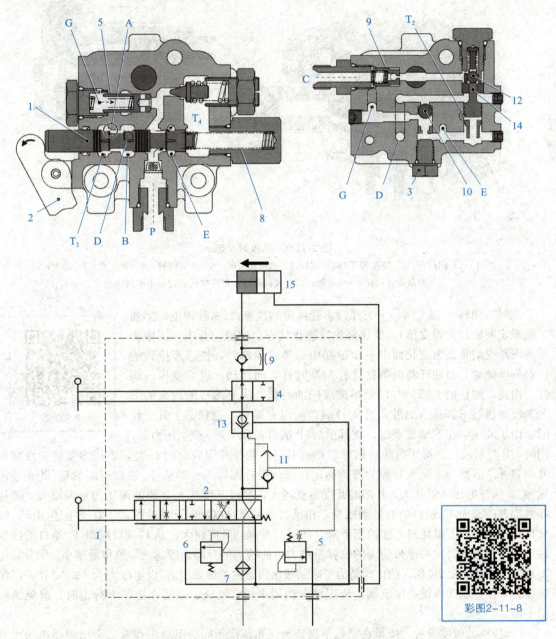

图2-11-8 下降状态

1—阀柱;2—阀柱杆;3—梭阀塞;4—液压锁定阀;5—卸载提升阀;6—溢流提升阀;
7—油路滤清器;8—阀柱弹簧;9—节流阀;10—梭阀钢球;11—梭阀;
12—单向阀钢球;13—液控单向阀;14—先导活塞;15—液压缸

(4)插秧时。插秧部下降至中央浮舟接触地面时,中央浮舟从地面被顶起,安装在阀柱金属件前端孔处的传感器拉索的内部钢丝绷紧,使阀柱杆经由阀柱连杆向顺时针方向转动,压入阀柱，如图 2-11-9 所示。

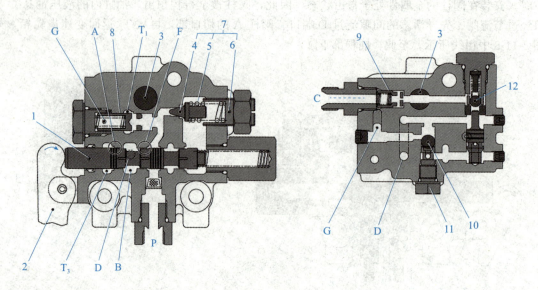

图 2-11-9　插秧时状态

1—阀柱；2—阀柱杆；3—锁定转子（截止阀）；4—溢流提升阀；5—溢流弹簧；6—溢流塞；7—溢流阀；
8—卸载提升阀；9—节流阀；10—梭阀钢球；11—梭阀；12—单向阀钢球

此时，阀柱 A 部关闭，中央浮舟承受恒定的顶推力（由软硬度传感器手柄设定的液压灵敏度值），插秧部保持静止状态。插秧作业中，因中央浮舟所承受的顶推力变化而进一步顶起中央浮舟前端时，传感器拉索的内部钢丝绷紧，阀柱杆经由阀柱连杆向顺时针方向转动，进一步压入阀柱。由此，阀柱的 F 部（切口部）形成液压油通路，从 P 端口输送来的部分液压油通过 F 部流入 B 腔，再从 D 端口流向 C 端口，插秧部上升。此时，由于液压油在 F 部被节流，在其前后（P 端口侧和 B 腔）产生压力差，同时，B 腔的液压油推压梭阀的钢球，并被引向卸载提升阀后面的 G 腔，该压力差将使卸载提升阀打开。因此，未流入 B 腔的液压油顶开卸载提升阀后，全部从 T_1 端口返回油箱（即变速齿轮箱）。阀柱的压入量越大，F 部的开度也就越大，经过 F 部流入 B 腔的液压油量即增多，而从卸载提升阀流向 T_1 端口的油量则减少。相反，中央浮舟前端向下移动时，正好与上述相反，阀柱被顶出，形成下降回路，插秧部下降，此时，A 部的开度越大，从 C 端口流向 T_3 端口的油量越多。由此可知，中央浮舟前端的位移量越大，插秧部的升降速度越快，位移量越小，则升降速度越慢。在此设置溢流阀、截止阀是为了限制液压回路内的最高压力（设定压力为 13.7 MPa），保护设备，在控制阀内设有溢流阀。液压锁定阀用来锁定液压，以便在道路上行走时，避免插秧部下降。

液压仿形

(5) 插秧灵敏度设置。如果在整地不良或者泥角深浅不同的田块中作业，会出现插秧深浅不一致的现象，严重时还会有插秧过深或抛秧现象，这就需要高速插秧机液压仿形机构来调整。插秧深浅由软硬度调节手柄、软硬度钢索、中央浮舟共同作用，组成液压仿形机构。当插秧机在田间作业时，中央浮舟感知田块表面高低不同状况，上下浮动，从而通过钢索带动升降控制阀拉杆动作，改变主阀阀芯的位置，形成上升或下降回路。当泥角变深时，机体就要随之下降，插秧就会变深，中央浮舟浮力增大，浮舟前端在浮力作用下上升，通过钢索带动连杆，推动主阀阀芯动作，形成上升回路，促使栽秧台上升，上升到一定位置后，浮力变小，达到平衡状态，栽秧台维持不动，插秧不致变深；相反，当泥角变浅时，机体要上升，中央浮舟浮力变小，阀柱被主阀弹簧顶出，形成下降回路，栽秧台下降，插秧深浅维持不变。

在插秧期间，插秧部根据中央浮舟的角度和液压灵敏度调节手柄的设定状态而自动升起和降下。可以通过中央浮舟移动检测的液压灵敏度的7个等级范围调节软硬度传感器手柄，如图2-11-4所示。

当软硬度传感器手柄设置为软位置范围时，检测臂将顺时针旋转，传感器拉索的内部钢线将绷紧，检测臂和阀柱板之间决定控制阀操作的传感器拉索的行程长度减小。因此，即使顶起中央浮舟前部的地面反作用力轻微，也足以使阀柱板逆时针旋转、阀柱手柄逆时针旋转且插秧部上升。当中央浮舟前部开始前倾时，插秧部将下降（检测地面反作用力的杆越小，控制阀工作越灵敏）。

当软硬度传感器手柄设置在硬位置范围时，检测臂将逆时针旋转，传感器拉索的内部钢线将松弛，检测臂和阀柱板之间决定控制阀操作的传感器拉索的行程长度增加。在此情况下，与软位置范围相比，需要顶起中央浮舟前部的地面反作用力较强，才能使阀柱板逆时针旋转、阀柱手柄逆时针旋转且插秧部上升。当中央浮舟的前部开始前倾时，插秧部将下降（检测地面反作用力的杆越大，控制阀工作越不灵敏）。

五、栽秧台平衡控制

一些机型的插秧机上使用了液压水平控制装置（UFO）。栽秧台质量增加后，插植时的左右运动及机器本身的倾斜导致左右平衡变换大，左右插植深度的差异也大。为防止插植深度不均导致的秧苗长势不均，UFO能够确保机器插植部相对田块一直保持水平位置，如图2-11-10所示。

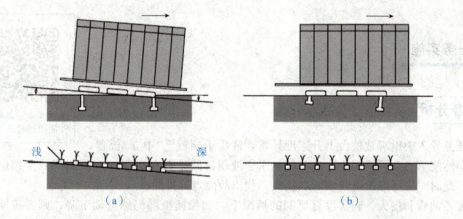

图2-11-10　UFO使用对比
(a)未装UFO；(b)装有UFO

液压水平控制装置（UFO）的优势：
(1)在检测机器倾斜的倾斜传感器基础上增加检测机器倾斜速度的角速度传感器，搭载这两种传感器可以实现高速作业时正确跟踪机器倾斜。
(2)通过对以上两种信号的模糊控制实现更加平稳的水平控制。
(3)液压油缸水平比电动马达水平速度更快，精度更高。
(4)水平控制精度提高后，侧浮船可以小型化，所以田块适应性提高。
液压水平控制装置液压油路如图2-11-11所示。

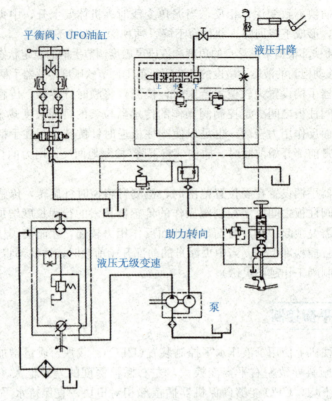

图 2-11-11 液压水平控制装置液压油路

任务实施

任务分析

高速乘坐式插秧机-插秧部自动下降

在任务导入中出现栽秧台上升速度异常，液压手柄置于"中立"位置，插秧部仍然能够自动下降现象，这可能是由于液压回路中存在泄漏，或控制阀的空挡位置不对导致的。此时，应仔细检查各油管和接头，找出故障点并排除。

排查各油管和接头，确实没有泄漏的情况下，如果插植部仍然自动下降，则要按照以下步骤进行调整：

(1) 将插秧机停放在平坦的地面上。
(2) 将主变速手柄置于空挡位置。
(3) 启动发动机，然后以最大转速运转发动机。
(4) 将插秧部上升到任意高度。
(5) 将插秧离合器手柄置于空挡位置，并确保插秧部已停止上升或下降。
(6) 如果不停止，利用插秧杆螺丝扣进行调节，如图 2-11-12 所示。

图 2-11-12 液压中立位置调整

(7)调节后,将插秧离合器手柄置于空挡位置并保持30 s,确保插秧部从任意高度的下降高度不超过10 mm,控制阀不发出溢流声。

能力拓展

液压装置调整

1. 动手操作栽插离合器手柄,感受在不同位置时控制原理

(1)栽插离合器手柄处于上升位置。操作栽插离合器手柄处于上升位置B(图2-11-4)时,操作支点金属件向逆时针方向转动,阀柱支点金属件向顺时针方向转动。与其联动,通过阀柱臂和阀柱连杆拉动阀柱杆,将阀柱压入阀中,形成上升回路,使插秧部上升。插秧部上升后,牵制支点金属件推压牵制杆的卡销,受压的牵制杆使操作支点金属件及栽插离合器手柄返回空挡位置A,插秧部停止。

(2)栽插离合器手柄处于下降位置。操作栽插离合器手柄处于下降位置C(图2-11-4)时,操作支点金属件向顺时针方向转动。此时,中央浮舟悬空,传感器拉索的内部钢丝、阀柱金属件、阀柱支点金属件为自由状态,阀柱受压,形成下降回路,使插秧部下降。中央浮舟接触地面时,其前端被顶起,传感器拉索的内部钢丝绷紧。阀柱支点金属件与阀柱金属件联动,向顺时针方向转动,由阀柱连杆推压阀柱,使下降回路关闭,中央浮舟受到恒定的顶推力(传感器手柄所施加的液压灵敏度设定值),插秧部静止。

(3)栽插离合器手柄处于"合"的位置。在插秧作业中,因中央浮舟前端所承受的顶推力变化而引起中央浮舟向上或向下运动时,传感器拉索、阀柱支点金属件与阀柱金属件联动,向顺时针方向或逆时针方向转动,使控制阀形成上升或下降回路。在顶推力达到设定值前,插秧部将上升或下降。

2. 中央浮舟液压灵敏度角的检查

软硬度传感器手柄(图2-11-13)可对中央浮舟的液压灵敏度(图2-11-14)进行7级调节。在手柄位置标有1~7。软硬度调整标准:当田块状况较软时(呈黏糊状态,有推泥现象),软硬度传感器手柄设定在标记1~3位置;当田块状况标准时(整地良好,推泥较少),软硬度传感器手柄设定在标记4位置;当田块状况较硬时(坚硬整地不良,凹凸严重,非常粗糙),软硬度传感器手柄设定在标记5~7位置。

例如,将软硬度传感器手柄推向"软"的方向,由于传感臂向顺时针方向转动,传感器拉索的内部钢丝绷紧,使升降控制阀之前的行程量变小。因此,只要略微抬起中央浮舟前端,插秧部即上升(中央浮舟即使处于向前下倾的状态,也能形成上升回路;感测载荷变小,灵敏度提高)。将软硬度传感器手柄推向"硬"的方向时,传感器拉索的内部钢丝松弛,使升降控制阀动作之前的行程量变大。因此,中央浮舟被顶推至水平—向前上倾的状态,内部钢丝绷紧,插秧部上升(中央浮舟处于水平—向前上倾的状态时可形成上升回路,感测载荷变大,灵敏度降低)。

在土质松软的田块,即使将软硬度传感器手柄设定到1(液压控制阀的最灵敏位置),中央浮

图2-11-13 软硬度传感器手柄

舟也会在田块中保持沉降。必须将传感器导件的安装孔从中心(标准)位置移至上部(敏感)位置，从而提高液压灵敏度的范围。

在土质较硬的田块，即使将软硬度传感器手柄设定到7(液压控制阀的最不灵敏位置)，中央浮舟也会在田块中保持弹起。必须将传感器导件的安装孔从中心(标准)位置移至上部(迟钝)位置，从而提高液压灵敏度的范围。

中央浮舟对田块的感知度有一定的标准，如果该角度超出标准值，则要进行调整，调整的步骤如下：

(1)机体停放在平坦的场所。

(2)插秧深度调节手柄设定在"中央"位置。

(3)传感器导杆的组装孔位置置于中间的标准位置。

(4)启动发动机，升起插秧部并将液压锁定杆置于"锁定"位置，使地面到中央浮舟底面的高度约为20 cm(下拉杆为水平状态)，停车制动踏板为自由状态。

(5)将液压感测手柄设定为从手柄导杆下侧起第4级。

(6)将角度仪设定为与中央浮舟底面平行的位置。

(7)用手慢慢抬起中央浮舟的前方，测量听到升降控制阀的溢流阀动作声("唧唧"的声音)的瞬间的角度(浮舟液压感测角度)，标准值为−0.9°~0.1°。如果该角度超出标准值，要对传感器拉索螺丝扣进行调节。

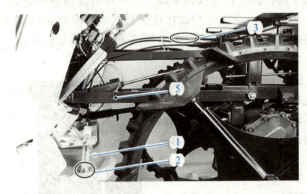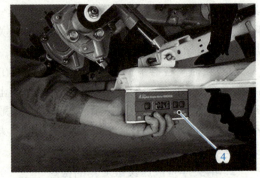

图 2-11-14　中央浮舟液压灵敏度的检查

1—传感器导件；2—调节孔；3—螺丝扣；4—角规；5—下拉杆

任务十二　高速插秧机电气装置

任务要求

知识点：

1. 掌握高速插秧机主要电气部件的功能。
2. 能够看懂插秧机电路图。

技能点：

能够根据电气控制原理进行电气装置常见故障分析与排除。

任务导入

在高速插秧电路系统中，设有电源系统、启动系统照明、信号等系统，同时还有控制电路，如自动平衡装置，以适应不同的地形，保证作业质量；报警功能提醒机手及时补充秧苗等。本次任务学习高速插秧机有关电气的知识与技能。

知识准备

一、电气装置概述

高速插秧机电气装置可以对插秧作业进行控制，实时、准确、有效地控制插秧机插植部的位置，为机械的自动化插秧质量提供强有力的保障，是保障插秧作业质量的关键部件。

1. 功能

电气装置主要有以下三项功能：

(1)发动机的启动和停止功能、蓄电池充电功能。

(2)警报功能。

(3)插秧部控制功能。

随着经济和社会的快速发展，智能化是农业装备研究的必然趋势。无人驾驶插秧机能够解放劳动力、提高作业质量和效率、显著缩短作业时间、有效避免漏插秧和重插秧。在插秧机上搭建硬件平台，对目标地块进行全局覆盖路径规划，利用路径跟踪控制算法，结合电子信息、传感器等技术设计了无人驾驶插秧机控制系统。

2. 电气系统组成

(1)仪表板。仪表板通过指示灯显示错误以了解插秧机的必要信息。仪表板配备充电指示灯、发动机油压力指示灯、水温指示灯、秧苗用尽指示灯、e-STOP指示灯和小时表，如图2-12-1所示。

(2)警报装置。

①秧苗用尽警报表示秧苗已用尽。秧苗用尽时，秧苗用尽指示灯开始闪烁，且警报蜂鸣器鸣响。

②充电警报通过仪表板中的充电指示灯向驾驶员显示交流发电机的发电异常。

③水温警报通过仪表板中的警报和水温指示灯向驾驶员显示发动机冷却液异常。

④发动机油压力警报显示发动机油压力低。如果下降，通过仪表板中的发动机油压力指示灯通知驾驶员。

(3)启动与充电装置。

(4)照明装置。

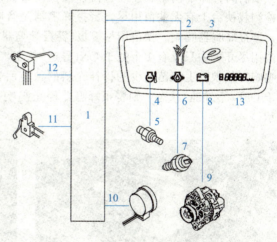

图2-12-1 仪表板

1—电控单元；2—秧苗用尽指示灯；3—e-STOP指示灯；
4—水温指示灯；5—水温传感器；6—发动机油压力指示灯；
7—油压传感器；8—充电指示灯；9—交流发电机；
10—警报蜂鸣器；11—秧苗用尽开关；
12—栽插离合器开关；13—小时表

(5)控制电气部件。在插秧期间,即使行驶部分倾斜,倾斜传感器也会检测到倾斜,并控制插秧部通过机构控制马达的旋转使其保持水平方向,这一机构称为水平控制。e-STOP 功能只需操作主变速手柄和制动踏板而无须使用主开关,即可轻松执行发动机启停。秧苗补充时,发动机可轻松停止,因此可以防止耗油。

二、警报电路分析

为了防止故障发生,机器通过警报蜂鸣器或监视器(指示灯输出),或通过两者同时动作,向操作人员提示作业中的异常情况。

1. 秧苗用尽警报系统

秧苗用尽警报系统主要由蓄电池、秧苗用尽警报指示灯、栽插离合器开关、秧苗用尽开关、警报蜂鸣器、ECU 等组成。其作用是在插秧机工作时检测栽秧台上秧苗是否用完。系统电路如图 2-12-2 所示。

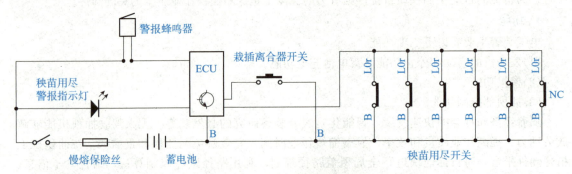

图 2-12-2 秧苗用尽警报系统电路

栽插离合器手柄用栽插离合器开关检测栽插离合器手柄的"栽插"位置;秧苗用尽开关用于检测栽秧台上有无秧苗用尽,警报蜂鸣器是音响信号装置。插秧作业中发生秧苗用尽警报时,警报蜂鸣器鸣响。秧苗用尽警报(警报蜂鸣器、秧苗用尽指示灯)动作的条件成立后,6 个秧苗用尽开关中只要有 1 个处于 ON(导通)状态,秧苗用尽警报指示灯即点亮,同时警报蜂鸣器鸣响;栽秧台上秧苗过少的行补充新的秧苗后,如果 6 个秧苗用尽传感器因被秧苗压下而处于 OFF(不导通)状态,则警报蜂鸣器停止鸣响,秧苗用尽指示灯也随之熄灭,如图 2-12-3 所示。

图 2-12-3 秧苗用尽警报
1—警报蜂鸣器;2—秧苗用尽开关

2. 充电警报指示灯

主开关为"开"时，充电警报指示灯点亮，发动机启动后熄灭。调节器检测发动机的发电机（充电线圈）是否发电，使该充电警报指示灯点亮或熄灭。交流发电机在发动机转动期间对电气设备提供电力，同时对蓄电池充电。交流发电机包含交流电发电机、转换为直流电的整流器和调节发电能力的 IC 调节器。由发电机内置的 IC 调节器检测交流发电机的发电状态。因发动机停止、发电量不足或调节器本身的故障而导致蓄电池未能正常充电时，调节器将使仪表板上的充电警报指示灯点亮。在发动机旋转蓄电池正常充电时，充电警报指示灯将熄灭。

3. 水温警报

水温警报通过仪表板中的警报和水温指示灯向驾驶员显示发动机冷却液异常。水温传感器的电阻值根据发动机冷却液的温度而变化。仪表板上的水温计指针则根据该电阻值的变化而变化。当水温传感器检测高于 118 ℃时，水温指示灯点亮，警报蜂鸣器发出间歇性鸣响。

4. 发动机油压力警报

发动机油压力警报显示发动机油压力低。如果下降，通过仪表板中的发动机油压力指示灯通知驾驶员。主开关为"开"时，机油压力警报指示灯点亮，发动机启动工作时，如果发动机油的压力正常，则为关闭状态，指示灯熄灭。安装在发动机上的机油压力传感器未检测到正常的机油压力（49 kPa）时，机油压力传感器即 ON（导通），仪表板上的发动机油压力指示灯点亮。在发动机旋转机油压力正常时，发动机油压力指示灯即熄灭。

三、插秧部水平控制

在插秧作业中，由于左右运动及机器本身的倾斜导致左右平衡变换大，左、右插植深度的差异也大，这将导致秧苗长势不均。为防止这种现象发生，插秧机配置了水平控制系统，若行走部倾斜，倾斜传感器可检测到倾斜，通过控制马达的旋转使其保持水平方向，这一机构称为水平控制，如图 2-12-4 所示。

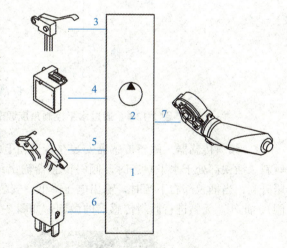

图 2-12-4　各报警开关

1—电控单元；2—水平控制角度调节旋钮；
3—栽插离合器开关；4—倾斜传感器；5—水平控制限位开关；6—水平控制马达继电器；
7—水平控制马达

1. 主要工作部件

（1）水平控制角度调节旋钮。这是设定插秧部左右倾斜目标值的调节旋钮。水平控制角度的调节范围为插秧部角度−2°（左下倾）～0°（水平）～+2°（右下倾）。检测出异常电压时（断线等），将其视为故障，并将目标作为水平位置进行控制。启动手动模式后，可作为手动开关使用。

（2）水平控制限位开关。启动方法：将主开关置于"开"后，在 10 s 以内将水平控制角度调节旋钮分别在左下→中央→右下或右下→中央→左下的位置各保持约 2 s（顺序不分先后）。

限位开关动作范围：在中央附近时，限位开关不动作。图 2-12-5 所示为水平控制角度调节旋钮与倾斜角度目标值的关系，图 2-12-6 所示为通过水平控制角度调节旋钮设定的倾斜角度目标值。

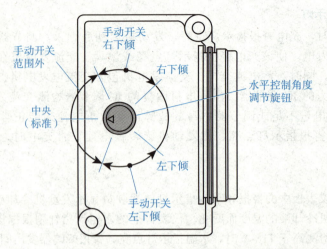

图 2-12-5　水平控制角度调节旋钮与倾斜角度目标值的关系

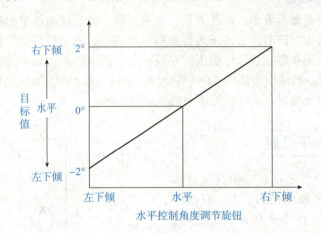

图 2-12-6　通过水平控制角度调节旋钮设定的倾斜角度目标值

(3)倾斜传感器。倾斜传感器安装在传送箱上的倾斜传感器支架上,用于检测插秧部的左右倾斜。插秧部处于水平状态时,倾斜传感器输出约 2.5 V 的电压。当插秧部左下倾时,输出电压升高;当插秧部右下倾时,输出电压降低。安装倾斜传感器时,需将标签侧朝向后侧(插秧部侧)。此外,无须进行倾斜传感器的微调,如图 2-12-7 所示。

图 2-12-7　倾斜传感器

(4)水平控制马达。水平控制马达根据微电脑单元的输出,通过水平控制继电器正转或反转。该旋转力被传递到水平控制轴及水平控制滚子上,水平控制拉索可根据水平控制滚子的旋转,拉动水平控制弹簧(右侧)和水平控制弹簧(左侧),水平控制弹簧连接至栽秧台支架的板上。如果向左侧或右侧方向拉动栽秧台支架的板,插秧部将以倾斜支点毂作为支点,向左或向右下移。水平控制限位开关(左侧)用于检测插秧部向左下移的极限,水平控制限位开关(右侧)用于检测向右下移的极限。这些开关属于常关型。当水平控制滚子的凸起部分推动打开(不导通)这些开关时,水平控制马达的动力输出将停止,如图 2-12-8 所示。

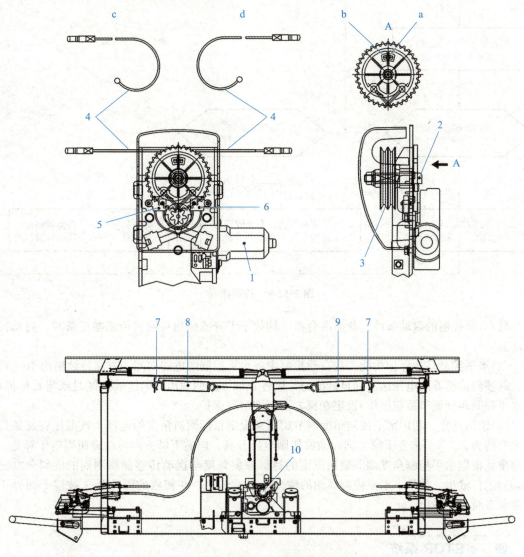

图 2-12-8 水平控制马达

1—水平控制马达;2—水平控制轴;3—水平控制滚子;4—水平控制拉索;5—水平控制限位开关(右侧);6—水平控制限位开关(左侧);7—板;8—水平控制弹簧(右侧);9—水平控制弹簧(左侧);10—倾斜支点毂;a—对准标记;b—凸起部分;c—右侧拉索的卷绕;d—左侧拉索的卷绕

2. 控制原理

控制流程如图 2-12-9 所示。

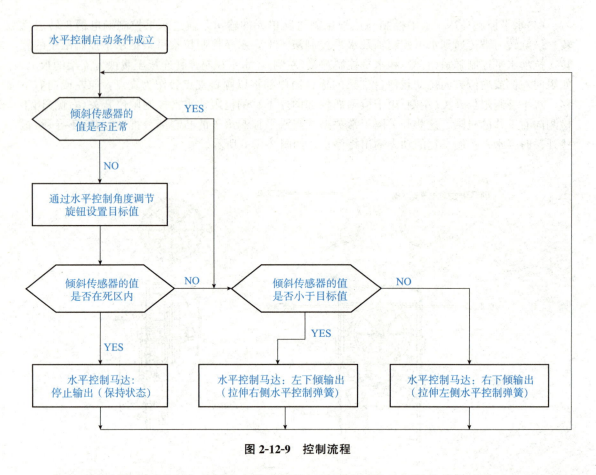

图 2-12-9 控制流程

(1)自动控制的启动条件。栽插离合器手柄处于下降或插秧且倾斜传感器正常时,自动控制启动。

(2)水平控制马达保护功能。在自动控制中,水平控制继电器向同一方向持续输出 10 s 以上时,即倾斜传感器的电压达不到目标值时,则停止该方向的输出,但进入死区时或将目标值(通过水平控制角度调节旋钮操作)设定在反方向时则解除保护。

(3)输出动作。利用水平控制角度调节旋钮来设定目标倾斜角度的电压。该电压在旋钮位于中央时约为 2.5 V,向左下倾方向转动旋钮则电压升高,向右下倾方向转动旋钮则电压降低。微电脑单元根据水平控制角度调节旋钮设定的目标倾斜角度与摆动传感器检测到的倾斜角度之差(偏差)进行输出。此外,水平控制马达的输出为连续输出,在相应的限位开关被按下而处于不导通状态时停止输出。

四、e-STOP 系统

有些机型的插秧机上设置 e-STOP 功能,只需操作主变速手柄和制动踏板而无须使用主开关,即可轻松执行发动机的启停。当补充秧苗时,发动机可轻松停止,防止耗油,如图 2-12-10 所示。

1. e-STOP 结构

(1)e-STOP 开关:用于检测主变速手柄的 e-STOP 位置的 e-STOP 开关。将主变速手柄移动到 e-STOP 位置时,发动机熄火。

(2)安全开关:用于检测驻车制动踏板踩踏力的安全开关。踩下驻车制动踏板且主变速手柄

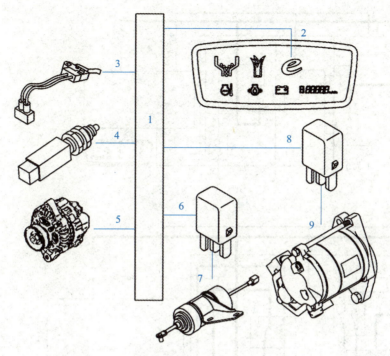

图 2-12-10　e-STOP 系统

1—电控单元；2—e-STOP 指示灯；3—e-STOP 开关；4—安全开关；
5—交流发电机；6—发动机熄火继电器；7—发动机熄火电磁阀；
8—启动继电器；9—启动马达

回到空挡位置时，电控单元输出启动马达启动信号，启动马达动作，发动机启动。

（3）启动马达：用于启动发动机的启动马达。踩下驻车制动踏板且主变速手柄回到空挡位置时，电控单元输出启动马达启动信号，启动马达动作，发动机启动。

（4）交流发电机：用于检测发动机的旋转。电控单元通过交流发电机发出的信号监视发动机的作业状态。

（5）发动机熄火电磁阀：用于停止向发动机供油。将主变速手柄移动到 e-STOP 位置时，电控单元输出发动机熄火信号，然后发动机熄火电磁阀动作。

（6）电控单元：用于输出发动机熄火信号和发动机启动信号。

2. e-STOP 功能

e-STOP 功能如图 2-12-11 所示。

（1）e-STOP 的工作状态（发动机熄火功能）。图 2-12-11（b）显示使用 e-STOP 机构将发动机熄火的电路。在发动机启动状态，当主变速手柄倾斜到 e-STOP 位置时，e-STOP 开关导通且信号发送到电控单元；当使用 e-STOP 机构将发动机熄火时，e-STOP 指示灯点亮。

（2）e-STOP 的工作状态（发动机重新启动功能）。图 2-12-11（c）显示使用 e-STOP 机构将发动机重新启动的电路。当主变速手柄返回到空挡位置并踩下制动踏板时，电控单元将输出信号输出到启动继电器。启动继电器工作，蓄电池供电压至启动马达，因而发动机重新启动。

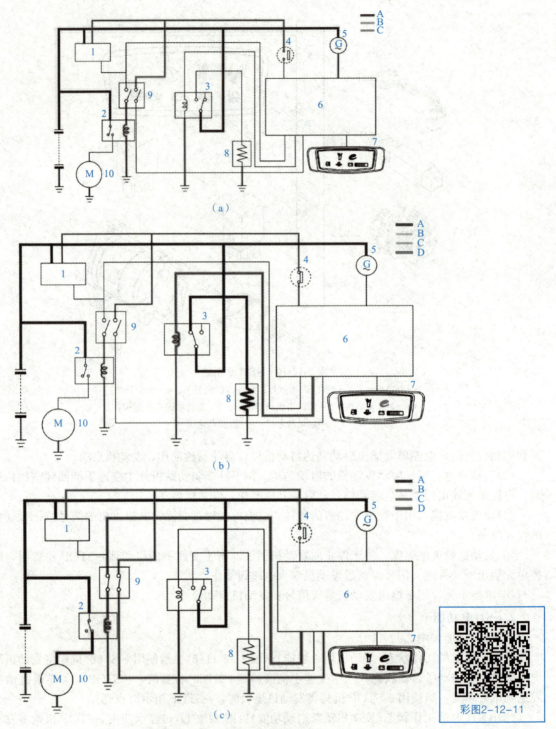

图 2-12-11　e-STOP 功能
(a)功能的正常操作；(b)发动机熄火功能；(c)发动机重新启动功能
1—主开关；2—启动继电器；3—发动机熄火电磁阀继电器；4—e-STOP 开关；5—交流发电机；
6—电控单元；7—仪表板；8—发动机熄火电磁阀；9—安全开关；10—启动马达；
A—始终有蓄电池电压供电的电路；B—主开关打开时从蓄电池供电的电路；C—接地电路；
D—有来自装置的输出时施加电压的电路

任务实施

调节插秧部横向平衡

调节栽秧台左右平衡(图 2-12-12),首先将各操作手柄置于下列位置:
(1)将插秧部置于离地约 30 cm 的高度,锁定液压。
(2)在将制动踏板踩到底的状态下锁定。
(3)使主变速手柄、副变速手柄、栽插离合器手柄置于"中立"位置。
(4)拆下右后轮护板背面的水平控制盖。

在上面的测量条件下,将栽秧台置于中间位置(收起划线杆的状态)。操作水平控制马达,将每一侧的水平控制拉索设为相同的长度,然后停止水平控制马达。调节勾住平衡弹簧的连接板孔的位置,使滑动板左右两端的高度差 H 符合维修规格。注意此时平衡弹簧的挂钩开口一侧应该朝上。

左右滑动板的高度差 $H=|H_L-H_R|$,标准值为 10~35 mm(左侧升高)。

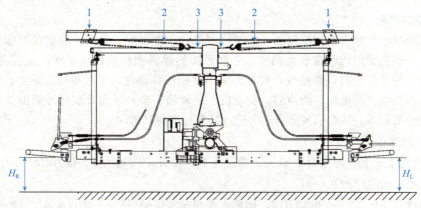

图 2-12-12　插秧部横向平衡调整
1—连接板;2—平衡弹簧;3—水平控制拉索;
H_R—滑动板右端高度;H_L—滑动板左端高度

水平钢索的更换

任务十三　高速插秧机的作业方法、调整与保养

任务要求

知识点:
1. 掌握高速插秧机插秧作业的方法。
2. 掌握高速插秧机的调整方法与步骤。

技能点:
1. 能对插秧过程中出现的问题进行诊断并及时进行故障排除。
2. 学会高速插秧机的调整方法与步骤。
3. 能够独立进行高速插秧机日常维护和季后入库保养。

任务导入

高速插秧机若保养不当，会严重影响使用寿命，常见的不良现象有很多，例如：插植臂加注润滑油过多，会造成油塞脱落；变速箱不能定期保养或更换劣质液压油；在橡胶套内加注大量黄油，导致橡胶套损坏；进入泥水，造成丝杆、转子的异常磨损，影响栽秧台的移动等。在地域、田块状况、水稻品种均不同的插秧作业过程中，应采取不同的穴距和每穴基本苗数及栽插深浅、灵敏度等，以适应不同的田块要求，这就要求机手能够根据实际情况进行调整。本次任务学习高速插秧机的调整与保养的知识与技能。

知识准备

一、运转前的准备工作

1. 机器的准备

补充机油时应严禁烟火。使用前，务必检查机油、燃料的量是否在规定的范围内；补充燃料和机油后，切实紧固燃料盖和加油栓，并将洒落的燃料和机油擦拭干净；运行前对制动器、离合器和安全装置等进行日常检查，如有磨损部件或损坏部件，予以更换。此外，定期检查螺栓和螺母是否松动。蓄电池、消声器、发动机、燃料箱、带外罩内及配线部周围如有脏物或燃料黏附、泥土堆积等，将会引发火灾，应进行日常检查将其清除。

2. 秧苗的准备

苗床盘根良好；苗床厚度为 2～3 cm；苗高为 10～20 cm；每箱的播种量为 150～180 g(催芽种)。

3. 田块的准备

泥脚深度在 10～30 cm(单脚下田，脚陷入泥里的深度)；田块平均水深在 1～3 cm 为宜；土壤黏度不应太大；土壤的砂质较少；田块内的夹杂物少。

二、插秧机行驶及搬运

插秧机在启动时一定不能进行突然启动操作，在冬季寒冷的天气，要让发动机充分进行暖机空转，空运转 5 min 以上，发动机的转速不要超出插秧作业规定值，在未经平整的凹凸不平的道路上低速行走。即使在磨合运行以后也需注意，尤其在操作新车时应特别注意。

1. 启动步骤

(1)打开燃料栓。
(2)确认各手柄位置，拉开阻风门，踏下踏板。
(3)将钥匙置于启动位置，启动发动机后松开钥匙。
注意：天冷启动时，应先将主开关打在预热位置 10 s，然后启动。启动时间不能超过 5 s，第二次启动时间间隔 30 s 以上。
(4)在路上行走时，把副变速手柄置于"路上行走"位置，主变速手柄慢慢向前推进。
注意：快速行走时不可以突然把速度降低；高速行走时不可以踩踏踏板，应先减慢速度后再踩。
(5)在插秧作业时，先调整好株距、横向传送次数和取苗量调节手柄，以及栽秧台的位置

（首次加秧苗时栽秧台要移动到最左端或最右端，如果栽秧台在任意位置时添加秧苗，会导致取苗时纵向送秧的混乱，使秧苗堆积在取苗口）。此时，将副变速手柄置于"田块作业"位置，栽插离合器手柄处于"中立"位置。发动后，将主变速手柄慢慢向前推进。

（6）行驶至坡路前，先停车，将副变速手柄切换到"田块作业"位置，然后再上、下坡。如果坡陡，当正向行驶上坡机身有后倾危险时，以后退方式上坡，在上坡途中，切勿将副变速手柄置于"中立"位置，也不要踩下制动踏板；因回避危险而不得不停车时，要将制动踏板踩到底。若制动踏板踩踏不到位，会有失控的危险。除特殊原因外，一定不要在坡路上停车。

2. 停车方法

将油门手柄置于"低"的一侧，主离合器置于"离"的位置，机器将停止前进。在路上转动插秧部时，在中央浮舟前端（传感器杆的位置）的下部垫上厚度为 10～15 mm 的箱子或垫块，将转向手柄抬起后再进行操作。栽插离合器接合后，机体下降，插秧爪将会碰到地面，有可能造成机器故障。在因道路被野草等覆盖而无法看清路基或感到有危险的地段，下车查看路况时，一定要关停发动机。

3. 装卸方法

在距离较远的田块工作时，要用拖车运输，装卸板的长度是卡车车厢高度的 4 倍以上，宽度 30 cm 以上，每块板的承重至少为 600 kg，将栽插离合器手柄置于"下降"位置，降下车体，使车体不要左右倾斜，然后将栽插离合器手柄置于"固定"位置，将插秧深度调节手柄设定在最深的位置，启动发动机，低速以后退方法装车，在装卸板上禁止打方向或变速手柄，禁止脚踩踏板；装在车上以后，将栽秧台升到最高处，停止发动机，踏下制动踏板并锁定，用绳索固定栽秧台，并将燃油栓旋转到停止位置。

装卸车要领

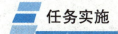 任务实施

一、各部分调整

1. 株距调整

调整的目的：由于行距是固定的，为了保证大田的基本苗数量，宽行浅栽，只能进行株距的调整。

插秧机调整

调整方法及步骤：打开踏板右边的橡胶垫，拨动株距调节杆，可以进行六挡株距调节。

注意：如果株距调节杆难以调节，可以启动发动机，暂且将主变速置于前进后，再扳回空挡，并停止发动机（如果株距调节杆没有到位，则插秧部分是不能动作的），如图 2-13-1 所示。

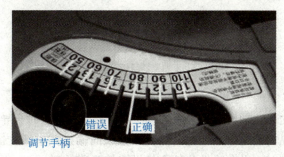

图 2-13-1 株距调整

2. 软硬度调整

软硬度调整标准：当田块状况较软时（呈黏糊状态，有推泥现象），软硬度传感器手柄设定在标记1～3位置；当田块状况标准时（整地良好，推泥较少），软硬度传感器手柄设定在标记4位置；当田块状况较硬时（坚硬整地不量，凹凸严重，非常粗糙），软硬度传感器手柄设定在标记5～7位置（图2-11-13）。

3. 横向取苗量调整

当纵向取苗量不足时，可以根据苗的大小进行横向取苗量调整。当秧苗是成苗时，横向插秧次数调整为18次；当秧苗是中苗时，横向插秧次数调整为20次；当秧苗是小苗时，横向插秧次数调整为26次，如图2-13-2所示。

图 2-13-2　横向取苗量调整

4. 纵向取苗量调整

纵向取苗量的多少可通过调整纵向取苗量调节手柄，根据秧苗或苗床的情况进行调节，可在8～18 mm进行10个阶段的调节。当取苗较少时，向多的方向扳动纵向取苗量调节手柄；当取苗较多时，向少的方向扳动纵向取苗量调节手柄。但是，在使用了一段时间后，插秧爪磨损，调整纵向取苗量调节手柄也无法达到取苗量时，要进行标准取苗量调整。调整步骤及方法如下：

(1)将油压锁定手柄置于"闭"的位置。

(2)将插秧离合器置于"插秧"位置。

(3)将取苗量调节手柄设置在"标准"位置。

(4)先把量规放在滑动板的凹槽上，然后用手转动旋转箱，直到插秧爪碰到量规。

(5)松开紧固插植臂的两个螺栓。

(6)首先使插秧爪的前端抬起，然后轻轻对在量规上，用螺钉旋具或者扳手左或右旋转调节螺栓，直到对准量规面的第2条线（说明：调整螺栓左旋插秧爪下降，调整螺栓右旋插秧爪上升），如图 2-13-3 所示。

（a）　　　　　　　　（b）　　　　　　　　　　　（c）

图 2-13-3　纵向取苗量调整

(a)纵向取苗量调节手柄；(b)拧松螺栓；(c)调节螺栓

5. 纵向输送量调整

调整的目的：当纵向凸轮轴磨损后，纵向送秧量会减少，严重时会导致缺秧、堵秧。

调整的方法：先在纵向输送带上标记，然后调整纵向输送调整螺栓试运转插秧部。当栽秧台运转到最左端或最右端时，纵向输送凸轮会使纵向输送带运动一次，量取纵向输送带的移动距离，当达到标准 13 mm 时即可，取苗量调节手柄在标准位置，之所以在标准位置是因为标准取苗量调整与纵向输送是有联系的，如图 2-13-4 所示。

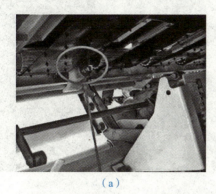 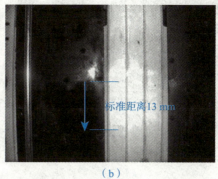

(a) (b)

图 2-13-4 纵向输送量调整
(a)调整螺栓；(b)纵向送秧距离

6. 插秧深度调整

农艺要求插秧的深浅"不漂不倒，越浅越好"，这对秧苗的返青等都有利。调节范围为 2～5.3 cm 五级调整，每调整一级大约变化 7 mm，插秧深度以 2～3 mm 为宜，通过改变插秧深度调节手柄的位置调整插秧深度，实际改变的是中央浮舟与插植臂的相对位置，如图 2-13-5 所示。

(a) (b)

图 2-13-5 插秧深度调整
(a)最浅时；(b)最深时

7. 苗床压杆与压秧杆调整

将秧苗放在栽秧台上以后，秧苗与苗床压杆的间隙为 1～2 cm，如果秧苗与压秧杆之间的空隙很大，或苗床状况很差(秧苗稀薄而软弱或扎根不良等)，会导致苗床溃散而引起缺秧；如果秧苗与压秧杆之间的空隙过小，则会导致送秧不良，造成缺秧或无法正常送秧，应该按照以下方法调整。

苗床压杆调整[图 2-13-6(a)]方法及步骤如下：

(1)松开上面的蝶形螺栓，将其移动到合适位置。

(2)将压苗杆的底部也同样移动到相应位置。

如果插秧后，秧苗出现一致性的前后倒伏，应调整压秧杆。如果秧苗过短、插秧后秧苗向后倒、苗床过软，插秧时容易散乱，要抽出压秧杆，重新穿入后面的孔中。如果秧苗过长、插秧后秧苗向前倒、秧苗挂在压秧杆上，无法下降到滑动板上，要抽出压秧杆，重新穿入前面的孔中,如图 2-13-6(b)所示。

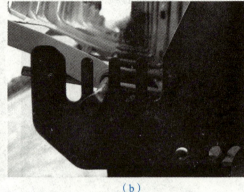

图 2-13-6 苗床压杆与压秧杆调整
(a)苗床压杆调整;(b)压秧杆调整

8. 各条离合器钢索调整

如果间隙太小或无间隙,有可能会导致一组旋转箱不工作,无动力。弹簧和拉索前端部的头部游隙标准值为 0~2 mm,如图 2-13-7 所示。

9. 制动踏板的检查及调整

确认在倾斜路面的制动情况下,缩短制动踏板连接杆上的调整杆行程,使机器在倾斜地面能达到良好的制动效果,如图 2-13-8 所示。

调整方法如下:

(1)在未装载秧苗的状态下,将机器停放在坡度为 11°左右[图 2-13-8(a)中的 A]的倾斜地段。

(2)将停车制动踏板挂在锁定金属件从上往下数的第 2 槽口时,确认机器停止。

图 2-13-7 离合器钢索调整
标准值 D:0~2 mm

(3)机器不能在倾斜地段停止时,应利用制动杆的螺钉扣重新调整。

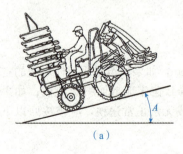
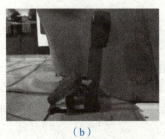

图 2-13-8 制动踏板的检查及调整
(a)斜坡角度;(b)制动踏板;(c)制动杆调整

10. 主变速手柄的检查及调整

根据以下机械条件,将高速插秧机停放在平坦的混凝土地面上,确认机体已停止:主变速手柄置于"中立"位置;副变速手柄置于"田间作业"位置;停车制动踏板置于释放状态;发动机转速约 2 800 r/min。

如果当主变速手柄扳回 N 挡时，机器无法停机，则要按照以下要领调整主变速杆的螺钉扣：主变速手柄置于"中立"位置；副变速手柄置于"田间作业"位置；启动发动机，将停车制动踏板松开；先松开螺钉扣的锁紧螺母，转动螺钉扣，机器停止，然后锁紧螺钉扣的螺母，如图 2-13-9 所示。

11. 副变速手柄的检查及调整

检查副变速手柄挡位是否能正常切换，如无法正常切换，检查副变速手柄下方的连接部位是否有变形或损坏，如图 2-13-10 所示。

图 2-13-9　主变速手柄的检查及调整

图 2-13-10　副变速手柄的检查及调整

12. 插秧升降控制阀的检查及调整

将机体停放在平坦的场所，主变速手柄置于"中立"位置，启动发动机，将插秧部升起至任意高度（H），将栽插离合器手柄置于"中立"位置，然后确认插秧部能否停止。不能停止时，利用插秧杆的螺钉扣进行调节。调节后，将栽插离合器手柄置于"中立"位置并保持 30 s，插秧部从任意高度（H）下降的距离不得超过 10 mm，如图 2-13-11 所示。

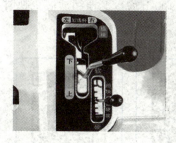  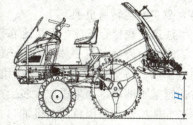

图 2-13-11　插秧升降控制阀的检查及调整

13. 后退上升的检查及调整

向左操作主变速手柄，使其从"中立"位置切换到"后退"位置时，栽秧台会自动上升，如果栽秧台无法上升，调整后退上升钢索的调节部。调节后，启动发动机，将栽插离合器手柄置于"插秧"位置，确认主变速手柄置于"后退"位置时，插秧部可升起，如图 2-13-12 所示。

图 2-13-12　后退上升的检查及调整

二、高速插秧机的保养

1. 日常保养

在进行保养时,必须关停发动机,拆下或打开旋转部的罩壳类零件,必须重新装好,以免衣服被卷入而发生危险,如果要在插秧部升起的状态下进行作业,一定用液压锁定手柄将其固定,以防落下。同时,用垫木等进行制动以防落下;进行空转时,务必升起插秧部,机油如有洒落,要将其擦拭干净;附着在蓄电池、消声器、发动机、油箱周围的脏物或燃料及堆积在其上的泥土会引发火灾,因此应予以清除。

(1)清扫方法。一天的作业结束后,务必清除各个部分的泥土或脏物。

注意:请勿向发动机罩内部或驾驶座下部的电气装置喷水,否则会引起故障。卸下的螺栓或螺母必须重新装上并拧紧。

(2)加油方法。

①发动机机油:每天作业前或作业后进行检查,机油量是否在规定量油量计的下限和上限之间,第一次 20 h 更换机油,以后每 200 h 更换,发动机机油滤芯更换时间为 200 h,一般在更换机油同时也一起换掉。

②张紧轮:加注普通锂基脂即可,用黄油枪加油。

③变速箱、后车轴箱、插秧箱:第一次 50 h 后更换,第二次 100 h 后,变速箱滤芯更换时间为 200 h(运转后更换)。

注意:栽秧台下降,副变速在作业挡测出的油量才是最准确的。

④横向传送丝杆、横向传送轴凸轮滚子:用黄油枪加油,每天作业前、后检查和保养一次,添加普通锂基脂即可,如果添加太多会把保护套挤坏。

⑤插植臂:采用黄油与机油(1∶1)混合后加注,每天检查一次,一般每 50 h 补充一次,需要时随时添加。

⑥导轨:一般使用普通机油,用加油壶进行加注,每天加注一次。

⑦其他各部加油处:如钢索类、各滑动部件、各黄油嘴处,每天作业前后加注黄油,选用普通锂基脂即可。

(3)其他部位的维护。

①插秧爪：如果插秧爪磨损或破损，可能会造成无法取苗现象，导致插秧效果不理想；如果推出装置变形或破损，则会造成浮秧、倒秧、散秧现象，导致插秧效果不理想。因此，要进行定期检查，每天检查一次。插秧爪的磨损超过 3 mm（剩余 80 mm）时应该更换，更换后应重新调整取苗量，并检查推杆是否变形。将机器停放在平坦的场所，挂上停车制动器，然后关停发动机，如图 2-13-13 所示。

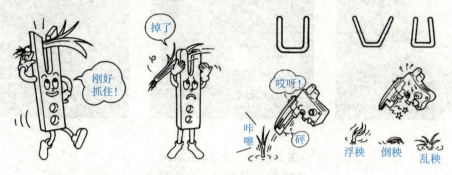

图 2-13-13　插秧爪的检查

插秧爪的调整：启动发动机后，升起插秧部，将液压锁定手柄置于"关"的位置，以防止插秧部下降，将栽插离合器手柄置于"合"的位置，然后关停发动机，将取苗量调节手柄扳到最上面，然后将其置于从"多"的一侧向下数的第 6 段沟槽，如图 2-13-14（a）所示。将取苗量规放在滑动板的沟槽部分，然后用手转动直到插秧爪碰到取苗量规，松开插植臂的 2 个紧固螺栓，将插秧爪轻轻地与取苗量规接触，由于上下移动插秧爪会产生偏差，因此，在抬起插秧爪的状态下，用螺钉旋具或扳手左右移动插秧爪高度调节螺栓，使插秧爪的前端与取苗量规的"取苗 13"（13 mm）对齐，如图 2-13-14（b）所示。

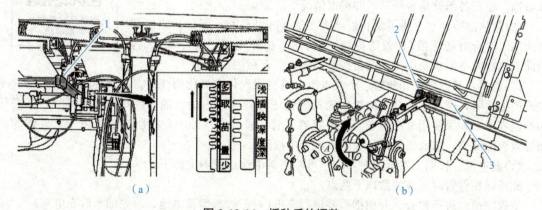

图 2-13-14　插秧爪的调整
(a)取苗量调节；(b)量规放置方法
1—取苗量调节手柄；2—苗量规；3—滑动板

②冷却水：打开发动机罩后，确认备用水箱中的水量是否在下限和上限之间。如果低于下限，卸下箱盖补加清水。冷却水自然减少后一定要补充清水。如果补充防冻液，则会使液体浓度增大，从而导致发动机或散热器故障。补充时切勿超过上限的刻度线，如图 2-13-15 所示。

③蓄电池：当启动马达的转动力不足、前灯的亮度随着油门的加大而减小、蓄电池电解液减少过快时，应及时充电。首先从机身上卸下蓄

高速乘坐式插秧机—蓄电池的检查、更换

电池(拆卸时要先把负极端拆下),然后选择平坦且通风良好的场所充电。此外,充电时应将蓄电池的正极和负极分别接到充电器的正极和负极侧,并按一般的方法进行充电。充电结束后,请按与拆卸相反的顺序重新装好。在充电时应注意:蓄电池在车身上不要充电且远离明火,检查电解液的液面是否在最低线和最高线之间,如果不足要补充纯净水。

 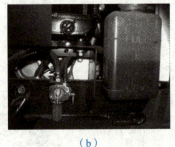 

(a) (b) (c)

图 2-13-15　冷却水的加放
(a)加水方法；(b)水箱；(c)放水旋钮

2. 长期收藏

插秧季节过后,如果在下一年以前长期不使用插秧机,收藏前要认真做好各部分的检查和保养工作。

(1)各部分的清扫、加油及修补。将机身停放在平坦的场所,水洗后,彻底擦净污垢和水滴,然后用浸有机油的布进行擦拭,给需要涂抹黄油的部位涂抹黄油,并给各加油处加油。如果涂抹的黄油或机油附着在纵向传送带上,务必将其擦净。给插秧爪的前端等容易生锈的部位涂抹黄油,检查各部分是否松动,并根据情况予以紧固。

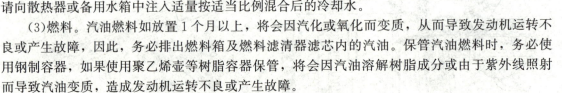

高速乘坐式插秧机-
长期收藏

(2)散热器冷却水。为了防止发动机在冬季冻结破裂,必须排出冷却水或加入混合有防冻液(长效防冻液)的清水。在补充或更换冷却水时,请向散热器或备用水箱中注入适量按适当比例混合后的冷却水。

(3)燃料。汽油燃料如放置1个月以上,将会因汽化或氧化而变质,从而导致发动机运转不良或产生故障,因此,务必排出燃料箱及燃料滤清器滤芯内的汽油。保管汽油燃料时,务必使用钢制容器,如果使用聚乙烯壶等树脂容器保管,将会因汽油溶解树脂成分或由于紫外线照射而导致汽油变质,造成发动机运转不良或产生故障。

(4)蓄电池。长期闲置不用时,应尽可能将蓄电池从机器上卸下。

此外,在保管时还应注意以下两点:

①收藏前应进行检查,并根据需要进行充电(对于加水型蓄电池,应先加水后充电)。

②蓄电池在收藏期间会自动放电,因此,夏季应每个月检查一次,冬季应每两个月检查一次,并根据需要进行充电。

(5)各种手柄及其他。检查及维护作业结束后,如果要将插秧机停放在仓库,应将插秧部安放在地面,并采取以下措施:

①将油门手柄向前推到底,使其处于"低速"位置,并固定。

②拔出主开关的钥匙并妥善保管。

③挂上停车制动器。

任务十四　自动驾驶插秧机结构组成与操作方法

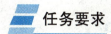 **任务要求**

知识点:
1. 了解自动驾驶部分的基本原理。
2. 了解自动驾驶插秧机的基本组成。
3. 掌握自动驾驶插秧机的自动控制原理。

技能点:
1. 能够对自动驾驶插秧机进行参数调整。
2. 能够分析并排除自动驾驶插秧机的常见故障。

 **任务导入**

随着现代农业快速发展,农业机械呈现如下发展趋势:一是作业速度越来越快;二是作业幅宽越来越大;三是作业质量要求越来越高。这种发展趋势对驾驶员的操作水平提出了更高的要求,在高速、宽幅作业机械行进过程中,要求驾驶员操纵作业机械必须精确地沿着作物行间隙或预定路线行走,大大增加了驾驶员的劳动强度,甚至影响农田作业效率和作业质量。农业机械自动导航是精细农业关键支撑技术之一,可以显著提高作业效率和作业精度,降低劳动者的工作强度,且具有转向活性高、应用范围广等特点。因此,农业机械自动导航技术越来越受到农业多个领域的关注。本任务学习自动驾驶插秧机的结构组成、工作原理、操作方法和常见故障排除方法。

知识准备

一、全球卫星导航系统(GNSS)

全球卫星导航系统(Global Navigation Satellite System,GNSS)是一种空间无线电定位系统,包括一个或多个卫星星座,为支持预定的活动需要而加以扩大,可为地球表面、近地表和地球外太空任意地点用户提供24小时三维位置、速率和时间信息。全球卫星导航系统国际委员会公布的全球四大卫星导航系统供应商包括美国全球定位系统(GPS)、俄罗斯格洛纳斯卫星导航系统(GLONASS)、欧洲伽利略卫星导航系统(GALILEO)和中国的北斗卫星导航系统(BDS)。

1. 美国全球定位系统(Global Positioning System,GPS)

GPS美国从20世纪70年代开始研制,1994年全面建成。该系统包括三大部分:空间卫星部分——GPS星座,它由24颗卫星组成,其中21颗是工作卫星,3颗是备份卫星;地面控制部分——地面监控系统；用户设备部分——GPS信号接收机。GPS是世界上第一个建立并用于导航定位的全球系统，也是目前应用较为广泛的全球卫星导航系统。

2. 俄罗斯格洛纳斯卫星导航系统(Global Navigation Satellite System，GLONASS)

GLONASS由苏联于1978年研制，2007年开始运营，2009年服务范围已经拓展到全球。该系统现有26颗卫星，由卫星星座、地面支持系统和用户设备三部分组成。

3. 欧洲伽利略卫星导航系统(Galileo Satellite Navigation System，GALILEO)

GALILEO是由欧盟研制和建立的民用全球卫星导航系统，由30颗卫星组成，其中27颗为工作卫星，3颗为备份卫星。

4. 中国北斗卫星导航系统(BeiDou Navigation Satellite System，BDS)

BDS是中国自行研制的全球卫星导航系统，由空间段、地面段和用户段三部分组成。北斗卫星导航系统空间段由5颗静止轨道卫星和30颗非静止轨道卫星组成。2020年7月31日，北斗三号全球卫星导航系统开通，向全世界提供连续稳定服务。

二、全球卫星导航系统应用

全球卫星导航系统最初是为了解决大地测绘无法克服的局限性而开发的。发展至今，已被广泛应用于陆地、海洋空间和航天领域，完成目标定位、导航与精密测量等工作。世界各国积极发展全球卫星导航系统，用其攻克各行业发展技术瓶颈，促进科技革新。其应用领域主要有：

1. 地理测绘

与传统手工测量技术相比，全球卫星导航系统技术具有测量精度高、操作简便、仪器便携、可以全天候操作、测量结果统一、信息自动接收和存储等优势。目前已被广泛应用于大地测量、资源勘查、地壳运动、地籍测量等领域。

2. 交通服务

利用全球卫星导航系统技术，车辆管理、物流配送等部门可对车辆进行跟踪、调度管理，合理分布车辆，快速响应用户请求，降低能源消耗，节省运行成本。城市数字化交通电台可实时播发城市交通信息；车载设备可结合电子地图及实时交通状况，自动匹配最优路径；民航运输可通过接收设备，使驾驶员着陆时能准确对准跑道，同时还能使飞机紧凑排列，提高机场利用率，引导飞机安全进离场。

3. 农业生产

发达国家已开始把全球卫星导航系统引入农业生产，实现精耕细作。该方法利用全球导航卫星进行农田信息定位、产量监测、土样采集等。计算机系统通过对数据分析处理决策出农田地块的管理措施，把产量和土壤状态信息装入带有控制功能的喷施器中，从而精确地给农田施肥、喷药。利用全球卫星导航系统，能够降低农业生产成本，有效避免资源浪费，降低因施肥、除虫不当造成的环境污染。

4. 险情救援

利用全球卫星导航系统，可对救援部门应急调遣，提高对火灾、犯罪现场、交通事故、交通堵塞等紧急事件的响应效率；特种车辆，如运钞车等，可对突发事件进行报警、定位，将损失降到最低；救援人员可在人迹罕至、条件恶劣的大海、山野、沙漠，对失踪人员实施有效搜救。

5. 现代国防

全球卫星导航系统可以更好地支持军事行动和保障国防安全。在军事行动中，该系统能对作战目标精准定位，有助于各类武器发挥效能。在国家防卫中，可以有效侦察敌情，形成精确预警。

三、全球卫星导航系统组成

下面以 GPS 全球定位系统作为典型案例，介绍全球卫星导航系统组成。GPS 全球定位系统主要由空间卫星部分、地面控制部分、用户设备部分三部分组成，如图 2-14-1 所示。

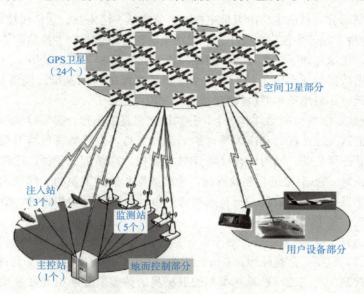

图 2-14-1　GPS 全球定位系统组成

1. 空间卫星

GPS 全球定位系统由 24 颗卫星组成实用系统，其中 21 颗为工作卫星、3 颗为在轨备用卫星；6 个轨道面，轨道倾角 55°，平均轨道高度 20 200 km。在地球表面任何地方、任何时刻高度角 15°以上的可观测卫星至少有 4 颗，平均有 6 颗，最多达 11 颗，如图 2-14-2 所示。

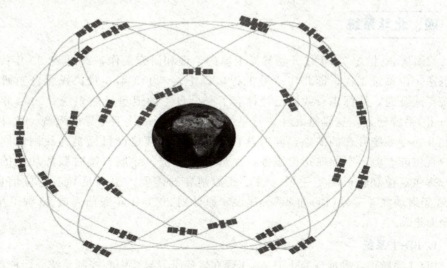

图 2-14-2　GPS 全球定位系统的卫星分布

GPS卫星的作用：它可以接收和存储导航电文，生成并发送用于导航定位的信号（测距码、载波）；利用微处理机，对部分必要数据进行处理；通过星载原子钟提供精密时间标准；通过推进器调整卫星姿态和启用备用卫星。

GPS卫星结构的主要组成部分：双叶对日定向太阳能电池帆板；多波束定向天线，由12个单元构成的成形波束螺旋天线阵，能发射L1和L2波段信号，其波束方向图能覆盖约半个地球；铝蜂巢壳体，主体呈柱形，直径为1.5 m；全向遥测天线，用于与地面监控网通信。

2. 地面控制

GPS地面控制部分，目前主要由卫星主控站、监测站、注入站、通信和辅助系统组成。

（1）卫星主控站。GPS主控站仅有1个，设在美国科罗拉多州。主控站除协调和管理地面监控系统的工作外，还承担如下工作任务：根据观测资料，编制各卫星星历、卫星钟差和大气层修正参数等，并把数据传送到注入站；提供全球定位系统的时间基准；调整偏离轨道的卫星，使之沿预定轨道运行；启用备用卫星代替失效的工作卫星。

（2）卫星监测站。GPS监测站共有5个，分别设立在夏威夷州、科罗拉多州、南大西洋的阿松森岛、印度洋的迭戈加西亚岛和南太平洋的卡瓦加兰岛，主要负责检测卫星轨道数据、大气数据、卫星工作状态等任务。站内设有双频GPS接收机、高精度原子钟、计算机和若干环境数据传感器。接收机对GPS卫星进行连续观测，采集数据和监测卫星的工作状况。原子钟提供时间标准，环境传感器收集气象数据。所有观测资料由计算机进行初步处理，最终存储和传送到主控站，用以确定卫星的轨道。

（3）卫星注入站。GPS注入站现有3个，分别设在迭戈加西亚岛、阿松森岛和卡瓦加兰岛。注入站的主要设备，包括2台直径为3.6 m的天线、1台C波段发射机和1台计算机。其主要任务是在主控站的控制下将主控站推算和编制的卫星星历钟差、导航电文和其他控制指令等，注入相应卫星的存储系统，并监测注入信息的正确性。

3. 用户设备

空间卫星和地面控制是用户进行定位的基础，而用户设备才是应用GPS定位的终端。用户设备的主要任务：接收GPS卫星发射的无线电信号，获得必要的定位信息和观测量，进行数据处理，完成定位工作。用户设备主要是GPS信号接收机和其他辅助设备。

四、北斗系统

我国从20世纪70年代开始导航卫星的论证和研究工作，20世纪90年代初期启动了区域卫星定位系统工程，即北斗一号工程（BD-Ⅰ）。2003年6月，我国自主研发的北斗一号系统正式开通，这标志着我国已经拥有了完全自主的卫星导航系统。2004年启动北斗二号（BD-Ⅱ）系统建设，这是继北斗一号系统后的中国新一代卫星导航系统。北斗二号系统克服了北斗一号系统存在的缺点，同时具备通信功能，其建设目标是为我国及周边地区的军民用户提供陆、海、空导航定位服务，促进卫星定位、导航、授时服务功能的应用；为航天用户提供定位和轨道测定手段，满足武器制导的需要，也满足导航定位信息交换的需要。2009年启动北斗三号（BD-Ⅲ）系统建设，原计划2020年年底前完成30颗卫星发射组网，现已全面建成。

1. BD-Ⅰ系统

BD-Ⅰ系统由2颗地球静止卫星、1颗在轨备份卫星、中心控制系统、标校系统和各类用户机等部分组成。它是覆盖我国本土的区域导航系统，覆盖范围为东经70°～140°，北纬5°～55°。

BD-Ⅰ系统发射的第 3 颗卫星上安装了激光反射镜,用于精确定位,属于 BD-Ⅰ系统的基准星。BD-Ⅰ系统卫星轨道高度为 36 000 km,运行在与地球同步的赤道平面,卫星位置分别为 E80°、E140°、E110.5°。BD-Ⅰ系统第 3 个位置量需要借助其他方式获得。该系统可向我国及周边地区的用户提供定位与通信服务。

BD-Ⅰ系统的主要功能:

(1)定位。快速确定用户所在地的地理位置,向用户及主管部门提供导航信息。

(2)通信。用户与用户、用户与中心控制系统间均可实现双向简短数字报文通信。

(3)授时。中心控制系统定时播发授时信息,为定时用户提供时延修正值。BD-Ⅰ系统水平定位精度为 100 m,设立标校站之后为 20 m。系统能容纳的用户数为 540 000 户/h。

BD-Ⅰ系统的工作过程与定位原理:

(1)由中心控制系统向卫星Ⅰ和卫星Ⅱ同时发送询问信号,经卫星转发器向服务区内的用户广播。用户响应其中 1 颗卫星的询问信号,并同时向 2 颗卫星发送响应信号,经卫星转发回中心控制系统。中心控制系统接收并解调用户发来的信号,然后根据用户申请的服务内容进行相应的数据处理。

(2)对定位申请,中心控制系统测出 2 个时间延迟,一是从中心控制系统发出询问信号,经某一颗卫星转发到用户,用户发出定位响应信号,经同一颗卫星转发回中心控制系统的延迟;二是从中心控制发出询问信号,经上述同一颗卫星到达用户,用户发出响应信号,经另一颗卫星转发回中心控制系统的延迟。

(3)由于中心控制系统和 2 颗卫星的位置均是已知的,因此由上面 2 个延迟量可以算出用户到第 1 颗卫星的距离及用户到第 2 颗卫星距离之和,从而知道用户处于以第 1 颗卫星为球心的球面和以第 2 颗卫星为焦点的椭球面的交线上。

(4)中心控制系统从存储在计算机内的数字化地形图查寻到用户高程值,依据已知的用户处于某一个与地球基准椭球面平行的椭球面上,再由中心控制系统最终计算出用户所在点的三维坐标,这个坐标经加密后发送给用户。

2. BD-Ⅱ系统

2007 年 4 月 14 日,我国成功发射了第一颗北斗二号导航卫星。BD-Ⅱ定位导航系统空间段由 35 颗卫星组成,包括 5 颗地球静止轨道卫星、27 颗中地球轨道卫星、3 颗倾斜地球同步轨道卫星。5 颗地球静止轨道卫星定点位置为东经 58.75°、80°、110.5°、140°、160°,中地球轨道卫星运行在 3 个轨道面上,轨道面之间相隔 120°均匀分布。北斗卫星导航系统具有连续实时无源三维定位测速能力、高精度授时能力和用户位置报告能力。卫星设计寿命 8 年。星钟采用我国自行研制的铷原子钟,频标稳定度为 10~11 Hz。

从 2011 年 11 月 27 日开始,北斗卫星导航系统向中国及周边地区提供连续的导航定位和授时服务。目前,北斗系统可提供正式运行服务,覆盖区内定位精度达到 10 m。2014 年 11 月 23 日,国际海事组织海上安全委员会审议通过了对北斗卫星导航系统认可的航行安全通函,这标志着北斗卫星导航系统正式成为全球无线电导航系统的组成部分,取得面向海事应用的国际合法地位。

3. BD-Ⅲ系统

BD-Ⅲ卫星新信号采用自主创新的调制方式和信道编码,相比老信号性能进一步提升,并实现了与其他 GNSS 的兼容与互操作,用户体验更加优异。目前在全球已具备一定的服务能力,在位置精度因子(Position Dilution of Precision,PDOP)≤6 的条件下,可用性优于 87%,实测定位精度均值为水平约 2.4 m,高程约 4.3 m;测速精度约 0.06 m/s;授时精度约 19.9 ns。2019 年发射了 10 颗卫星,2020 年 6 月 30 日最后一颗卫星入轨,BD-Ⅲ系统全面建设完成。

BD-Ⅲ系统继承北斗有源服务和无源服务两种技术体制，能够为全球用户提供基本导航（定位、测速、授时）、全球短报文通信、国际搜救服务，中国及周边地区用户还可享有区域短报文通信、星基增强、精密单点定位等服务。

北斗系统空间段采用3种轨道卫星组成的混合星座，与其他卫星导航系统相比，高轨卫星更多，抗遮挡能力强，尤其低纬度地区性能特点更为明显；北斗系统可提供多个频点的导航信号，能够通过多频信号组合使用等方式提高服务精度；北斗系统将导航与通信能力相融合，具有实时导航、快速定位、精确授时、位置报告和短报文通信服务五大功能。

五、GNSS技术在精准农业领域的应用价值

1. 实现农业装备实时定位，提高作业精度

水稻插秧机在插秧作业时，加载全球卫星导航系统后，可以定点控制插秧位置，保证行距和株距的一致性。作业幅宽较大的农用喷洒机械安装卫星定位系统，可以实时读取前进方向、作业路线、农业装备幅宽等信息，显著提高农业装备作业精度，避免重复和遗漏工作，降低机手的工作强度和技术要求。

2. 集成其他现代技术，拓宽功能

GNSS技术与农田地理信息采集技术、传感技术相结合，可以实现定点采集并分析农田状态信息，生成农田状态分布图。农民可以根据这些状态分布图，做出相应决策，完成田间管理工作。

3. 采集土壤信息，节约资源按需生产

全球卫星定位系统可以为农业装备提供实时定位信息，根据定位信息调用农作物处方图信息，从而在农作物生长的各阶段按需投入水、种子、肥料和化学药剂等生产要素。这既能保证作物的生长需求，又可以节约生产要素和减轻环境污染。

4. 实现无人操作，提高生产效率

使用全球卫星定位系统导航，农民可以不受时间和气候的限制，不必日出而作、日落而息，为了抢农时也可以夜间作业。利用无人驾驶自动导航农业装备，一名操作员可在计算机显示器前监管多台农业装备作业，极大程度地提高农业生产效率。

六、农机导航定位原理

农业机械定位导航的方法主要有激光导航、机器视觉、惯性导航单元和全球卫星导航定位，目前全球卫星导航定位在农机自动驾驶中应用较为成熟，下面主要介绍卫星导航定位在农机自动驾驶中的应用。

农机导航系统通过GNSS传感器获取农机的绝对位置信息，与预设的路径信息进行比较，确定农机与路径之间的相对位置关系，从而实现农机的自动导航控制。GNSS技术使农机作业不受时间和气候的限制，更易抓住农时，全天候作业。

GNSS系统组成与定位原理

GNSS系统由GNSS导航卫星、地面控制系统和用户设备GNSS信号接收机三部分组成，如图2-14-3所示。

GNSS 系统定位原理简单描述如下：空间中的 GNSS 导航卫星不间断地向地面发射卫星星历信号，卫星地面控制中心通过专业设备接收各个卫星星历信号，对星历信号进行解算，从而确定导航卫星的运行轨道等信息，并将卫星运行轨道等信息返回导航卫星，导航卫星同时在其发射无线信号中传播运行轨道等信息。用户接收设备主要是指 GNSS 接收机，GNSS 接收机通过对可见卫星所发射无线信号进行接收、测量，并获取导航卫星的运行轨道等信息，并进行位置解算，进而得到用户接收机三维位置、三维方向、运动速度和时间信息等。

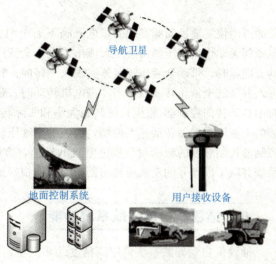

图 2-14-3　GNSS 系统组成

七、农机自动导航装备类型

农机自动导航装备按照其工作原理和自动化程度主要分为辅助驾驶系统、电机驱动方向盘式、液压驱动转向式、自动导航无人驾驶四类。

1. 辅助驾驶系统

辅助驾驶系统由卫星定位装置、导航控制器、导航光靶组成。工作前，通过控制器按键设置参数，将导航线、幅宽等参数输入控制器，控制器中的内存存储接收的数据。工作时，固定基准站和农机车顶接收机同时接收卫星信号，RTK 差分电台接收并发送位置调整信号。农机车内控制器得到精准实时位置信息，比对预设路径，向光靶发送调整命令。当作业机具偏离设定的导航路线时，导航发出警告，此时驾驶员人工操纵方向盘，回到设定导航路线后，警告消除。辅助驾驶系统对人员技术和体力依赖较大，但通过导航实现夜间作业、提升行走直线度，是农机导航的初期设备。

2. 电机驱动方向盘式

利用电动方向盘替换车辆原有的方向盘。以电机作为动力源，经传动机构将动力传输至方向盘。通过控制电机的转动方向、转动速度和转动角度实现自动转向，电机直接向方向盘输送转矩，代替人工操作，使转向更及时和精确。

由于改变插秧机等电控相对较少的农机具的油路系统非常复杂，需要在专业车间内进行改造且可移植性差，转向机构占用部分油压会削弱其他油路执行部件的性能。使用电动方向盘作为转向机构，仅需替换原有方向盘，安装简单，不会影响其他插秧机部件的正常使用。插秧机等电控相对较少的农机具，对转向控制系统的设计多采用电动方向盘。

3. 液压驱动转向式

通过对车辆本身的液压转向系统进行改装，将电控液压阀与原机械转向液压阀并联，利用电信号改变阀芯位置进行液压换向，再通过控制转向液压系统液压油的流量和流向，从而实现前轮左右旋转，控制拖拉机的行驶方向，确保拖拉机按照导航控制器设定的路线行驶。液压驱动转向式无人驾驶能够实现卫星定位自动调整方向，但需要人工操纵转弯。

4. 自动导航无人驾驶

自动导航无人驾驶可实现有人驾驶和无人驾驶的切换。人工转向和自动转向之间的自由切换是通过两位三通换向阀实现的,电磁阀不通电时为人工转向,通电时为自动转向。人工驾驶时,电磁阀无动作,液压油由液压泵流出,进入全液压转向器,即方向盘联动的转向器,当驾驶员转动方向盘时,带动全液压转向器实现人工转向;自动驾驶时,电磁阀动作,液压油由液压泵流出,进入并联的全液压转向器,当步进电机转动时,带动全液压转向器转动,实现左右转向。在此同时由自动转向控制器(根据目标转角大小和实际转角的偏差)计算出对应流量大小,流量大小由加装的全液压转向器转动速度控制,加装的全液压转向器由步进电机直接驱动。通过调节自动转向控制器控制脉冲的频率调节步进电机的转速,方向信号控制步进电机转向,进而控制自动转向。系统并联了同型号的全液压转向器,使其能很好地融入拖拉机转向系统中,满足拖拉机转向要求。

八、插秧机自动导航系统功能

插秧机自动导航系统采用高精度北斗卫星定位定向技术,搭配AI智能算法,实现全自动的无人化作业功能。其功能特点如下:

1. 车辆功能

(1)自动控制速度、转向、农具、点火/熄火。
(2)自动控制出库/入库、规划路径、自动作业、动态调节作业速度。

2. 安全功能

(1)增设避障雷达,遇障碍物自动停车以保障安全。
(2)可远程控制车辆点火/熄火、开始/结束、行走/转弯等。

3. 拓展功能

以用户为视角的情况下,利用农户车辆加以改造,使其可以用来配合田间运送秧苗,并可以与插秧机进行协同作业,实现真正的变废为宝。插秧机拓展功能如图2-14-4所示。

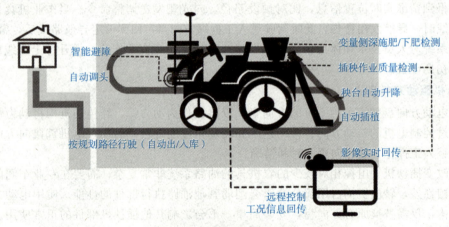

图2-14-4 插秧机拓展功能

九、插秧机自动导航系统控制原理

插秧机自动导航控制的目的是使插秧机能按照规定的预定义路径实现自动行驶。导航决策的基本过程是通过安装在插秧机上的北斗-RTK设备、速度传感器、倾角传感器等各个传感器设备来获取插秧机的实时运动参数,并将插秧机的实时位置信息和航向信息与预定义路径相比较,当检测到插秧机的行驶路径与期望路径有偏差时，导航控制算法解算出此时的偏差信息（包括距离偏差和航向偏差），然后将这些偏差信息输入导航决策控制器中，并解算出期望的前轮转角，将该转角信息发送至转向控制器，由转向执行机构做出相应的调整，控制插秧机前轮转向进行实时跟踪期望的前轮转角，以达到减小偏差的目的，从而实现插秧机的自动转向（图2-14-5）。

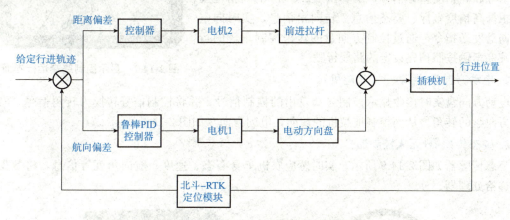

图2-14-5　插秧机运行轨迹控制原理结构框

航迹控制是指目标轨迹随着插秧机的运动发生变化，在轨迹控制过程中将其目标轨迹与航行目标轨迹实时进行对比，获取距离偏差，通过控制电动方向盘消除航向偏差和控制速度消除距离偏差。如图2-14-5所示，航迹控制采用双闭环控制模式，用一个闭环控制航向，另一个闭环控制航速。当对插秧机进行航迹控制时，通过系统携带的惯性导航系统获得插秧机的实时位置(x_0, y_0)和航向信息，同时通过地面控制系统获得系统给定的目标航迹(x_r, y_r)，计算可得到当前位置与目标航迹的距离偏差η和航向偏差$\Delta\psi$。通过双闭环控制的方式将航向控制和位置控制相互分离，达到有效行进轨迹控制的目的。

十、无人驾驶插秧机系统组成

无人驾驶插秧机系统主要由显示控制终端、GNSS接收天线、电动方向盘、姿态传感器、角度传感器、电动推杆、农具检测传感器、物理操作面板等部件组成，如图2-14-6所示。

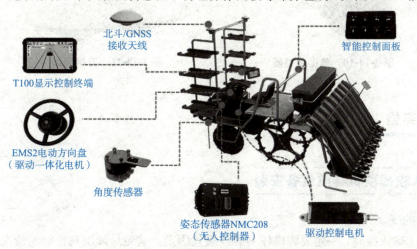

图2-14-6　无人驾驶插秧机系统组成

1. 显示控制终端

显示控制终端运行界面如图 2-14-7 所示，实时接收姿态传感器的姿态信号和转向角信号；实时处理天线接收的卫星信号和高精度差分信号，解算出±2.5 cm 的高精度坐标；根据高精度坐标、姿态信息、转向角信息，实时向电动方向盘发送指令，通过控制方向盘的转角控制车辆的行驶，确保车辆按照预先设定的路线行驶。

图 2-14-7　显示控制终端运行界面

2. 电动方向盘（驱动一体化电机）

电动方向盘实时接收显示控制终端发出的控制信号，并将控制信号转换为转角信号，实时控制方向盘的转角，从而控制拖拉机的转向，电动方向盘如图 2-14-8 所示。

3. 姿态传感器（无人控制器）

姿态传感器如图 2-14-9 所示，实时感应农机车身姿态、速度、航向角度等信息，将数据时时传递给处理器。

图 2-14-8　电动方向盘　　　　图 2-14-9　姿态传感器

4. 角度传感器

角度传感器如图 2-14-10 所示，实时感应车轮角度信息，将数据时时传递给处理器。

5. 卫星天线

卫星天线如图 2-14-11 所示，接收卫星信号、高精度差分信号，即 RTK 信号。

图 2-14-10　角度传感器　　　　图 2-14-11　卫星天线

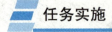

任务实施

无人驾驶插秧机导航设备安装

1. 天线的安装

安装 GNSS 天线时，一定要将横杆上的各螺丝固定，避免后续出现松动的情况。若有吊顶螺丝，可以配合横杆安装板直接固定；若没有吊顶螺丝，可按以下几种方法处理：

(1)在合适的位置打孔后,通过横杆安装板固定。

(2)有条件的情况下,可以焊接一个大架用于固定。根据车型的不同,灵活结合车顶进行固定,主要保证 GNSS 天线稳定、平稳,左右在一个水平线上。

安装时一定要保证安装的两个 GNSS 天线与车辆中轴是对称的,如果这里的误差太大,就会造成车辆重复线的调试效果差,需要额外修改横杆距离参数弥补,影响使用效果。要保证使用过程中天线是没有遮挡的。

2. 转向电机的安装

转向电机安装时要选择合适的花键,合适的花键标准:每个齿都能扣上,微微有一点间隙,不会出现很明显的左右前后晃动。花键装到底后,观察转向柱的螺纹是否高过花键的内圈,即装上中心螺母后,螺母压到的是花键,而不是转向柱。

3. 显示终端的安装

平板的固定需要保证用户操作的便利性,并且保证平板不会随便因人体等触碰而损坏,显示终端有燕尾丝固定、U 形卡固定两种安装方式。

4. 传感器的安装

安装姿态传感器时,姿态传感器的方向与车辆横向平行,接头朝左或朝右,且水平平稳,振动较小,必须用燕尾丝固定,最好四个螺丝均固定稳定,平时不能有外物碰击它,走线要注意,接头不能被踩到。

5. 走线标准

系统的布线不可以影响车辆的正常作业,走线要用轧带轧紧、轧牢,特别是一些没有用到的接口,要避免碰到水。定位天线不要折,以避免天线折断,从而影响正常使用。

6. 车辆参数的量取

导航系统安装后,要进行位置的测量,测量要保证相对精确,目的是建立一个完整、正确的车模型,输入相关参数后,这些数值会参与算法,为之后的自动导航提供模型基础。所以,这个数值不能大概估算,必须较为精确地量取,误差在 3 cm 以内,以保证之后的使用效果。

7. 车辆参数的录入

按照车辆测量的数据填入系统,如图 2-14-12 所示。

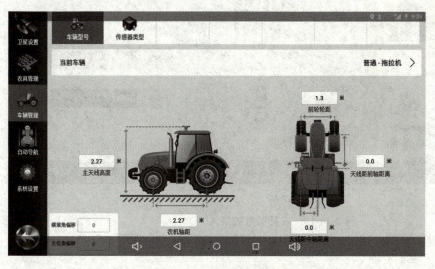

项目二任务十四:
车辆参数的量取

图 2-14-12 车辆参数的录入

8. 农具参数的录入

不同的农具在使用时，首先要把农具的参数录入，这关系到作业精度，尤其是选择合适的结合部相邻两行之间的距离，如图 2-14-13 所示。

(a)

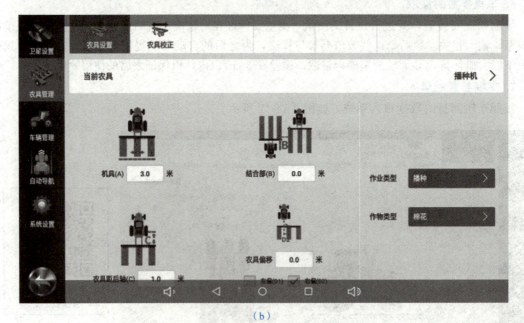

(b)

图 2-14-13　农具参数的录入

(a)机具宽度(最两边的种子行之间的距离)；(b)结合部(相邻两种子行之间的距离)

任务十五　移栽机

■ 任务要求

知识点：
1. 了解移栽机的发展现状与趋势。
2. 掌握移栽机的基本结构。

技能点：
1. 能够参照使用说明书进行移栽机的调整。
2. 能够进行移栽机日常维护和作业前后的保养。

■ 任务导入

我国是蔬菜生产和消费大国，2018年蔬菜种植面积达20 438.9万 hm^2，产量为7.03亿 t，人均占有量为0.5 t，均居世界之首。由于蔬菜作物种类繁多、特征差异明显，蔬菜移栽作业仍是以人工移栽为主，劳动强度相对较大，作业效率低，生产成本相对较高。因此，研究穴盘育苗技术和穴盘苗的机械化移栽对促进我国蔬菜产业的发展具有重要意义。

蔬菜机械化移栽与传统手工移栽相比具有以下优势：
(1)显著提高移栽效率，保证作物在最佳移栽期内移栽。
(2)降低人工劳动强度和生产成本。
(3)提高移栽质量，提升蔬菜产量和品质。
(4)为移栽后的除草、施药、浇水和收获等环节的机械化提供便利。

■ 知识准备

一、国内外移栽机研究现状

由于蔬菜作物种类繁多、特征差异明显，因此，钵苗移栽技术具有较强的特殊性和复杂性。目前，国内外学者和农机装备制造企业对钵苗移栽技术开展了大量的研究，日本、欧美等国家已具备相对成熟的移栽技术与设备。相较而言，由于我国对机械化钵苗移栽技术的研究起步较晚，同时我国的地理环境和气候条件复杂，因而与西方发达国家尚存在一定差距。在当前的国际市场上，半自动插秧机是应用范围最广的膜上移栽设备，由人工完成采摘和喂苗(从秧盘取出秧苗放入机械播种机)，用机械手段完成播种及覆土镇压，移栽效率相对比较低。

1. 国外移栽机研究现状

国外对移栽机的研究起步较早，自动化水平比较高，对于钵苗的其他配套系统与技术也是相对完善的，因此其水平相对领先。现有的蔬菜移栽机研究，大多数是半自动机械，全自动机械占少部分，平均每行可以完成30～60株/min。

美国 Kennco 集团利用水轮制造了一种膜上移栽机。该机构的特点是自给作物托盘，提升秧苗存活率，可调整浮动轮或自动轮控制水位调节。但作业模式工作强度大，而且栽植效率较低，尤其水轮是以旋转方式在地膜上方运转，极易对地膜造成损坏。这种移栽机多应用于草莓、西红柿等蔬果移栽。

意大利 Hortus 公司研制了一种吊杯式移栽机。该移栽机主要的工作模式为吊杯式栽植装置，其优点是可以进行覆膜种植。机器作业时，工作人员先把钵苗放入导秧槽中，钵苗在槽内滑动直至栽植器移到槽后方，钵苗滑出槽进入栽植器中，随栽植机构移动。当吊杯栽植器运转到垄上时，冲破地膜并在地膜下形成一个孔。吊杯栽植器穴口片打开，钵苗落入已打好的洞穴，机构将继续运转，回程吊杯栽植器运转至投苗处，开始又一轮运转周期。移栽机上装有覆盖压紧装置，为半自动插秧机，其与水轮插秧机相比，减轻了劳动强度，提高了工作效率，被农户广泛应用。

美国伦纳德公司研发了伦纳德 HTME1100 型移栽机。该移栽机在工作过程中，通过加热在地膜上形成圆孔。秧苗放入栽植机构的栽植装置后，秧苗与栽植器一起被带入田埂中，打开鸭嘴片，完成种苗、覆土及镇压过程。镇压后定量注水，确保秧苗不会缺水，工作过程中可调节株距与栽植深度，该移栽机具有广泛的作物栽植通用性。

蔬菜移栽机在日本被广泛应用于农业，多研制用于单行精准作业。移栽机经过多年的研究与发展，形成了较为完善的蔬菜移栽机发展体系。日本洋马公司研制了一款半自动鸭嘴式移栽机，如图 2-15-1 所示。机械作业时，取苗机构夹持钵苗将其放入种植机构的鸭嘴播种机中，随后种植机构完成破膜、成孔和种植等操作。该移栽机工作性能稳定、种植效果好且应用范围广，提高了移栽机的通用性。

日本井关公司研制的 PVPHR2 薄膜移栽机，如图 2-15-2 所示。该机构为半自动插秧机，工作时以凸轮多杆机构为主要工作部件完成插秧，由人工投放秧苗至杯中，在机构运转下做圆周转动直至栽植装置上方，秧杯下端承接盖被打开，秧苗落入栽植装置内完成栽植。该移栽机的优点是栽植作业不伤地膜，种植垂直度高，满足多种经济作物的种植要求。

图 2-15-1　日本洋马公司的半自动鸭嘴式移栽机

图 2-15-2　日本井关公司的 PVPHR2 薄膜移栽机

2. 国内移栽机研究现状

我国对移栽技术的研究起步较晚，对秧苗移栽研究以半自动移栽为主，大部分是借鉴国外样机进行研究。由于我国地理位置的局限性，国外已成形的机构不能完全适用我国种植条件和农艺要求。因此，部分农机制造企业与科研院所开展合作，针对我国地理区域及不同作物农艺要求，研发了多种类型的移栽装备。

江苏富来威公司生产了一种轻型半自动移栽机，如图 2-15-3 所示。操作时，需要人工将钵苗放入送秧装置的秧杯内。到达指定位置时，秧苗在打开的秧杯中因自身重力作用而脱离，落入下方的鸭嘴式播种机中。鸭嘴式播种机构继续移动，插垄播种、接苗。该移栽机只适用于有立苗率要求的经济作物移栽。

亚美柯−全自动大葱移栽机−移栽视频

南京农业机械化研究所与江苏富来威公司联合开发的 2ZGF-2 型甘薯复式移栽机，如图 2-15-4 所示。该移栽机由旋耕垄、开槽及起垄成形装置三部分组成，一次可以完成两垄甘薯的一系列工作流程。该栽植机构采用链式种植机构完成甘薯苗的移植工作，工作时的苗夹运动以链条为驱动力，链条运动使苗夹随之运动，苗夹移动到工作人员面前时，工作人员将苗放入苗夹，带苗进入滑道。当苗的位置与地面垂直时，苗夹会脱离滑道的挤压作用而自动打开，苗再次受到自重的作用而脱离苗夹，自然下落到敞开的沟中。苗刚到沟底时，覆土进行压实作业。该机器可以减少漏苗率，但是不能进行膜上移植。

图 2-15-3　富来威公司的轻型半自动移栽机

图 2-15-4　2ZGF-2 型甘薯复式移栽机

浙江理工大学的陈建能教授利用偏心-椭圆齿轮行星轮系设计了一种秧苗栽植机构。该机构由非圆齿轮、行星架和栽植器组成。其动力源是行星架，该机构设计合理，进行两次栽植的作业仅需转动一次，栽植效率较高。目前，该机构主要应用于蔬菜钵苗的栽植。

东北农业大学赵匀等设计了一种回转式覆膜辣椒钵苗移栽机，如图 2-15-5 所示。该机构可以按序进行取苗、送苗及膜上栽植等动作，可以实现降本增效。

图 2-15-5　回转式覆膜辣椒钵苗移栽机

综上所述，国外的移栽机具有专用性强、技术封锁、环境适应性差、成本高的特点，并不适合我国作物的生长环境，难以进行大面积推广。而我国移栽技术发展较晚，对栽植机构的研究普遍较少，因此，研究设计出符合我国适用的移栽机显得尤为重要。

二、栽植设备的分类

目前，我国对移栽机械并没有统一的分类标准。根据移栽机械的工作特性和移栽对象，可对移栽机械进行不同的分类。

(1)按适应栽植作物的种类，可以分为棉花移栽机、甜菜移栽机、玉米移栽机、大蒜移栽机、蔬菜移栽机等，其分类直接与其相适应的栽植作物相关。

(2)按秧苗特征，可以分为土钵或营养钵苗移栽机和不带土（裸根）秧苗移栽机。

(3)按其栽植部件的工作原理，可以分为钳夹式移栽机、链夹式移栽机、吊篮式移栽机、导苗管式移栽机、带式移栽机、挠性圆盘式移栽机等。

(4)按自动化程度，可以分为手动移栽机、半自动移栽机、全自动移栽机等。

三、钵体苗移栽机的结构

1. 钳夹式移栽机

钳夹式移栽机主要机型有 2ZT 型移栽机、UT-2 型移栽机、2ZY 系列移栽机、2ZYM-2 型烟棉移栽机，其结构大体一致，如图 2-15-6 所示。该机主要与中、小型拖拉机相配，适合广泛使用的纸筒育苗和钵盘育苗，动力由地轮通过链传动输入。

移栽时，由摆指和转指组成的秧夹自动张开，栽植手将秧苗放入秧夹，轻轻向后一带时秧夹关闭，夹持秧苗向前输送；随着栽植盘旋转，秧苗进入开沟器开出的栽植沟内，当秧苗到达落苗点时，秧夹在凸轮控制下打开，秧苗直立落在沟底，此时开沟器回土将秧苗根部掩埋；随后，由镇压轮将秧苗根部周围土壤压实，保证秧苗处于直立状态；最后由覆土器在秧苗周围培土形成垄台，完成移栽过程。

钳夹式移栽机有以下特点：

(1)结构合理，工作可靠，不伤苗，调整方便。

(2)成本低，配套能力强，可以和 8.8～18.375 kW 轮式拖拉机配套。

(3)对秧苗适应性好，既可实现裸苗移栽，又可进行纸筒苗移栽。

(4)栽植株距和深度均匀统一，但作业速度较低，一般为 30～45 株/min，如图 2-15-7 所示。

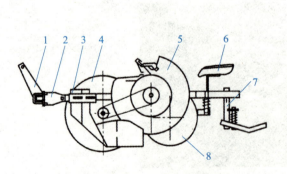

图 2-15-6　钳夹式移栽机结构示意

1—机架；2—单体支座；3—移栽开沟器；4—地轮；
5—栽植器；6—操作手座；7—覆土器；8—镇压轮

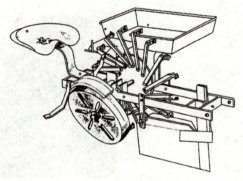

图 2-15-7　钳夹式移栽机

2. 链夹式移栽机

链夹式移栽机主要是改旋转圆盘为链条，这样可以适当延长秧夹通过人手可及范围的时间，减轻栽植手的作业强度，避免秧苗的漏栽率。该移栽机主要由链夹式栽植器、开沟器、覆土镇压轮、传动装置和机架等组成，如图2-15-8所示。工作时，秧夹在链条的带动下运动，栽植手将秧苗放入张开的秧夹上，秧苗随秧夹由上向下平移进入滑道，借助滑道的作用迫使秧夹夹紧秧苗，同时，秧苗的运动由平动转为回转运动。当秧夹转到与地面垂直时，脱离滑道的控制而自动打开，秧苗则脱离秧夹垂直落入已经开好的苗沟内。在秧苗接触沟底的同时，由覆土镇压轮覆土并压实，秧苗被栽植于田间。

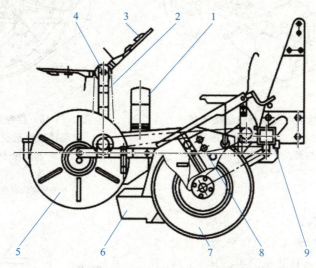

图2-15-8 链夹式移栽机结构示意
1—滑道；2—链条；3—秧夹；4—链夹式栽植器；5—覆土镇压轮；6—开沟器；
7—传动仿形轮；8—传动装置；9—机架

3. 挠性圆盘式移栽机

挠性圆盘式移栽机主要由机架、供秧输送带、开沟器、栽植器、镇压轮等组成，如图2-15-9所示。其栽植器由两个橡胶圆盘或橡胶-金属圆盘组成。工作时，开沟器在拖拉机向前牵引力的作用下开沟，由栽植手将秧苗呈水平状态一株一株地放到输送带上。当秧苗被输送到两个张开的挠性圆盘中间位置时，弹性滚轮将挠性圆盘压合，秧苗被夹住并随挠性圆盘向下转动；当秧苗处于与地面垂直位置时，挠性圆盘脱离弹性滚轮自动张开，秧苗落入种沟内。此时，土壤正好从开沟器尾部回流到沟内，将秧苗扶持住，随后由镇压轮将秧苗两侧的土壤压实，完成栽植过程。

挠性圆盘改进型将上述机型的喂秧栽植系统改为帆布带和橡胶块，由3个传动辊张紧形成三角形，如图2-15-10所示。橡胶块在帆布带上按照等间距均匀布置，两相邻的橡胶块之间形成宽度为2 cm的秧槽。垂直输送带为平面橡胶环带，供苗输送带的水平段为栽植手喂苗区域，其垂直段与垂直输送带形成秧苗夹持段，为了保证秧苗夹持稳定，要求垂直输送段与垂直输送带同步向下运动；挠性圆盘栽植器由两个互成一定夹角的金属圆盘构成，两圆盘之间形成具有一定宽度的夹苗缝隙，用于秧苗的夹持。金属圆盘上开有许多传动齿槽，内侧有环形橡胶，形成柔性夹持平面。开沟器为滑刀式，安装在垂直输送带的下面，保证挠性圆盘夹持的秧苗正好落入沟内；覆土器紧跟在圆盘栽植器的后面，及时覆土保证秧苗的直立性。

改进型机具由于帆布带上橡胶块的定位装置设计，有利于保证栽植株距；后挡板的设计，有利于控制栽植深度。此外，由于喂苗区域为水平段，加大了喂苗区域，减轻了栽植手的工作强度，水平放苗便于栽植手作业，有效防止漏苗问题的出现，确保栽植质量的提高。

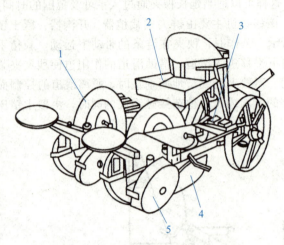

图 2-15-9　挠性圆盘式移栽机结构示意

1—挠性圆盘；2—苗箱；3—供秧输送带；
4—开沟器；5—镇压轮

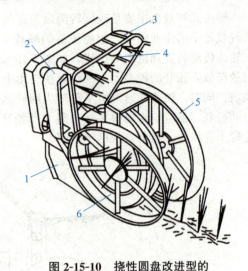

图 2-15-10　挠性圆盘改进型的
喂秧栽植系统结构示意

1—开沟器；2—垂直输送带；3—供秧输送带；
4—秧苗；5—覆土镇压轮；
6—挠性圆盘栽植器

4. 带式钵苗移栽机

带式钵苗移栽机（图 2-15-11）分为半自动钵苗移栽机和全自动钵苗移栽机两类。其中，半自动钵苗移栽机虽然作业速度较低，但由于适应性和可靠性好而得到一定的推广应用。半自动钵苗移栽机由护板、输送带、分钵器、扶正器、苗盘架、导苗管、开沟器、覆土器、镇压轮等组成。该移栽机与 8.8 kW 小四轮拖拉机采用悬挂式连接。动力传递路线如下：随着拖拉机的前进，作为整机动力源的地轮以链传动方式驱动输送带的链轮，该链轮一方面带动输送带进行运转，另一方面带动分钵器进行分钵工作。工作过程如下：由栽植手将苗盘上成行的钵苗依次送上输送带，钵苗在输送带与左右护板组成的通道内连续输送到分钵器前，被分钵器销轴挡住并在此等待。为

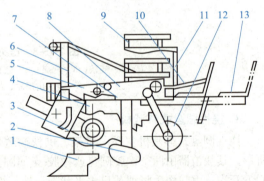

图 2-15-11　带式钵苗移栽机结构示意

1—开沟器；2—覆土器；3—地轮；4—导苗管；
5—扶正器；6—机架；7—分钵器；8—护板；
9—苗盘架；10—输送带；11—移栽架；
12—镇压轮；13—座位

了保证栽植时株距均匀统一，分钵器销轴在地轮动力作用下定时开启与关闭，使在此等待的钵苗随分钵器销轴的开启每次通过一个。通过的钵苗随输送带继续前行，当输送到输送带末端时，钵苗由于重力作用开始翻倒并被柔性扶正器承接；由于钵苗底部与输送带摩擦力的作用，使钵苗以与柔性扶正器的接触点位为回转中心开始翻转，在翻转过程中，由于柔性扶正器的作用使钵苗以直立的姿态落入导苗管，并通过导苗管的进一步纠偏，确保钵苗垂直落在开沟器开出的平整、松软的苗床上，最后经覆土镇压完成整个栽植过程；而未通过的钵苗继续在分钵器前等待。在此期间，栽植手完成移盘、换盘并将钵苗送上输送带，保证后续送上的钵苗可以追上在分钵器前等待的钵苗，以确保分钵器前时刻都有要通过的钵苗。

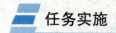

作业的准备

1. 农田的准备

(1) 平垄（没有垄）。

① 平垄两行的情况下，邻近的苗距离在 17 cm 左右可以种植，如图 2-15-12 所示。

② 平垄四行的情况下，邻近的苗距离在 17 cm 左右可以种植，如图 2-15-13 所示。

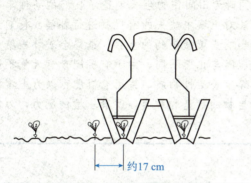

图 2-15-12　平垄两行种植

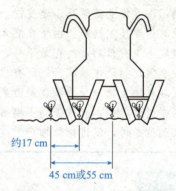

图 2-15-13　平垄四行种植

(2) 作垄。两行种植时，根据机器的行距，作垄如图 2-15-14 所示。往返四行种植时，由于机器的行距和邻近苗的间隔会使垄宽发生变化，所以，苗到垄肩的距离为 13～15 cm，如图 2-15-15 所示。

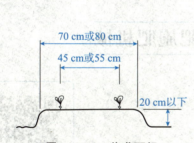

图 2-15-14　作垄两行

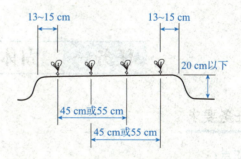

图 2-15-15　作垄四行

2. 秧苗的准备

有关育苗方面，按计划培育出适合移栽机移栽的结实的苗。卷心菜、花菜、菊科植物等，使用移栽机种植时，作物的最小高度为 6 cm，如图 2-15-16 所示。如果低于此高度，移栽机将无法移栽。在徒长苗、弯曲苗、苗过大导致叶子缠绕在一起等情况下，移栽机也无法进行移栽。育苗时选择完好的秧盘，如果秧盘的边角损坏，会出现移栽时无法自动送出的故障，所以，尽量不要使用边角损坏的秧盘。

图 2-15-16　蔬菜苗

项目三 施肥机械

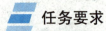 项目描述

施肥是增加土壤养分，改善作物生长发育条件的重要措施。农业部公布的数据表明，我国化肥用量约为 330 kg/hm², 远高于世界平均水准 120 kg/hm²。机械化施肥比人工施肥均匀准确，而且作业效率高、速度快，同时为田间作物生长创造了良好的条件，是实现现代化农业的重要技术措施。由于化肥无法对土壤中缺失的有机物进行补偿，长期大量使用化肥会造成土壤有机物质的存量下降，影响土壤微生物的生存，最终会破坏土壤肥力，降低化肥的肥效，导致作物减产。而有机肥则与化肥不同，由于有机肥含有大量不同种类的微生物及各种微生物分泌的酶、刺激素等生长活性物质，施用有机肥可以为土壤微生物提供所需的能量和养分，有效提高土壤微生物的数量和种类，改善土壤的肥力，为作物的生长提供有利的条件，促进作物增产。

项目目标

1. 掌握固体化肥施肥机械的结构及工作原理。
2. 掌握厩肥施肥机的结构及工作原理。
3. 掌握液肥施肥机的结构及工作原理。

任务一 固体化肥施肥机械

 任务要求

知识点：
1. 了解肥料的种类和施用方法。
2. 掌握固体化肥施肥机械的基本结构和工作原理。

技能点：
1. 能根据肥料的类型选用合适的施肥机械。
2. 能根据使用场合选用合适的固体化肥施肥机械。

固体化肥施肥机

任务导入

在栽培作物的过程中，施用肥料方法主要有施基肥、施种肥、施追肥。固体化学肥料有粉状

和颗粒状不同形态，要根据固体化学肥料的不同形态和不同施肥方法选择合适的施肥机械来满足农业作业要求，就需要掌握不同施肥机械的结构特点和工作原理，才能根据实际需要做出正确的选择。

知识准备

一、肥料的种类和施用方法

施肥原理

土壤是作物生长发育的基础，作物在整个生长过程中通过根部汲取营养成分，以供给植株各个部位生长发育的需要。作物根部所汲取的营养成分主要是水分、肥分及微量元素等，但仅靠土壤自身供给的养分难以满足作物持续增产的需求。因此，需要及时补施肥料，增强地力，使作物达到增产的目的。科学合理地施用肥料，能以较少的投入换取更多的收成。

我国很多地方施用化肥，采用将化肥抛撒在地表或追肥时顶施或根侧表施的方式，肥料中的有效成分容易在空气中挥发或流失，造成肥效降低，并带来环境污染等问题。因此，针对化肥的撒施或浅施的不足研制出了化肥深施技术。根据我国目前的化肥品种、农业生产特点和施肥水平，一般认为将化肥施于地表以下 6～10 cm 为深施，这是因为当施肥深度达到 6～10 cm 时，化肥的挥发损失显著降低，而且能满足农作物生长的要求。

化肥深施技术可将化肥定量均匀地施入地表以下作物根系密集部位，既能保证被作物充分吸收，又显著减少肥料有效成分的挥发和流失，达到充分利用肥效和节肥增产的目的。这项技术要求同时完成开沟（或穴）、施肥、覆盖和镇压等多道工序，并要确保合理的施肥量，适宜的施肥深度和位置，严密的覆盖和有效的镇压。

化肥深施技术具有显著的节本增效效益，是我国大力推广的一项重要农机化实用技术。实践表明，化肥深施可提高化肥的利用率，其中碳酸氢铵、尿素深施与表面撒施相比，其氮的利用率分别由 27% 和 37% 提高到 58% 和 50%，深施比表施利用率相对提高 15% 和 35%。大面积应用化肥深施机械化技术后，氮素化肥的平均利用率由 30% 提高到 40% 以上。磷钾等化肥深施还可以减少风蚀和损失，促进作物吸收和延长肥效，提高肥料利用率。同时，化肥深施还可促使根系发育，增强作物吸收养分、水分和抗旱的能力，有利于植株的生长，提高作物的产量。经试验发现，在同样条件下，深施比地表撒施的小麦、玉米增产 225～675 kg/hm²，棉花可增产 75～120 kg/hm²，大豆可增产 225～375 kg/hm²，增产幅度为 5%～15%。从目前来看，由于化肥产量不能完全满足需求，每年均有一定数量的进口，大面积推广化肥深施技术，对降低生产成本，促进农业增产增收，降低作业费用，减轻环境污染，均具有重大的社会效益和经济效益。

1. 肥料的种类

肥料，按形态分为固态和液态；按营养成分分为氮肥、磷肥、钾肥、微量元素肥料；按化学特性分为有机肥和无机肥（化学肥料）。有机肥和化学肥料都有固态和液态两种形式。近年来，我国已成功研制叶面肥和冲施肥，并已得到很好的推广使用。

有机肥料主要由人畜粪尿、植物茎叶及各种有机废弃物堆积沤制而成，故也称农家肥料。有机肥料能增进土壤的有机质，改善土壤结构，提高保水能力，而且还能提供植物所需的多种养分；但它所含养分要在氧化过程中慢慢分解，才能释放到土壤里供作物吸收，因而效果缓慢，但有效期较长。由于有机肥料中所含氮、磷、钾的比例小，因而施用量大，装载、运输与施撒的劳动强度大，卫生条件差。因而，施用有机肥料是一项亟待实现机械化的田间作业。

化学肥料只含有一种或两三种营养元素，但含量高、肥效快、用量少。半个世纪以来，化学肥料有效保证了农作物产量的不断增长，在全世界都有不可低估的作用。化学肥料是由工厂生产商品肥料，一般加工成颗粒状、结晶状或粉状，装袋出售。液态化肥主要是由液氨和氨水组成。液氨含氮量高，约为82%，氨水则是氨的水溶液，含氮量仅为15%～20%。

由于长期大量施用化学肥料，造成土壤某些营养成分严重缺乏，氮、磷、钾的比例失调，土壤板结，影响农作物产品的品质。因此，从土壤施肥的发展趋势上来看，增加有机肥的营养成分比例、加工和施撒有机肥更加具有发展前途。

2. 肥料的施用方法

(1) 旱地作物。在栽培作物的过程中施用肥料主要有以下几种方法：

①施基肥。施基肥应同土壤耕翻作业结合起来进行。目前有两种方法：一是先撒肥后耕翻；二是边耕翻边将化肥施于犁沟内，显然第二种方法较好。先撒肥后耕翻应尽可能缩短化肥暴露在地表的时间，尤其是对碳酸氢铵等易挥发的化肥，要随撒肥随耕翻。这种施肥方法可在犁前加装撒肥装置，或使用专用撒肥机。边耕翻边施肥的方法可避免化肥挥发损失。一般可在现有的耕翻犁上加装排肥装置，通常将排肥导管安装在犁铧后面，随着犁铧翻垡将化肥施于垡面上或犁沟底，然后犁铧翻垡覆盖，达到深施肥的目的，许多地方习惯称此法为犁沟施肥。也有的在深松铲上装设施液肥装置，随着松土作业将液肥施入沟底。

②施种肥。施种肥是在播种时将肥料与种子同时播入土中。常见的施肥方法有侧位深施、正位深施、两侧深施三种方式。侧位深施种肥是将肥施于种子的侧下方(小麦种肥一般在种子的侧、下方各 2.5～4 cm，玉米种肥深施一般在 5.5 cm)。正位深施种肥是将肥施于种床正下方，肥层同种子层之间土壤隔离层在 3 cm 以上，要求种肥深浅一致。两侧深施肥是将肥料施于种子两侧，比单侧深施肥更有利于种子发芽后对养分的吸收，效果更好。正位分层施肥是在两层施肥，据试验，这种方法效果也较明显。种子的正下方在播种的同时将化肥深施于土壤中，应根据肥料品种、施用量等确定种肥距离，防止种肥过近造成烧种烧苗的现象。

③施追肥。在作物生长期间，将肥料施于植株根系附近，称为追肥。也有将某种易溶于水的营养元素(叶面肥)用喷雾的方法施于作物叶面上，让作物吸收，称为根外追肥。通常在中耕机上装排肥器和施肥开沟器完成追肥深施，相对于人工地表撒施和手工工具深追肥，该方法可显著提高化肥的利用率和作业效率。追肥深度一般为 6～10 cm，追肥部位在作物株行两侧 10～20 cm。对于小麦等谷物，由于行距小，且行间根部基本相接，因此难以实现机械化深施作业。欧美等国家常采用机械化顶施，我国目前多由人工进行顶施。

(2) 水田作物。施基肥时水田常用泡水犁田后，均匀撒入肥料后再耙田。或进行水田底肥深施，在耕整地机具上装设肥箱及排肥装置，在水田耕整地的同时，将化肥施于前道犁沟内，随即翻垡深埋入土中，整地作业后将化肥均匀混合于土壤中，达到深施肥的目的。要求施肥深度达到 6～10 cm，深浅一致，排肥均匀连续，无明显断条现象，肥量满足当地农艺要求，并严格控制田间水量(水深 1～2 cm)，使其既不影响耕整作业，又保证深施肥的质量。

水田追肥使用机械难度大，目前常采用人力机械将颗粒状肥料点施或穴施于植株根部。

肥料应注意合理施用，否则不仅会徒耗能源，还会导致养分不平衡，反而降低土壤的肥力。目前，我国农村化肥的施用量已经达到比较高的水平。但是，由于施肥技术落后且缺乏适用机具，还不能做到合理施肥和科学施肥。

合理施肥主要包括两方面内容：

①注意保持土壤中养分的平衡，避免因偏施某种元素肥料导致养分严重不均，反而导致土壤肥力降低。植物的健康生长需要吸收十几种不同的元素(其中最主要的是氮、磷、钾三种)。如果缺乏某一种元素，即使其他养分供应充足，作物的生长也不会良好。例如，我国土壤普遍缺氮，

因而施入氮肥后作物产量会增加较多。但如长期偏施氮肥，土壤中的磷和钾就会耗尽，致使土壤肥力降低。解决这个问题的途径是根据土壤化验、作物种类和产量指标，合理配比氮、磷、钾及其他微量元素，进行科学配方。我国农用化肥的主要品种及其有效成分含量见表3-1-1。此外，由于长期大量使用化肥会导致土壤结构破坏，所以化肥还要与有机肥配合使用。

表 3-1-1　农用化肥的主要品种及其有效成分含量

化肥名称	外形特征	化学分子式	营养元素含量/%
氮肥 N			
碳酸氢铵	白色或微灰色结晶	NH_4HCO_3	16.50～17.50
硫酸铵	白色或微带颜色结晶	$(NH_4)_2SO_4$	20.6～21.0
硝酸铵	白色或浅黄色颗粒	NH_4NO_3	34.4
尿素	白色球状小颗粒	$(NH_2)_2CO$	46
氯化铵	白色或微黄色结晶	NH_4Cl	25.3
磷肥 P_2O_5			
钙镁磷肥	灰白色、灰绿色或灰黑色粉末	$Ca(H_2PO_4)_2+2CaSO_4$	12～20
过磷酸钙	黑色、灰色或淡黄色粉状物		
重过磷酸钙	灰白色颗粒	$Ca(H_2PO_4)_2$	12～20
磷酸铵	灰色颗粒	$(NH_4PO_4)_n$	46
钾肥 K_2O			
硫酸钾	灰色细结晶	K_2SO_4	48～52
氯化钾	白色细结晶	KCl	54.2～60

②要提高化肥施用后的利用率。当前，我国化肥利用率很低，总体水平为30%～40%，发达国家为50%～60%。其中：我国氮肥利用率为30%～35%，欧盟为70%～80%；磷肥当季利用率为10%～25%；钾肥利用率为35%～65%。显然，提高化肥利用率具有重要的现实意义，不仅可以节省资源，减少投入，还可以减少对环境的污染。

氮肥无论是固态或液态都必须深施在地表以下6～10 cm，并要覆盖严实才能减少氨的挥发损失。国内研究表明：碳酸氢铵深施，其肥效可以较表施提高50%以上；尿素深施可以较表施提高约30%。但是氮肥深施如果由人工开沟、覆埋，困难很大，只有借助性能优良的施肥机具，才能付诸实现。磷肥在土壤中几乎是不移动的，为了易于被种子吸收，而又不烧伤种子，应在播种时将其施在种子的侧深部位。这种施肥技术也只有借助于机械装置才能实现。

根据施用肥料的种类和特性，施肥机械可分为固态化肥施肥机、液态化肥施肥机、厩肥撒施机及厩液施撒机等；按施肥方式的不同，可分为撒肥机械、种肥施用机械、追肥施用机械和施肥播种机械。

由于农家肥料和化学肥料、液体肥料和固体肥料性质差别很大，因而施用这些肥料的机械结构和原理也不相同。

二、固体化肥撒肥机械

撒肥机械是在整地前将化肥均匀撒布于地表，然后再进行耕翻整地作业，将肥料施入耕作层下的施肥工具。一般来说，耕作过程容易出现土壤与肥料的混搅，起不到深施的作用，并且化肥可能烧伤种子，影响种子的发苗，同时也增加了作业工序。所以，目前除手工作业外，撒肥机械已经很少使用。但撒肥机械作业前地表空旷，且其作业幅宽大，效率高，所以在国外使用较多。常见的撒肥机械有以下几种。

1. 离心圆盘式撒肥机

离心圆盘式撒肥机是欧美各国家用得最普遍的一种撒施机具（图 3-1-1）。它由拖拉机的动力输出轴带动旋转的撒肥盘利用离心力将化肥撒出，有单盘式与双盘式之分。撒肥盘上一般装有 2～6 个叶片，它们在转盘上的安装位置可以是径向，也可以是相对于半径前倾或后倾，叶片的形状有直线形和曲线形两种。其中，前倾叶片能将流动性好的化肥撒得更远，而后倾的叶片对于吸湿黏附的化肥更为有利。工作时，肥料箱中的肥料在振动板作用下流到转动的撒肥盘上，撒肥盘在动力输出轴带动下快速旋转。这样，化肥就在其离心力作用下被甩出去。排肥活门用来调节施肥量的多少。

离心圆盘式撒肥机在一趟作业中撒下的化肥沿纵向与横向的分布都不均匀，一般可通过重叠作业面积来改善其均匀性。此外，还可以通过将撒肥盘上相邻叶片制成不同形状、倾角，以改善各叶片撒出肥料的分布均匀性。

离心圆盘式撒肥机具有结构简单、质量较轻、撒施幅宽大和生产效率高等优点，在国外得到广泛使用。

2. 气力式撒肥机

气力式撒肥机如图 3-1-2 所示。其工作原理是利用机械式排肥器将肥料从肥箱中排至气流输肥管中，高速旋转的风机产生的高速气流把肥料送至喷头，肥料以很高的速度碰到反射盘后以锥形覆盖面分布在地表，大幅度、高效率地撒施化肥及石灰等土壤改良剂。

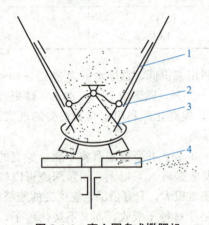

图 3-1-1　离心圆盘式撒肥机

1—振动板；2—排肥活门；3—排肥板；4—撒肥盘

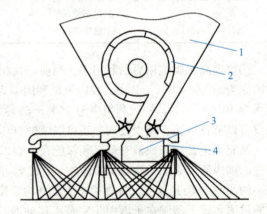

图 3-1-2　气力式撒肥机

1—肥箱；2—风机；3—传动箱；4—反射盘

此外，撒肥机还有摆管式、栅板式、链指式及转盘式等。

三、固体化肥犁底施肥机

犁底施肥机是一种深施基肥的施肥机械，通常是在铧式犁上安装肥箱、排肥器、导肥管及传动装置等，在耕翻作业的同时进行底肥深施。

图 3-1-3 所示为一种与六铧犁配套使用的犁底施肥机（2FLD-1.8 型），包括肥箱及排肥装置、变速箱、传动轴、钢丝软轴等。其工作过程为拖拉机动力经输出轴、钢丝软轴至变速箱，经变速箱减速后由链轮带动搅刀-拨轮式排肥器，肥料经漏斗、导肥管、撒肥板均匀落入犁沟，随后在犁铧翻土、合墒器覆土作用下将化肥严密覆盖。该施肥机采用搅刀-拨轮式排肥器，这种排肥

器既可排施易潮解后流动性差的碳酸氢铵,也可排施尿素、磷铵等流动性好的化肥。用普通钢丝绳中间吊挂支撑软轴代替万向节传动,简化了传动结构。

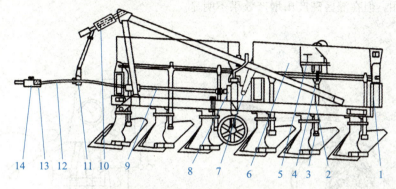

图 3-1-3 2FLD-1.8 型犁底施肥机

1—支架;2—导肥管;3—撒肥板;4—拨肥轮;5—搅刀;6—肥箱;7—链轮;8—变速箱;
9—传动轴;10—上拉杆;11—吊挂轴承;12—钢丝绳;13—钢丝绳卡紧装置;
14—动力输出轴花键

图 3-1-4 所示为 2FL-2 型犁底施肥机,该机具与小四轮拖拉机悬挂双铧犁配套使用。其结构包括肥箱、排肥装置及摇杆机构等部件。工作时,限深轮通过摇杆机构带动摆抖式排肥器在一定范围内摆动,将肥料破碎并从肥箱内输送到导肥管,最后撒落在犁沟内,由犁铧翻土覆盖。该施肥机结构简单,可排施碳酸氢铵等流动性差的易潮解化肥,排量及稳定性受化肥湿度、作业速度、肥箱浇满程度等因素的影响小,所以作业性能良好。

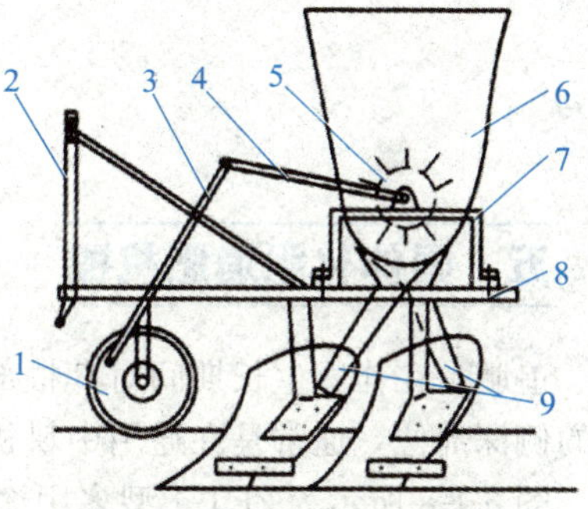

图 3-1-4 2FL-2 型犁底施肥机

1—限深轮;2—悬挂架;3—连杆;
4—摇杆;5—排肥器;6—肥箱;
7—支架;8—U形卡;9—导肥管

四、固体化肥种肥施用机械

施用种肥的合理方法是将种、肥分开且深施。种、肥在播种的同时深施,可通过在播种机上安装肥箱和排肥装置来完成,即在播种机上采用单独的输肥管与施肥开沟器,也可采用组合式开沟器。要求机具不仅能严格地按农艺要求保证种、肥的播量、深度、株距、行距等,而且在种、肥之间能够形成一定厚度(一般在 3 cm 以上)的土壤隔离层,既满足作物苗期生长对营养成分的需求,又避免种、肥混施(图 3-1-5)出现的烧种、烧苗现象。

利用组合式开沟器可以实现正位深施,组合式开沟器有双圆盘式和锄铲式等。其特点是导肥管和导种管单独设置,导肥管在前,而导种管在后,工作原理基本相同。开沟器入土后开出种肥沟,肥料通过前部投肥区落入沟底,被一次回土盖住;种子通过投种区落在散种板上,反射后散落在一次回土上,由二次回土覆盖。

种肥同施播种机是在播种的同时完成施用种肥的机械。播种机上可采用单独的输肥管与施肥开沟器,也可采用组合式开沟器。图 3-1-6 所示为 2BFG-6(S)型谷物施肥沟播机,采用播后留沟的沟播农艺和种肥侧位深施。作业时,镇压轮通过传动装置带动排种器和搅刀-拨轮式排肥器工作,化肥和种子分别排入导肥管和导种管。同时,施肥开沟器先开出肥沟,化肥导入沟底后由回土及播种开沟器的作用而覆盖;位于施肥开沟器后方的播种开沟器再开出种沟,将种子播在化肥侧上方,最后由镇压轮压实所需的沟形。这种播种机采用了播后留沟的沟播方式和种肥侧位深施工艺，用于麦沟播施肥，可以提高肥效，增加土壤含水量，平抑地温，减轻冻害和盐碱化危害，因而出苗率高，麦苗生长健壮，成穗率高。在干旱和半干旱地区的低产田应用，具有显著增产作用，但在灌区高产田增产效果不明显。

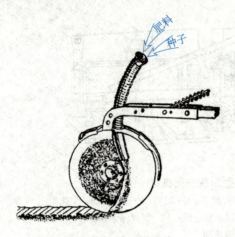

图 3-1-5　种、肥混施

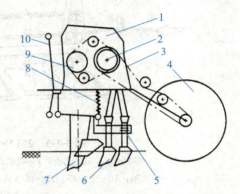

图 3-1-6　2BFG-6(S)型谷物施肥沟播机
1—种箱；2，9—排肥器；3—链条；4—镇压轮；
5—U形卡；6—排种开沟器；7—施肥开沟器；
8—深浅调节机构；10—悬挂架

五、固体化肥追肥机械

追肥是在作物生长期间对其根部进行施肥的过程，其合理的施用方法是将化肥施在作物根系的侧深部位，通常是在通用中耕机上装设排肥器与施肥开沟器(图 3-1-7)。

图 3-1-8 所示为 2FT-1 型多用途碳酸氢铵追肥机。该追肥机为单行畜力追肥机，适用于旱地深施碳酸氢铵，也可兼施尿素等流动性好的化肥，还可用于玉米、大豆、棉花等中耕作物的播种。工作时由人力或畜力牵引，一次完成开沟、排肥(播种)、覆土和镇压四道工序。该追肥机采用搅刀-拨轮式排肥器，能可靠、稳定、均匀地排施碳酸氢铵；采用凿式开沟器，肥沟窄而深，阻力小，导肥性能良好；更换少量部件可用于播种中耕作物。

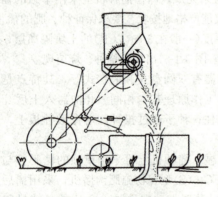

图 3-1-7　中耕追肥机

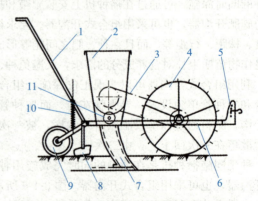

图 3-1-8　2FT-1 型多用途碳酸氢铵追肥机
1—手把；2—肥箱；3—传动链；4—地轮；5—牵引板；
6—机架；7—凿式开沟器；8—覆土器；9—镇压轮；
10—仿形加压弹簧；11—排肥器

六、化肥排肥器

1. 化肥特性

无机肥料多为晶粒或粉末状,特点是易溶于水,易被植物吸收。其物理机械性质主要取决于它的吸湿量或含水量。吸湿量增加,则流动性变差,黏结性和架空性增加。

(1)流动性。干燥的化肥颗粒之间只有摩擦力的结合。将松散的化肥自然堆放成一个圆锥体时,锥体休止角的大小即可表示该化肥流动性。表3-1-2是几种常用化肥的休止角。当其他条件相同时,排肥量与休止角成反比。化肥的流动性与颗粒的形状、大小、表态、结块等因素相关。

表 3-1-2 几种常用化肥的休止角

肥料名称	休止角/(°)	肥料名称	休止角/(°)
硝酸铵(粉)	42	硫酸钾(粉)	48
过磷酸钙(粉)	44	氯化钾(粉)	50
过磷酸钙(粒)	33	尿素(粉)	43
重过磷酸钙(粒)	28	尿素(粒)	33

(2)吸湿性。即化肥从空气中吸收水分的性质和能力。大多数化肥有较强的吸湿能力,而吸湿能力的大小取决于周围空气的温度和湿度,同时受化肥颗粒大小和堆放厚度影响。

(3)黏结性。即化肥黏结、团聚而结块的特性。化肥吸湿后或受到一定压力后(如压重、搅拌),易黏结成大颗粒甚至结成大块,或黏附在排肥器上。因此,施用化肥时应注意其黏结性。

(4)架空性。将肥料放在平面上,从其下部取出一部分,形成洞穴而上部的肥料并不松塌,这种现象称为化肥的架空性。化肥吸湿后架空性增强,为了防止施肥过程出现架空现象,应在肥箱内放搅拌器(破拱装置)。

2. 排肥器的农业技术要求

排肥器是施肥机械的重要工作部件,其工作性能的好坏,直接影响施肥机的工作质量,因此,排肥器应满足以下性能要求:

(1)排肥可靠,能适应不同含水率的化肥。
(2)排肥量稳定、均匀,不受肥箱内肥料的多少、前进速度与地形倾斜起伏等因素的影响。
(3)排肥量调节灵敏、准确,调节范围能适应不同化肥品种与不同作物的施用要求。
(4)通用性好,能施播多种肥料。即要求排肥器除能排施流动性好的晶粒状化肥和复合颗粒化肥外,还应能排施流动性差的粉状化肥。
(5)工作阻力小,使用调节方便,便于作业后残留化肥的清理。
(6)排肥器所有与肥料接触的机构、零件最好采用防腐耐磨材料制造。

3. 排肥器的主要类型及其性能特点

目前使用的排肥器种类很多,常用的有外槽轮式、星轮式、振动式、搅刀-拨轮式、水平刮板式、螺旋式、链指式、钉轮式等。

(1)外槽轮式排肥器。外槽轮式排肥器(图3-1-9)的工作原理和结构与外槽轮排种器相似,仅槽轮直径稍加大,齿数减少,使间槽容积增大。其结构较简单,施肥均匀性较好,适用于排流动性好的松散化肥和复合粒肥。

排粉状及潮湿的化肥时,易出现架空和断条等问题,且槽轮易被肥料黏附而堵塞,失去排肥能力。有时因化肥粉末进入阻塞套与外槽轮之间和内齿形挡圈与排肥杯之间,使传动阻力急增而损坏传动机构,影响外槽轮式排肥器的使用。为了改进外槽轮式排肥器的性能,制造材料由原来的铸铁改为铸塑,减少了肥料对排肥器的黏附和腐蚀;同时,随着各种复合颗粒肥的广泛使用,也有利于发挥外槽轮式排肥器排肥均匀的特性,而且克服了堵塞外槽轮等现象。

(2)星轮式排肥器。星轮式排肥器(图 3-1-10)使用较为普遍,水平星轮是其主要工作部件。工作时,排肥星轮转动,肥料被星轮齿槽及星轮表面带动,经肥量调节活门输送到排肥口,最后靠自重或辅助打肥锤敲击落入输肥管。活门开度和星轮转速可调,以适应不同排肥量的要求。星轮式排肥器主要适用于流动性好的晶状、颗粒状化肥,也可用于排施干燥的粉状化肥。

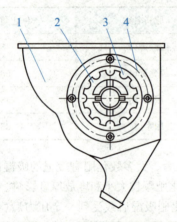
图 3-1-9 外槽轮式排肥器
1—排肥盒;2—外槽轮;3—内齿形挡圈;4—外挡圈

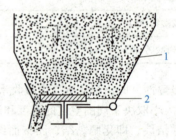
图 3-1-10 星轮式排肥器
1—肥箱;2—水平星轮

(3)振动式排肥器。振动式排肥器(图 3-1-11)由肥箱、振动板、振动凸轮等组成。工作时,凸轮使振动板不断振动,使化肥在肥箱内循环运动,消除肥箱内化肥的架空,并使之沿振动板斜面下滑,经排肥口排出。排肥量大小用调节板调节,对流动性较好的化肥,可更换调节板。由于振动关系,肥料排量受肥箱内肥料多少、肥料密度、黏结力等影响较大,排肥量的稳定性和均匀性有待进一步的改善。

现用的振动式排肥器,振动板倾角为 60°,振幅为 18 mm,频率为 250 次/min。

(4)搅刀-拨轮式排肥器。搅刀-拨轮式排肥器(图 3-1-12)是一种通用型的排肥器。其工作过程为具有侧刃和横刃的搅刀在动力驱动下旋转,搅动箱内的肥料,同时有效刮除黏附在肥箱四周的化肥,并切碎化肥结块,这样可消除堵塞和肥箱上部的肥料架空现象。搅刀叶片左、右各 3 把,按对称螺线排列,喂肥叶片左、右各 2 片,处于排肥口正中间,向排肥口喂进肥料,最后由拨肥轮将肥料强制排出。排肥量由活门调节。

该排肥器结构简单,能有效地消除肥料的架空,适于排施含水量较大(达 9%)的碳酸氢铵,排肥稳定性、均匀性较好;还可用于排施颗粒状化肥播种玉米、大豆等流动性好的种子。其缺点是清肥不便,工作阻力大,适用于单行或双行追肥机,不适于在多行条播机上做排肥部件。

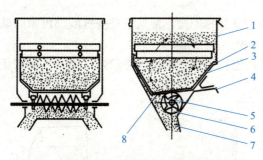 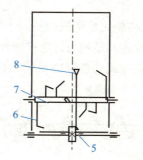 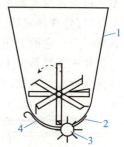

图 3-1-11　振动式排肥器

1—肥箱；2—铰链；3—振动板；4—肥量调节板；
5—振动凸轮；6—排肥螺旋；7—导肥管；8—排肥孔

图 3-1-12　搅刀-拨轮式排肥器

1—肥箱；2—密封胶垫；3—拨肥轮；4—活门；
5—排肥口；6—搅刀；7—搅刀筒；8—喂肥叶片

(5)水平刮板式排肥器。水平刮板式排肥器(图 3-1-13)的结构主要包括刮板弹击器、防架空的搅拌器和防排肥口堵塞的旋转清肥杆三大工作元件。其工作过程为动力经锥齿轮传动到排肥器轴以后，刮板弹击器与搅拌器同时做顺时针方向转动，将肥料强制推送至排肥口，在刮板弹击器作用下弹入排肥口。旋转清肥杆通过清肥杆齿轮套同步转动，不断清除排肥口。其优点是能可靠地排碳酸氢铵等流动性差的化肥，排肥稳定性较好；其缺点是排肥阻力较大，不适于流动性好的颗粒状化肥。

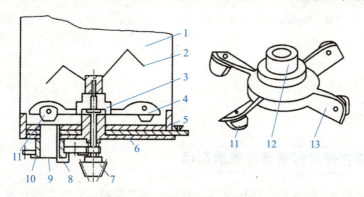

图 3-1-13　水平刮板式排肥器

1—肥料箱；2—搅拌器；3—排肥器轴；4—刮板弹击器；5—调节板；6—排肥孔板；
7—锥齿轮；8—旋转清肥杆；9—排肥口；10—排肥管；11—刮板；12—刮板轴套；13—挂板座

(6)螺旋式排肥器。螺旋式排肥器(图 3-1-14)的主要工作部件是排肥螺旋。工作时螺旋回转，将肥料强制推入排肥管。排肥螺旋叶片有普通式、中空式和钢丝弹簧式三种。普通式施肥量大，但对肥料压实作用也大，适于排施粒状及干燥的粉状化肥，对吸水性强、松散性差的化肥，肥料易架空，对叶片易黏结化肥，适应性差，排肥器无法工作；中空式对肥料压实作用较小、施肥量较叶片式均匀，其他特点与叶片式相同；钢丝弹簧式不易被肥料黏附，排施潮湿肥料的能力较前两种强，但对吸水性很强而松散性较差的化肥如碳酸氢铵、粉状过磷酸钙、磷矿粉等的适应性较差。在排肥量小时，螺旋式排肥器的排肥均匀性都比较差。

(7)链指式排肥器。链指式排肥器(图 3-1-15)是全幅施肥机上采用的一种排肥器。它的工作部件为回转链条，链节上装有斜置的链指。工作时，链条沿箱底移动，链指通过排肥口将化肥排出。为了清除箱底部被链指压实的化肥层，在链条上每隔一定距离装有一把刮刀。为了防止化肥在肥箱内架空，肥箱前壁还装有一块振动板。

链指式排肥器工作时，撒下的化肥沿纵向和横向均有较好的分布均匀性。排肥量由排肥口高度和链条速度控制。

(8)钉轮式排肥器。钉轮式排肥器(图 3-1-16)属于条施排肥器,常见于丹麦等欧洲国家的联合条播机上。它的工作原理和结构与钉轮式排种器相似。

钉轮式排肥器用于排施流动性好的颗粒化肥,排肥稳定性、均匀性都较好;但它不能用于排施流动性差的化肥。

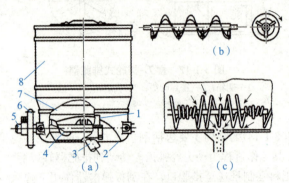
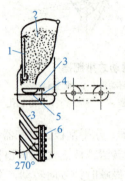
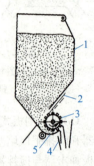

图 3-1-14　螺旋式排肥器
(a)普通螺旋;(b)中空螺旋;(c)钢丝弹簧螺旋
1—插板;2—箱底;3—排肥管;4—排肥螺旋;
5—排肥轴;6—链轮;7—隔板;8—肥箱

图 3-1-15　链指式
排肥器
1—振动板;2—肥箱;
3—链指;4—传动链轮;
5—箱底;6—排肥链

图 3-1-16　钉轮式
排肥器
1—肥料箱;2—活门
插板;3—钉轮;4—导
肥管;5—凹形底板

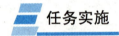

任务实施

一、施肥机在使用时需要注意的事项

(1)对于施肥机部件的调整要选好时间。施肥机在工作前,农机手都会对相应的部件进行调整或者安装一些需要使用的零部件,但是农机手需要知道的是,不是所有的部位和零部件都要在农机工作前安装,为了防止一些零部件在农机进地之前损坏,就要将这些零部件在作业地中进行调整、安装。施肥机的开沟器就极易损坏,如果在未工作之前就将其安装好,很有可能在运输途中损坏。为了确保机器的正常使用,有些部件的调整就要选择在作业地进行,从而确保机器部件的正常工作。

(2)化肥加入肥箱的时间要适当。化肥是种植田地不可缺少的肥料之一,由于是颗粒状,极易受潮溶化或者板结成块,不但会影响肥效,而且施肥也很困难。因此,对于化肥的保管要慎重,尤其在进行播地时,不要过早将化肥加入化肥箱,这样很有可能引起化肥受潮或板结成块,应该在临播前将化肥加入化肥箱里,这样既有利于施肥,也不会影响肥效的发挥。

二、使用施肥机时的常见故障、产生原因及解决方法

1. 施肥器不排肥的原因及解决方法

施肥机在使用时可能出现施肥器不排肥的现象,这种问题产生的原因是地轮没有工作,出现了不转动的现象。地轮之所以不转动,主要是因为地轮没有着地,传动链条出现问题,可能

是在工作过程中链条掉链或出现断链，从而使施肥器不排肥，针对这种问题，农机手或维修人员首先要找到产生问题的原因，对症下药。如果是传动链条出现问题，就要及时进行修理或者更换，使地轮着地，从而使施肥器正常工作。

2. 个别排肥器不排肥的原因及处理方法

施肥机在工作时，整体的排肥量很正常，但是个别排肥器会出现问题，不排肥，产生这种现象的原因可能是排肥口被田地里的杂物堵塞，从而不能排肥，解决这种原因产生的问题，只需将不排肥的排肥口用工具疏通。但是在进行维修时，农机手一定要将农机熄火再进行修理，以免发生其他故障。需要注意的是，农机手不要使用手指或木棍进行维修，可能会伤到自己。除了此原因，也有可能是排肥星轮或小锥齿轮销子出现断裂或脱落，从而引起个别排肥器不排肥，如果是这种原因，农机手首先要检查零件能否维修，如果不能维修就要考虑更换新的零部件，从而使施肥机正常工作。

3. 各行播深不一致的原因及处理方法

施肥机在工作时，如果一些零部件出现问题，会导致各行播深不一致，究其原因，可能是施肥机机架的左右没有处在同一个平面上，左右严重出现不平现象，致使左右两边的开沟器不处在同一个平面上，导致入土深度也不一致，解决办法是农机手或维修人员要对机架的左右进行维修，使其处在同一平面上，从而使开沟器入土深度一致，播深也一致。除了此种原因，还可能是农机手在施肥机工作之前，没有做到对农机进行彻底检查，各个开沟器伸出的长度不同，从而导致开沟器入土深度不一致。还有可能是开沟器在工作时被土块垫起，与其他开沟器不在同一平面上，从而导致播深不一致，如果是这种原因，农机手就要及时对各个开沟器进行调整，使其处在同一个水平面上，从而保证各行播深的一致性。

任务二　厩肥施肥机械

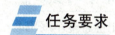
任务要求

知识点：
1. 了解有机肥的特点和施用方法。
2. 掌握厩肥施肥机械的基本结构和工作原理。

技能点：
能分析不同厩肥施肥机械的优缺点，并根据需要进行选型。

任务导入

使用厩肥能改良土壤，增加土壤有机质，实现作物增产。我国施厩肥多将腐熟好的厩肥用大车运至田间均匀放成小堆，再用锹撒开；也有装在大车上随走随撒。这种方法的缺点是劳动生产率较低，且撒肥不匀。采用撒肥机撒肥可以显著提高劳动生产率和撒肥质量。据统计，在撒施厩肥过程中，厩肥机撒肥所消耗的时间仅占15%，而装肥与运肥的时间则占85%。因此，要使我国撒厩肥实现机械化，必须从积肥、装肥、运肥到撒肥实现综合机械化。

知识准备

一、有机肥的特点

有机肥由人畜粪尿、作物秸秆、落叶、杂草、干土及其他废弃物等堆积沤制而成，虽含有氮、磷、钾三种养分，但含量较少，故施用量较大，且需经过腐熟后养分才能被作物吸收。有机肥分解慢，肥效长，多用作基肥。

有机肥含水分多时黏结而不易松散，干后又易结成硬块，因此，撒施有机肥时要用较大的力量将其撕裂撞碎。有关部门曾对垃圾及长秸秆所制作的堆肥进行试验，得出撕裂肥料所需的力，平均为肥料本身质量的 2.07 倍，最大可达 3.34 倍。每吨有机肥的体积与容重见表 3-2-1。

表 3-2-1　每吨有机肥的体积与容重

有机肥腐熟期	每吨体积/($m^3 \cdot t^{-1}$)	容重/($t \cdot m^{-3}$)
新鲜松软	0.3~0.4	2.5~3.3
新鲜坚实	0.5~0.7	1.4~2.0
半腐熟	0.7~0.8	1.2~1.4
全腐熟	0.8	1.2

二、撒厩肥机的种类和构造

有机肥施肥机械

撒厩肥机可分为螺旋式、牵引式、甩链式和悬挂式，其中以螺旋式最为常见。

1. 螺旋式撒厩肥机

螺旋式撒厩肥机(图 3-2-1)的结构特点是由安装在车厢式肥料箱底部的输肥链将整车厩肥缓缓向后移动，喂给撒肥部件进行撒布。撒肥部件包括撒肥滚筒、击肥轮和撒布螺旋。撒肥滚筒的作用是击碎肥料，并将其喂送给撒布螺旋。撒布螺旋是左右对称的双向螺旋，撒布螺旋高速旋转将肥料向后、向左右两侧均匀地抛撒。击肥轮为钉齿轮，用来击碎表层厩肥，并将多余的厩肥抛回肥箱中，使排施的厩肥层保持一定厚度，从而保证撒布均匀。

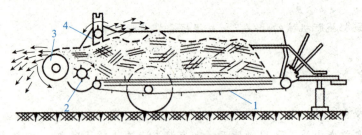

图 3-2-1　螺旋式撒厩肥机
1—输肥链；2—撒肥滚筒；3—撒布螺旋；4—击肥轮

2. 牵引式装肥撒肥机

牵引式装肥撒肥机以动力输出轴传输撒厩肥机的动力，也有把撒肥器做成既能撒肥又能装肥的结构。图 3-2-2 所示为一种牵引式自动装肥撒肥机,装肥时,撒肥器位于下方,将肥料上抛,由挡板导入肥箱。此时,输肥链反转,将肥料运向撒肥机前部,使肥箱逐渐装满。撒肥时,油缸将撒肥器升到靠近肥箱的位置,同时更换传动轴接头,改变转动方向,进行撒肥。

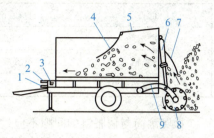

图 3-2-2　牵引式自动装肥撒肥机
1—撒肥传动接头(540 r/min);2—装肥传动接头(250 r/min);3—换向器;4,5,7—挡板;6—升降油缸;8—撒肥装肥器;9—传动支撑

3. 甩链式厩肥撒布机

甩链式厩肥撒布机(图 3-2-3)采用圆筒形肥箱,筒内有一根纵轴,轴上交错固定若干根端部装有甩锤的甩肥链。工作时,甩链由动力输出轴驱动旋转,破碎厩肥,并将其甩出。

这种撒布机除撒布固体厩肥外,还能撒施粪浆。它的侧向撒肥方式可以将厩肥撒到机组难以接近的地方,但侧向撒肥均匀度较差,近处撒得多,远处撒得少。

4. 悬挂式撒厩肥机

英国生产用来撒开田间厩肥条堆的悬挂式撒厩肥机如图 3-2-4 所示。在机架上装有撒肥滚筒和双向螺旋撒肥器。撒肥滚筒和螺旋撒肥器由拖拉机的动力输出轴驱动。机架的前上方装有反折板,以保护驾驶员的安全。

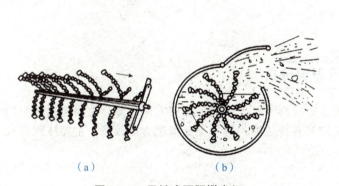

图 3-2-3　甩链式厩肥撒布机
(a)甩链;(b)工作示意

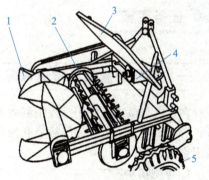

图 3-2-4　悬挂式撒厩肥机
1—螺旋撒肥器;2—撒肥滚筒;3—反折板;4—齿轮箱;5—行走轮

撒肥滚筒工作幅宽为 1 013 mm,直径为 381 mm;螺旋撒肥器工作部分宽为 912 mm,螺旋叶片外径为 431 mm;机器质量为 250 kg。工作时,成行的厩肥条堆从拖拉机的前轮间通过,被撒肥滚筒击碎,再由螺旋撒肥器均匀撒开,撒肥宽度达 9 m。

三、厩肥机的主要参数

厩肥的撒施量较大,故厩肥撒施机的肥箱容积也较大,以满足在地头加肥的要求。机力撒厩肥机的装肥量一般为 2～7 m³,箱壁高度应便于装肥。为了便于输肥链向后部送肥,肥箱的宽度由前端向后逐渐增大,一般后端比前端宽 40 mm,以减少侧壁的摩擦阻力。

为了在工作中不发生堵塞,而又使撒肥滚筒处的肥料不至中断供应,要求击肥轮的线速度大于撒肥滚筒的线速度,而撒布螺旋的线速度又大于击肥轮的线速度。表 3-2-2 所列为 HT-1 型撒厩肥机的主要参数。

表 3-2-2　HT-1 型撒厩肥机的主要参数

部件	直径/mm	转速/(r·min⁻¹)	圆周速度/(m·s⁻¹)
撒肥滚筒	455	137.35	3.37
击肥轮	305	257.59	4.13
螺旋撒肥器	425	503.5	11.67

撒肥滚筒与输肥链的间隙不应过大，使所通过的厩肥都能被打碎。击肥轮与撒肥滚筒齿端的间隙要适当，过小可能出现堵塞现象，过大则影响粉碎厩肥的效果。

撒布螺旋的参数对撒布的均匀性及撒布宽度有显著影响。为了撒布均匀并扩大向两侧撒布的宽度，撒布螺旋面制成左旋和右旋各半对称配置。HT-1 型撒厩肥机的螺旋撒肥器直径为 425 mm，螺距为 250 mm。

单位面积的施肥量取决于机器前进速度、输肥链的喂料速度和撒布宽度，而与撒肥滚筒的转速无关。撒厩肥机工作时的牵引阻力随工作情况不同而异。在一般情况下，装载 650～800 kg 厩肥在未耕地上工作，牵引阻力为 2 500～3 000 N，功率为 2.7～3 kW。其中，输肥链消耗 0.18～0.22 kW，撒肥滚筒消耗 0.19～0.29 kW(地轮驱动式)，其余的功率均消耗在撒布螺旋、击肥轮、传动及行走部分。

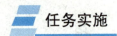
任务实施

一、有机肥撒施机常见故障及原因分析

在有机肥撒施机使用过程中有两类故障较为常见，一类是推肥方面故障，主要包括推肥挡板、滑动底板等推肥部件的故障和液压控制系统故障；另一类是撒肥方面故障，主要体现在抛撒辊撒施故障。

1. 推肥机构不工作

在有机肥撒施机使用过程中，造成推肥机构不工作的故障主要来自三个方面的原因：推肥装置部件故障、机器功能性故障、液压系统故障。有机肥撒施机一般适用于抛撒堆肥和粒状肥料，肥料中掺有砂粒、碎石块、杂草等杂物会对机器造成严重损害，若固态肥料中混有石块，甚至可导致推肥挡板或滑动底板出现卡死现象，进而导致推肥工作停止，最终发生推肥机构不工作的现象。此外，当固态肥抛撒机在寒冷环境条件下工作时，可能会发生推肥挡板与滑动底板或滑动底板与箱体固定底板之间的冻结现象，致使推肥工作无法进行。有机肥撒施机设有安全保护装置，当传动机构出现故障或液压推进速度失控时，机械会自动启动安全保护装置，其原理是在下抛撒辊的轴承位置设置了浮动控制机构，当抛撒辊轮轴受到的压力超出限定值时，控制机构会自动切断液压输入，使液压缸活塞杆停止运动，防止抛撒辊由于压力过大而造成变形、损坏或传动系统由于负荷过大而发生损坏；推肥机构作业主要由液压系统控制，液压自动装置未处于工作状态、液压油压软管连接不可靠、液压接头不一致、拖拉机液压油不足、拖拉机液压输出口连接单作用输出口等现象均会导致液压控制方面出现问题，造成推肥机构不工作。

2. 推肥速度过快或过慢

推肥速度过快在固态肥抛撒机使用初始阶段常常发生，主要是由于在固态有机肥料装载完成时，肥箱前后常常会形成较大的空隙（约 60～70 cm），因此抛撒机会设置快进机构，加速此阶段的进程，缩短工作时间。推肥速度过慢主要影响因素有以下几个方面：①抛撒肥料中有较多的砂粒、石块、草捆等异物混入，堵塞推肥挡板或滑动底板，致使推肥过程卡顿；②推肥机构滑轨出现卡滞现象，致使推肥工作不流畅；③抛撒辊端面上充满堆肥，使撒肥工作缓慢，增加后续推肥阻力；④拖拉机液压油不足，致使推肥动力不足。

3. 抛撒辊不转动

固态肥抛撒机在实际使用过程中突然出现抛撒辊不转动现象，一是由于块状固态有机肥或异物堵塞抛撒辊，致使抛撒装置无法运动；二是由于使用人员操作不当，当作业开始时，使用人员必须先驱动撒肥辊旋转，再驱动液压推肥机构工作，这样可以有效防止后部堆肥量过大，进而避免撒肥机与拖拉机连接轴的安全螺栓被剪断，如操作人员未遵循操作步骤进行，就可能导致安全螺栓被剪断、抛撒辊不转动；三是由于抛撒辊驱动链条出现问题，导致抛撒辊停止转动。

4. 肥料散布状态不好

有机肥料撒施还田的状态不好可直接影响农作物的生长情况，致使农作物产量降低。固态肥抛撒机主要是通过多个传动部件驱动抛撒辊进行高速旋转，将输送到肥箱尾部的有机肥向后抛撒，同时，抛撒辊可击碎有机肥中的块状物料，使肥料均匀地撒施至田间，因此肥料的撒布状态与其自身质量、拖拉机行进速度、抛撒辊叶片或刀片情况密切相关。当固态肥料中混入大量大块异物或发生冻结时，会直接影响肥料的撒布状态。施肥量会随着有机肥的种类和密度不同而发生变化，每台有机肥撒施机应配有撒施量与拖拉机行驶速度关系表，用户可根据自身作业情况进行调整，若在实际作业中拖拉机行驶速度与施肥量不匹配，可能会产生飞肥或堆肥等现象。当抛撒辊叶片或刀片磨损严重时，必须进行更换，否则会严重影响肥料的抛撒效果。

5. 机器振动大

造成机器振动大的主要原因是抛撒辊刀片缺失或损坏严重，导致抛撒辊动平衡出现问题，在机器抛撒工作时抛撒辊产生严重晃动。值得注意的是，在操作机器发生较大振动时，使用人员请不要强行进行抛撒作业，因为在机器振动较大的情况下作业，会对机器造成极大的损坏，降低机器的使用寿命。

二、有机肥撒施机常见故障排除

正确使用机器和有效排除机器故障，可确保机器的良好工作状态，延长其使用寿命和维持良好的运行经济成本。

1. 推肥故障的排除

有机肥抛撒机一般只适用于堆肥及粒状肥料，严禁用于土砂、碎石块、碎草等物料抛撒，针对抛撒物料或有机肥料自身质量问题引发的推肥故障问题，应尽快去除堵塞在推肥挡板与滑动底板或滑动底板与箱体固定底板间的异物，并在机器作业前，确保撒施固态肥料中的异物被去除干净，避免再次出现推肥机构的卡滞现象。由恶劣寒冷环境造成的冻结问题，应人工去除冻结块，并尽量降低肥料的含水量，减少积液的产生。液压系统故障常常是引发推肥问题出现的原因，一般需查拖拉机额定液压输出压力是否满足要求补充液压油，且当拖拉机液压油与抛撒机液压缸里的液压油种类不符时，需要更换抛撒机内部液压油；确定液压接头是否连接牢固；确定机器的液压输入接头与拖拉机后液压输出中的一组双作用液压输出口连接。当推肥机构滑轨出现卡滞现象时,应对其进行除锈、涂抹油脂等操作,消除卡滞问题。

2. 撒肥故障的排除

有机肥或异物堵塞抛撒辊时,需要打开活动底板,去除堵塞的有机肥或异物,排除撒肥故障。操作人员要严格按照机器配备的撒施量与拖拉机行驶速度关系表控制拖拉机行驶速度,避免因人为因素造成撒肥不均匀的现象。查看上下抛撒辊叶片是否存在缺损情况,根据实际情况进行维修或更换,一般为了保证抛撒辊动平衡不被破坏,抛撒辊上下叶片应一次全部更换。按照机械说明方法调整抛撒辊驱动链条的张紧状态,并定期进行润滑保养。

3. 机器振动故障的排除

若有机肥抛撒机工作时发生较大的振动,使用人员应立即停止其抛撒作业。查看抛撒辊刀片是否存在缺失或损坏情况,并结合实际情况进行处理;查看抛撒辊驱动链条的张紧情况,并根据机器使用说明书进行张紧链轮的调整;查看抛撒辊驱动链条、张紧链轮是否存在损坏情况,根据实际情况进行维修或更换。

任务三　　液肥施肥机械

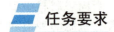

知识点:

1. 了解液肥的特点和施用方法。
2. 掌握液肥施肥机械的基本结构和工作原理。

技能点:

能分析不同液肥施肥机械的优点和缺点,并根据需要进行选型。

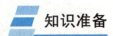

液肥有化学液肥和有机液肥之分。化学液肥对金属有强烈的腐蚀作用,且易挥发。因此,除某些液肥可采用喷雾方法施于作物茎、叶上外,多数需施入土中,防止挥发、损失肥效和灼伤作物。有机液肥由人畜粪尿及污水组成,其中常含有悬浮物或杂质,经发酵处理后,用水稀释、过滤再进行喷洒。液肥易被作物吸收,肥效快,多用于追肥。

知识准备

一、化学液肥施用机

化学液肥的主要品种是液氨和氨水。

液氨为无色透明液体,含氮82.3%,是制造氮肥的工业原料,价格较固体化肥低30%~40%,而且肥效快,增产效果显著。但是,液氨必须在高压下才能保持液态(液氨在46.1 ℃时的蒸气压力为175 kPa),因而,必须用高压罐装运,从出厂、运输、储存、到田间施用都必须有一整套高压设施。施肥机上的容器也必须是耐高压的，否则很不安全。这是液氨在我国施用受限的主要原因。

我国农业上使用的液态化肥主要是氨水，氨水是氨的水溶液。我国农用氨水的含氮量为15％～20％。氨水对钢制零件的腐蚀不显著，但会使铜合金制件迅速腐蚀。

施用液氨时为了防止氨的挥发损失，必须将其施在深度为 10～15 cm 的窄沟内，并应立即覆土压实。

1. 施液氨机与施氨水机

液氨施肥机主要由液氨罐、排液分配器、施肥开沟器和操纵控制装置等部件组成。图 3-3-1 所示为半悬挂式液氨施肥机。液氨罐用厚度 8 mm 的钢板制成，直径为 610 mm，容量为 550 L，罐内装有液面高度指示浮子，液氨通过加液口注入液氨罐。排液分配器的作用是将液氨分配并排送至各个施肥开沟器，排液分配器内的液氨压力由调节阀控制。施肥开沟器的后部装有一根直径为 10.3 mm 的输液管，管的下部有两个出液孔。在黏重的土壤工作时，需在开沟器前面加装圆盘切刀，以减轻开沟器的工作阻力。镇压轮用来及时压实施液肥后的土壤，以防止氨的挥发损失。

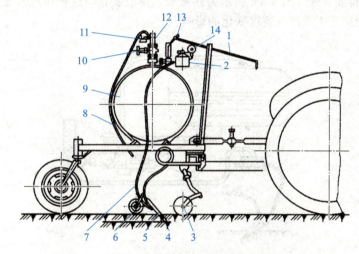

图 3-3-1 半悬挂式液氨施肥机
1—截流阀拉杆；2—排液分配器；3—圆盘刀；4—施肥开沟器；5—输液管；
6—镇压轮；7—输液胶管；8—加液胶管；9—液氨罐；10—加液阀；11—放液开关；
12—加液装置；13—截流杠杆；14—压力表

氨水施用机械的结构较为简单，主要由液肥箱、输液管和开沟覆土装置等组成。工作时，液肥箱中的氨水靠自重流经输液管施入开沟器所开沟中，覆土器随后覆盖。氨水施量由流量开关控制。

2. 排液装置

排液装置是液肥施用机的主要工作装置，常见的有以下几种：

（1）自流式排液装置。自流式排液装置（图 3-3-2）依靠液罐内的压力，通过开关控制流量将液肥排出。这种排液装置结构简单、使用方便，但是，由于液箱内液面总在变化，故不能保持恒定的施液量。

（2）挤压泵式排液装置。挤压泵由地轮传动，按强制排液原理工作，故能使排液量保持稳定，是一种既简单又实用的排液装置。挤压泵式排液装置如图 3-3-3 所示。

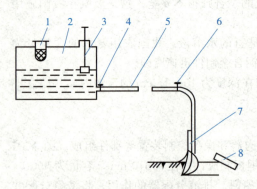
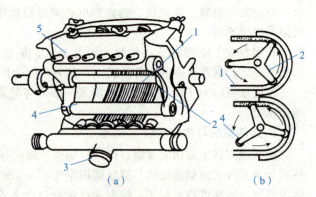

图 3-3-2　自流式排液装置
1—加液口及滤网；2—液肥箱；3—浮标；
4—总开关；5—输液管；6—分开关；
7—施液肥开沟；8—覆土器

图 3-3-3　挤压泵式排液装置
(a)总体结构；(b)工作原理
1—输液管；2—滚柱架；3—进液口；
4—排液滚柱；5—出液口

（3）柱塞泵式排液装置。图 3-3-4 所示为柱塞泵式排液装置，这种排液装置能精确地控制排液量，使排液量稳定，不受作业速度变化的影响。

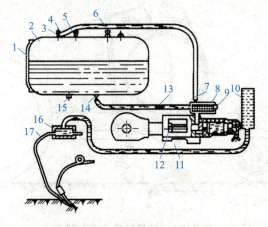

图 3-3-4　柱塞泵式排液装置
1—液面指示表；2—液罐；3—超压阀；4—吸液阀；
5—联合阀；6—通气阀；7，13—胶管；8—过滤网；
9—滤清器壳体；10—空气室；11—压液胶管；
12—排液泵；14—三通开关；15—放液口塞；
16—分配器；17—输液胶管

除柱塞泵式排液装置外，大型施液肥机上也采用离心泵式和齿轮泵式排液装置。它们的共同特点是排液量准确，但造价较高。

3. 施液肥开沟器

施液肥开沟器应满足以下性能要求：液氨的施用是一个制冷过程，施液氨开沟器不应由于过冷而出现结冰与黏土；液肥出口不应受阻，液肥应从靠近排液管下端的侧孔中流出；为了将施下的液肥及时覆盖严实，施液肥开沟器不应挂草而影响土壤的正常流动。

图 3-3-5 所示为施液肥开沟装置。除几种专用的装置外，也常有在中耕锄铲、凿式松土铲和铧式犁后面装上输液管进行施肥的。

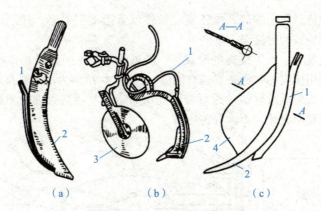

图 3-3-5　施肥开沟装置
(a)液氨条施开沟装置；(b)圆盘-凿铲式；(c)带切刃式
1—输液管；2—开沟器；3—圆盘切刀；4—切刃

二、厩液肥施用机

厩液肥主要是指人畜粪尿的混合物和沼气池的液肥等，是农业生产的重要有机肥源。我国广大农村历来重视沤制和施用厩液肥，但是，长期以来缺乏厩液的装运和施洒机具，停留在使用粪勺、木粪桶或木粪箱的原始状态，不仅劳动强度大、作业效率低，而且影响操作人员的卫生状况且污染环境。近年来已逐步在引进和自行设计厩液肥施用机，并开始应用到生产中。

厩液肥施用机可分为泵式和自吸式两种。

(1)泵式厩液肥施洒机装有抽吸液泵，用来将厩液从储粪池抽吸到液罐内，在运至田间后再由泵对液罐增压，或直接由液泵压出厩液。

(2)自吸式厩液肥施洒机利用拖拉机的发动机排出的废气，先通过引射装置将厩液肥从储粪池吸入液罐内，再去施洒。这种厩液肥施洒机结构简单，使用可靠，不仅可以提高效率、节省劳力，而且采用封闭式装、运厩液肥，有利于环境卫生。自吸式厩液肥施洒机(图3-3-6)在吸液状态时，液罐尾端的吸液管放在厩液池内，打开引射器终端的气门2，关闭气门4，然后使发动机加速，达到最大转速。当排出的废气流经引射器时，其流速增大(可达900 m/s)，而使引射器的吸气室内产生真空。此时，厩液罐与吸液管内的空气受压差作用，在废气流引射带动下而使液罐内出现负压，于是，厩液池内的液肥在大气压力作用下源源不断流入罐内。待罐内液肥达到观察窗上缘时，即可关闭进液口，并打开气门4，降低发动机的转速，取出吸液管放在液罐的支架上。待运至田间施肥时，则应使发动机排出的废气流经压气管进入液罐。为此，需关闭气门2、4，打开排液口，液肥即从尾管流出。在吸液与排液过程中，搅拌气管的外

液态厩肥施肥机

液态厩肥自吸式施肥机

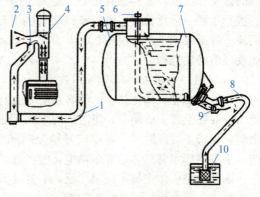

图 3-3-6　自吸式厩液肥施洒机
1—吸压气管；2，4—气门；3—引射器；5—观察窗；
6—搅拌气管顶盖；7—液罐；8—吸液管；
9—排液管；10—厩液池

端需加盖，液罐也应密封防止漏气。位于发动机排气管上的引射器，其原理实际就是一个由喷嘴、吸气室、扩散管构成的射流泵。

厩液肥的施用量甚大，为了提高生产效率、降低作业成本，苏联与日本等国家开始发展管道输送厩液肥，并使用固定的喷洒装置进行洒施。图3-3-7所示为法国对禽畜舍的厩液肥的处理流程，厩肥进行分离处理后用管道输送厩液，并用固定的喷洒装置进行洒施的设备。据称，处理后的干物质与液体没有臭味，不含有害物质。

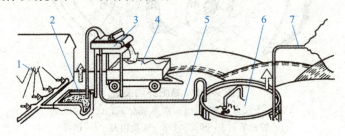

图 3-3-7 厩液肥的处理流程

1—从各个饲养房收集到的厩肥；2—集厩肥池；3—厩肥分离机；4—收回固体厩肥；5—厩肥排送管道；
6—待用厩液储存器（在此用涡轮机进行氧化处理）；7—喷施经过处理的厩液

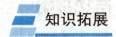

知识拓展

水肥一体化技术简介

水肥一体化技术是将灌溉与施肥融为一体的农业新技术。水肥一体化是借助压力系统（或地形自然落差），将可溶性固体或液体肥料，按土壤养分含量和作物种类的需肥规律和特点，实现水肥同步管理和高效利用。水肥一体化技术广泛应用于设施栽培、大田生产和粮食、蔬菜、花卉、果树等作物。

我国仅有全球9%的耕地资源和6%的淡水资源，从这个角度讲缺水比缺地更可怕，尤其在北方干旱和半干旱地区形象地比喻为水如油。与传统灌溉技术相比，水肥一体化技术可减少肥料的挥发和流失，肥料的利用率可提高30%～50%，水资源利用率可提高40%～60%。应用设备进行水肥一体化管理，可以节约大量的劳动力。近年来，大面积实践示范表明，粮食作物应用膜下灌溉技术单产可提高20%～50%，最高可以提高一倍。因此，水肥一体化技术是现代农业发展的必然选择。

(1) 水肥一体化技术实施的模式。

①滴灌水肥一体化技术。滴灌水肥一体化技术是按照作物需水需肥要求，通过低压管道系统与安装在毛管上的滴头，将溶液均匀而缓慢地滴入作物根区土壤。灌溉水以水滴的形式进入土壤，延长了灌溉时间，可以较好地控制灌水量，如图3-3-8所示。滴灌施肥不会破坏土壤结构，土壤内部水肥气热适宜作物生长的状态，渗漏损失小。

滴灌水肥一体化技术应用广泛，不受地形限制，即使在有一定坡度的坡地上使用也不会产生径流影响，不论是密植作物还是宽行作物都可以应用。但滴灌系统对水质的要求比较严格，所以选择好灌溉水源、肥料和过滤设备是保证系统长期运行的关键。常用的过滤器主要有筛网式过滤器和碟片式过滤器，过滤网规格一般为100～150目。在现代农业发达的国家，滴灌技术已经相当成熟。在美国滴灌技术应用到马铃薯、玉米、棉花、蔬菜、果树等30多种作物的灌溉中。

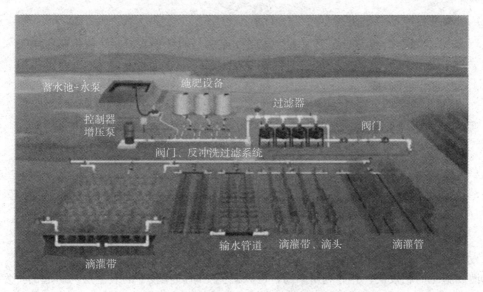

图 3-3-8　滴灌水肥一体化技术系统示意

②微喷灌水肥一体化技术。喷灌技术是以高压把水喷到空中,然后落到植株和土壤上来进行灌溉,该技术在我国已经比较成熟。但水滴在空中飞行会因为空气阻力、大气蒸发以及飘移等而导致水分损失,在光照较强、温度高且湿度小的情况下,喷灌水量蒸发、飘移损失可达到42%,而且落到植物冠层的水分也很难被吸收。于是,微喷灌技术应用而生。

微喷灌技术是通过低压管道系统,以较小的流量将灌溉液通过微喷头或微喷带喷洒到植株和土壤表面进行灌溉,是一种局部的灌溉技术。它可以在降低水分蒸发的同时减小滴灌系统的堵塞概率。该技术在果园、绿化带、工厂化育苗中广泛应用,常见的微喷灌技术可以分为地面和悬空两种,如图 3-3-9、图 3-3-10 所示。与滴灌技术相比,微喷灌技术对过滤器的要求比较低,过滤网规格一般在 60~100 目。值得注意的是,微喷灌系统易受田间杂草和作物秸秆的阻挡影响灌溉效果,应根据地形、作物的条件选择合适的微喷灌系统。

图 3-3-9　地面微喷灌技术

图 3-3-10　悬空微喷灌技术

③膜下滴灌水肥一体化技术。膜下滴灌技术是把滴灌技术与覆膜技术相结合,即在滴灌带或滴灌管之上覆盖一层薄膜,如图 3-3-11 所示。覆膜可以在滴灌节水的基础上减少蒸发损失,还可以提高地温,有利于出苗,黑色薄膜还可以抑制杂草的生长。膜下滴灌技术最成功的实例是新疆地区的棉花,与沟灌相比可节水 53.96%,可增产 18%~39%。该技术主要应用于灌溉水源比较少的区域。

图 3-3-11 膜下滴灌技术工程实例

(2)水肥一体化技术的优点。

①灌溉施肥的肥效快，养分利用率高，可以避免肥料施在较干的表土层易引起的挥发损失、溶解慢，最终肥效发挥慢的问题，尤其避免了铵态和尿素态氮肥施在地表挥发损失的问题，既节约氮肥，又有利于环境保护。

②大大降低设施蔬菜和果园中因过量施肥而造成的水体污染问题。由于水肥一体化技术通过人为定量调控，满足作物在关键生育期"吃饱喝足"的需要，杜绝了任何缺素症状，因而在生产上可达到作物的产量和品质均良好的目标。

③实现七个转变：渠道输水向管道输水转变；被动灌溉向主动灌溉转变；浇地向浇庄稼转变；土壤施肥向作物施肥转变；水肥分开向水肥一体化转变；单一管理向综合管理转变；传统农业向现代农业转变。

(3)水肥一体化技术的缺点。

①初始成本过高。由于水肥一体化需要整体设计和安装，从而使首次配备水肥一体化技术所需的成本花费高。每亩大田投资 600~800 元，经济作物投资 1 000~2 000 元。

②水质和水溶肥料成为水肥一体化技术推广的限制因素。盐碱水或者过滤不完善的水会导致水肥一体化技术在应用过程造成盐渍化或者阻塞排水孔，如水溶肥料的水不溶物过高，则很容易导致滴灌系统过滤器堵塞。

③水量控制不准确。灌溉者无法看到所应用的水，这可能导致农民或施加太多的水（效率低）或一定量的水不足。

水肥一体化技术的运用必须与"符合作物生长需求规律"相结合，才能做到真正意义上的节水节肥。水肥一体化技术涉及农田水利、灌溉水平、肥料、栽培、土壤等众多学科，多学科的交叉限制了整体技术的推进。科研单位应注重肥料增效，灌溉设备的自动化、智能化的研究，使水肥一体化技术在现代农业中得到广泛的应用。

附　录

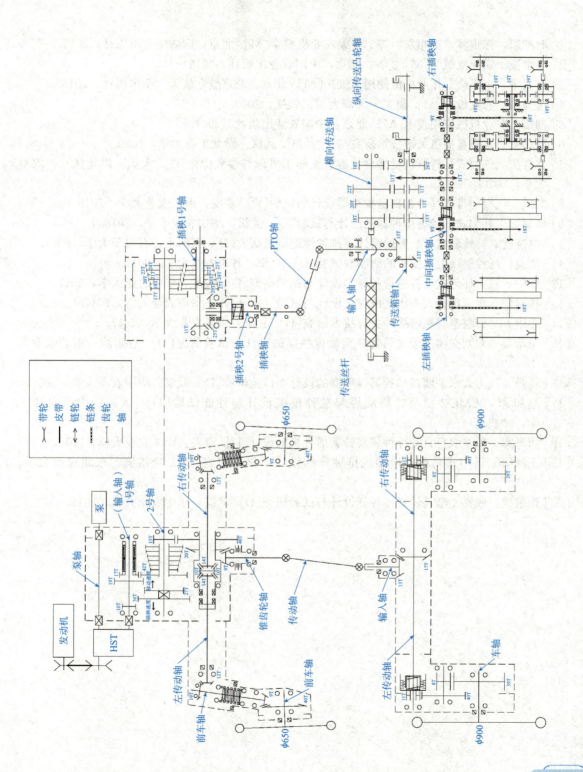

参考文献

[1] 耿端阳,张道林,王相友,等.新编农业机械学[M].北京:国防工业出版社,2011.

[2] 李宝筏.农业机械学[M].2版.北京:中国农业出版社,2018.

[3] 肖兴宇,王平会.作业机械使用与维护[M].北京:北京航空航天大学出版社,2016.

[4] 丁为民.农业机械[M].南京:河海大学出版社,2000.

[5] 胡霞.农业机械应用技术[M].北京:中国农业出版社,2001.

[6] 陆伟安.水稻直播机关键技术研究与试验[D].武汉:湖北工业大学,2020.

[7] 吕金庆.气力式马铃薯精量播种关键装置作用机理与参数优化[D].大庆:黑龙江八一农垦大学,2020.

[8] 刘威.气吸勺带式马铃薯精量排种器设计与试验[D].泰安:山东农业大学,2019.

[9] 杨锴.半杯勺式马铃薯排种器的设计与试验[D].武汉:华中农业大学,2018.

[10] 赵晓雪.马铃薯排种装置的设计与排种性能试验研究[D].石河子:石河子大学,2017.

[11] 李迪.马铃薯膜上穴播机的研制与试验[D].兰州:甘肃农业大学,2017.

[12] 李明.气力杯勺式马铃薯排种器的设计与试验研究[D].武汉:华中农业大学,2017.

[13] 张明华.水稻精量穴直播机的优化设计与试验[D].广州:华南农业大学,2017.

[14] 牛康.马铃薯整薯精密播种关键技术研究[D].北京:中国农业大学,2017.

[15] 王希英.双列交错勺带式马铃薯精量排种器的设计与试验研究[D].哈尔滨:东北农业大学,2016.

[16] 杨丹.气力式水平圆盘马铃薯排种器的设计与试验研究[D].武汉:华中农业大学,2016.

[17] 赵旭志.2CML-2型马铃薯旋耕起垄种植机设计与性能试验[D].太原:山西农业大学,2015.

[18] 唐海军.单垄双行自动补种式马铃薯播种机的设计[D].泰安:山东农业大学,2015.

[19] 王泽明.舀勺式马铃薯播种机排种器的设计与试验研究[D].哈尔滨:东北农业大学,2015.

[20] 谢敬波.脱毒微型马铃薯排种器设计与试验研究[D].武汉:华中农业大学,2012.